山东耕地质量评价与应用丛书

高唐耕地

李振娥 谢荣芳 罗秀英 主编

山东大学出版社

图书在版编目(CIP)数据

高唐耕地/李振娥,谢荣芳,罗秀英主编.—济南:
山东大学出版社,2012.9
ISBN 978-7-5607-4655-5

Ⅰ.①高...
Ⅱ.①李… ②谢… ③罗…
Ⅲ.①耕作土壤—土壤肥力—土壤调查—高唐县
②耕作土壤—土壤评价—高唐县
Ⅳ.①S159.252.4②S158
中国版本图书馆 CIP 数据核字(2012)第 219461 号

山东大学出版社出版发行
(山东省济南市山大南路 20 号 邮政编码:250100)
山 东 省 新 华 书 店 经 销
山东鸿杰印务集团有限公司印刷
787 毫米×1092 毫米 1/16 11.25 印张 12 插页 275 千字
2012 年 9 月第 1 版 2012 年 9 月第 1 次印刷
定价:36.00 元

《高唐耕地》编辑委员会

高唐县测土配方施肥项目工作人员名单

领导小组					
组　　长	张　颖				
副 组 长	韩子民	唐文生	贾建华		
成　　员	胡德海	吕舒烈	高士文	庄振国	高洪三
	杜立芝	范长水	刘明江	么传训	管孝成
	刘宪军	孙利昌	刘春刚	王洪峰	杜吉鹏
	谢兴亮	李振鲁	袁　方	任钦龙	周金泉
	岳善国	田维鹏	李长宏	初瑞兴	李希军
	陈桂旺	李洪勇	解培国	王德胜	张芹启
技术小组	杜立芝	安文焕	白兴勇	田士秋	高　俊
	韩临华	韩茂东	杜曰春	王尚文	贺同生
	罗秀英	周林英	李振娥	谢荣芳	
化验小组	安文焕	罗秀英	周林英	李振娥	谢荣芳
	任红莲	谷洪梅	马晓玲	赵玉芬	高　俊
	商思森				
取样小组	田士秋	张延新	董和江	韩茂东	商思森
	李忠海	刘春强	王　涛	周剑波	刘芳军
	刘为航	赵玉芬	赵德生	杜曰春	殷胜利
	李　勇	韩临华	徐　静	郭桂鹏	范志刚
	周春英	王爱臣	邵忠锋	李荷英	马立霞
	刘厚成	唐兴明	刘志刚	魏天杰	李民壮
	白秀云	孙　磊	赵立焕	王尚文	杜方军
	林保军	苏晓明	刘　涛	翟兰华	苏秀玲
	马晓玲	宋康娟	张艳艳	王延军	

序　言

耕地是人类生存与发展世代相传、不可替代的自然资源，是发展农业生产，保障粮食安全，维持社会稳定，促进经济社会全面、协调、可持续发展的重要物质基础。只有合理利用和切实保护好有限的耕地，才能保障经济社会可持续发展。新中国成立以来，历届高唐县委、县政府都十分重视耕地的保护、利用和改良工作。高唐县地处鲁西北平原，农业生产条件较为优越，素有"金高唐"之称，是国家粮食、棉花生产基地，多次被评为粮棉生产先进县。1983～1985 年开展了土壤普查工作，摸清了高唐县各种土壤类型、面积及分布，并进行了质量评价，对当时及以后一段时间耕地资源的合理利用、施肥制度改革发挥了重要作用，也为提高农作物产量和农民增收做出了积极贡献。近年来，高唐县经济及社会事业迅猛发展，人民生活水平不断提高，对农产品质量的要求也不断提高。面对人口、资源、环境等发展要素所带来的压力，以及改革开放以来农业和农村经营体制、耕作制度、种植制度的变化，加上化肥、农药等大量使用，使得高唐县的耕地质量发生了很大变化。人们对提高农产品质量和农业经济效益越来越重视，对耕地综合生产能力的期望值也越来越高，过去掌握的耕地资料已经不能满足农业生产的需要。

面对新形势、新变化和新需求，农业部、财政部启动了全国测土配方施肥工作，高唐县是 2007 年农业部项目县，同时开展了耕地地力调查和评价工作。按照农业部的统一部署，高唐县农业局在山东省、聊城市农业部门的大力支持和帮助下，组织全县农业科技人员，历时四年多时间，完成了耕地土样采集、施肥调查、化验分析等工作，并精心汇总整理，编写了《高唐耕地》这部全面反映高唐县耕地状况的专著。

本书的出版发行，填补了高唐农业的一项空白，这标志着高唐农业科技又上了一个新台阶。该书注重理论与实践相结合，内容丰富、针对性强、通俗易懂，是一本难得的农业工具书，希望全县广大农业科技工作者、农村基层干部、农业科技示范带头户以及农民群众认真阅读、借鉴和应用。同时，也希望高唐县农业局及该书的编著者根据读者提出的意见和要求，不断对该书进行补充、更新、充实和完善，使其更加具有针对性和指导意义，为高唐县农民增收、农村发展和新农村建设做出更大的贡献。

高唐县人民政府副县长

韩子民

2012 年 9 月

前 言

"万物土中生",土壤是人类赖以生存和发展的最基本的物质基础,是一切物质生产最基本的源泉。耕地是土地的精华,是人们获取粮食及其他农产品不可替代的生产资料。耕地资源对农业生产的发展,乃至整个国民经济的发展都有十分重要的作用。耕地地力评价是指根据耕地所在地的气候、地形地貌、土壤理化性状、农田基础设施等要素及其相互作用表现出来的综合特征,对农田生态环境优劣、农作物种植的适宜性、耕地潜在生产力高低进行评价。

高唐县于 2007 年被列为国家级测土配方施肥项目县,按照农业部的要求,完成测土配方施肥工作的同时,利用测土配方施肥数据,开展了高唐县耕地地力调查与质量评价工作。这项工作得到了高唐县委、县政府的高度重视,成立了以分管县长为组长、以相关部门负责人及镇分管领导为成员的领导小组,负责组织协调;以农业局分管领导为组长、相关技术人员为成员的技术小组,负责实施方案的制定、资料图件的搜集整理、肥料试验的实施、土壤样品的化验和《高唐耕地》的编辑整理等工作;以农业局相关技术人员及镇农技站长组成的取样小组,负责土壤样品的采集和施肥情况的调查工作。自 2007 年 6 月开始,经过资料收集整理、室内布点、土样采集野外调查、土样化验分析、数据汇总,2010 年委托山东农业大学资源环境学院和山东亚太国土遥感有限公司对高唐县耕地地力情况进行了综合评价,评价工作于 2010 年年底完成。

基于耕地地力调查与质量评价工作形成的一些宝贵的技术资料,建立了高唐县耕地地力基础属性信息数据库、基础空间数据库,整理形成了 23 份比例尺为 1∶500000 的图件,包括高唐县耕地地力调查点位图、土壤图、灌溉分区图、土地利用现状图、地貌图、潜水矿化度分区图 6 种基础图件,高唐县土壤 pH、有机质、全氮、碱解氮、有效磷、速效钾、缓效钾、有效硫、交换性钙、交换性镁、有效铁、有效锰、有效铜、有效锌、有效钼、有效硼含量分布图和高唐县耕地地力评价等级图 17 种成果图件。

高唐县的耕地地力调查与质量评价工作得到了山东省土壤肥料总站和聊城市土肥站领导的大力支持，山东农业大学资源与环境学院、山东亚太国土遥感有限公司的有关专家为图件制作提供了帮助，全县农业技术人员在土样采集和调查工作中也付出了艰辛劳动，在此表示感谢。

在开展测土配方施肥和耕地地力评价工作的基础上，编写了本书，目的就是为高唐县的农业技术人员指导农业生产提供参考。

这项工作时间短、任务急、涉及面广，再加上水平所限，难免会有错误和纰漏之处，敬请读者批评指正。

编　者

2012年9月

目 录

第一篇 耕地资源评价与管理

第二篇 耕地改良与利用对策

第三篇 耕地培肥与可持续利用

第一篇　耕地资源评价与管理

第一章　自然与农业生产概况

高唐县有两千多年的历史。春秋时期即为高唐邑，西汉初置县，元代设州，至民国初年撤州复县。悠久的历史孕育了灿烂的文化。高唐有众多的人文景观和历史遗址。战国时期齐盼子墓、三国时期华歆墓、东魏时期房公墓、宋代兴国寺塔、清初文昌宫大成殿等保护较为完整，具有较高的的文化、考古和旅游价值。按《水浒传》复建的柴府花园、三眼井、李逵井再现了宋代古建筑群的风采。新开馆的孙大石美术馆藏画丰富、文物荟萃、精品纷呈，为县城增添了新的文化内涵。丰厚的历史文化底蕴造就了一代又一代英杰奇才。三国时期的政治家华歆、历史学家华峤，唐代著名哲学家、天文学家吕才，金朝左丞相王懋德等都在中华民族的历史上各有建树，独领一代风骚。

第一节　自然条件

一、地理位置

高唐县地处鲁西北平原中部，位于聊城市的最北部，东经116°00′00″～116°30′00″，北纬36°37′30″～37°02′30″。东北部是平原县，东邻禹城市，东南是齐河县，南部与茌平县接壤，西部、西北部与临清市、夏津县隔马颊河相望。南北长42.4km，东西宽40.75km，总面积为948km^2，其中耕地面积为62398.2hm^2，占土地总面积的65.82%。全县地势西南高(海拔31m)、东北低(海拔23m)，坡降为1/7000～1/9000。

高唐县历来地理位置十分重要。据史料记载，高唐历史上就“居中原衡衢”，有官马大道“南通吴会，北拱神州”。现在高唐县的区位优势更加优越，位居济南、德州、聊城三大城市构成的“金三角”中心，东距济南国际机场70km，距京九铁路聊城站、临清站均约50km，距津浦铁路德州站60km，有“二十分钟上火车、一个小时登飞机、四个小时进京城到港口”的便捷。随着在我县交叉穿过的青银高速、高邢高速等高速公路的建成通车，高唐县将会成为鲁西北重要的交通枢纽，交通和区位优势更加明显。

二、成土母质

高唐县土质皆系黄河冲积物，由于河流沉积时流速的不同，成土母质颗粒粗细不一，不仅在水平分布上有差异，而且在上下层次排列上也各有不同。

由于黄河决口的地方不同，决口的大小和时间长短不一，因此，土层中沙、壤、黏相间，在1～2m沉积层内，可以见到很复杂的质地层次，影响水盐运行和土壤的发育。

由于沉积物的水平分选作用，受"紧沙慢淤"沉积规律的支配，形成了本县土壤质地从西往东、由沙到黏、逐步黏重和地下水埋深由深到浅的结果。全县分布着褐土化潮土、潮土、盐化潮土、潮盐土和冲积固定风沙土等亚类，土壤肥力、作物产量、适种作物都有较大的差异，造成农业生产的不平衡性。

三、植被

高唐县天然植被很少，主要以栽培植物为主，粮食作物有小麦、玉米、大豆等，经济作物以棉花、花生为主，瓜菜类有黄瓜、西瓜、西红柿、西葫芦、茄子、辣椒、韭菜、白菜、萝卜、大蒜、大葱、蘑菇、香菜、豆角等80多种；其次是林木，人工种植的主要有毛白杨、柳、国槐、刺槐、桐、桑等，果树有苹果、杏、梨、枣、桃、葡萄等；其他有花卉和药材等。

自然植被主要有茅草、芦草、芦苇等吸湿植物，盐生植被有碱蓬、羊角菜、刺儿菜、苦菜、灰菜、香附子、车前草等，砂生植被有节节草、白茅、沙蓬等。

四、气候条件

(一)气温和光照

高唐县属暖温带半干旱季风区大陆性气候，大陆度为65.7%，具有明显的季节变化和季风气候特征，春季干旱多风，夏季高温多雨，秋季雨量减少，冬季寒冷干燥。历年平均气温为13℃，1月最冷，月平均气温为－2.7℃，7月最热，月平均气温为26.5℃，历年极端最高气温为40.9℃，历年极端最低气温为－21.7℃，历年平均温度年差为31.2℃。无霜期平均201天，历年平均初霜日为10月26日，终霜日为4月12日。日平均气温稳定通过0℃的平均初日为2月23日，终日为12月7日，间隔288天，不低于0℃积温为4947.4℃；日平均气温稳定通过5℃的平均初日为3月16日，终日为11月17日，间隔247天，不低于5℃积温为4806.7℃；日平均气温稳定通过10℃的平均初日为4月6日，终日为10月28日，间隔206天，不低于10℃的积温为4445.2℃；日平均气温稳定通过20℃的平均初日为5月18日，终日为9月13日，间隔120天。全年日照时数为2604.1小时，总辐射量为522.4kJ/cm^2。

(二)降水及蒸发

高唐县年降水量差别大，降水季节分布极不均匀，易发生旱涝灾害。年平均降水量为541.6mm，7、8月降水量最大，达282.1mm，占全年降水量的52.1%，多雨年和少雨年降水量相差669.9mm。1961年降水量为975.9mm，1968年只有306mm，相差三倍多。

年蒸发量(水面)平均为2248.7mm，以6月最大，为392.6mm，占全年蒸发量的17.5%，4、5、6月三个月蒸发总量为1054.4mm，占全年总蒸发量的46.9%，年蒸发量约为降雨量的4倍。

（三）风

全县一年四季多偏南风。特别是春末夏初，西南风盛行。干热风年年出现，较重的干热风每2～3年出现一次。多出现在5月底6月初，使小麦水分大量蒸发，水分失调，最后导致青枯逼熟，是本县农业生产的灾害性气候之一。

（四）地温

土壤是作物种子萌发和作物生长的重要环境条件之一，作物的根从土壤中吸收水和无机盐作为光合作用的原料，作物种子的萌发和出苗需要适宜的土壤水分、足够的空气和温度，太阳总辐射量是大地热量的来源，因此，土壤温度的变化取决于该地太阳总辐射量的大小和日照时数的长短，高唐县历年各层土壤温度情况见表1-1。

表1-1　　高唐县历年各层土壤温度情况表

项目＼月份	1	2	3	4	5	6	7	8	9	10	11	12	全年
地面平均温度(℃)	−1.93	2.83	10.1	17.9	24	28.6	29.5	27.7	22.5	16.2	6.1	0.6	15.7
地面极端最高温度(℃)	17.9	25.7	39.7	48.7	52.2	56.9	58.6	47.7	43.6	36.8	28.0	15.1	39.2
地面极端最低温度(℃)	−12.4	−7.4	−5.5	−0.9	7.9	13.9	18.7	16.2	9.6	1.3	−4.1	−10.2	0.7
5cm平均温度(℃)	−1.2	2.5	9.1	15.9	21.5	27.7	27.6	23.5	22	16	6.85	0.9	
10cm平均温度(℃)	−0.7	2.5	9	15.6	21.5	26.1	27.8	27	22.2	16.4	7.6	1.6	
15cm平均温度(℃)	−0.3	2.5	8.7	15.2	21	25.5	27.4	26.8	22.2	16.7	8.2	2.2	
20cm平均温度(℃)	0.1	2.6	8.6	14.9	20.6	20	27	26.6	17.2	16.9	8.7	2.8	

从表1-1可以看出，高唐县土壤热量资源在各个生长季内基本满足作物生长发育的需要。值得注意的是，春季连阴雨是造成有些年份春季土壤热量不足而影响棉花出苗和春季作物生长的主要原因，应当采用深耕来增强土壤对太阳辐射能的吸收能力，从而提高地温，促进春季作物生长和棉花早出苗。

高唐县光照、温度、降水和地温等气候条件，基本能满足农作物的正常生长，但由于在春季有倒春寒、晚霜冻，夏季有干热风、暴雨、冰雹，有些年份秋季有连阴雨、初霜冻等自然灾害，所以对农作物的正常生长均有不同程度的危害。

（五）四季气候特点

春季干旱多风，降水少，大风多，气温回升较快，蒸发量大（一般年蒸发量为降水量的11

倍)，造成:褐土化潮土干旱，威胁作物生长;风沙土沙粒移动，风蚀严重;盐化潮土返盐加重。

夏季高温多雨，全年最高气温出现在7月，6～8月降雨量占全年的67.2%，因而高地有淋溶作用，坡地地下水水位上升，出现盐化现象。

秋季雨量减少，天高气爽，昼夜温差较大，易出现干旱，影响秋作物成熟及小麦播种，淋溶下移的盐分又开始向地表回移。

冬季寒冷干燥，一般在12月中旬以后大地封冻，长达80天左右，最大冻土深度达43cm，且期间雨雪稀少，干寒是主要特点，小麦、果树等作物常受冻害。

第二节　农业经济与农业生产

一、农业经济概况

(一)概况

全县现辖1个经济技术开发区、3个办事处、9个镇，共743个自然村，总人口为48.27万，乡村人口为37.98万，乡村劳动力为20.81万人，总计16.26万户，其中乡村户数为10.51万。农民人均纯收入为4884.75元，农民人均生活消费支出为2959.6元，村村通柏油路，通车村数有743个，通电话户数为78924户，户户通电，自来水收益村为618个，共70228户群众受益。(2008年统计数据)

(二)种植业

高唐县机耕面积为51940hm^2，机播面积为86750hm^2，机收面积为50550hm^2，农村用电量为6043万，农用柴油为7334吨，农药使用量为1030吨，农膜用量为2571吨，化肥施用量(实物)为130284吨，其中氮肥56624吨、磷肥40672吨、钾肥13105吨、复合肥19883吨。

(三)养殖业

截至2011年底，全县规模养殖场有1000个，出栏500头以上的猪养殖场有140个，存栏万只以上的蛋鸡场有50个，牛存栏为11万头，马、驴、骡为0.62万头，猪为50.1万头，羊为22万只，家禽为2628.1万只，家兔为23万只，蜜蜂为2500箱。出栏牛为7.78万头，猪为102万头，羊为43万只，肉类总产量为271235吨，牛羊奶产量为17900吨，绵羊毛产量为145吨。出栏家禽为9615万只，禽蛋产量为34800吨。出栏家兔为116万只。蜂蜜产量为87吨。(2011年畜牧局数据)

二、农业生产现状

高唐县素有“金高唐”之称，据历史记载，棉花种植已有四百多年历史。远在明、清时期，棉花即为“州民恒产”，“货以木棉甲于齐鲁”。《高唐州志》载:清代知州尤图跃曾写过这样的诗:“秋村棉絮落纷纷，入市千堆映日燻;白比峨眉山后雪，多于宏景岭头云。”

据2009年农业统计材料，全县耕地面积为62398.2hm^2，农业人口人均占有耕地为0.164hm^2(即2.46亩)。农作物播种面积有106779.5hm^2，复种指数为171.1%，主要农作物播种面积及产量见表1-2。

表 1-2　　高唐县主要作物播种面积及产量

农作物	播种面积（hm^2）	平均单产（kg/hm^2）	总产量（吨）	蔬菜、果品	播种面积（hm^2）	单产（kg/hm^2）	总产量（吨）
粮食作物	71913.3	6426	466936.8	蔬菜(含菜用瓜)	10266.7	52208	536003.9
小麦	40153.3	6221	249793.7	瓜类(果用瓜)	2066.7	53889	111372.4
玉米	31760	6837	217143.1	果品	470.67		34303
油料作物	4683	3672	17196	其他	625.1		
棉花	16754	1219	20423				

高唐县粮食种植面积为 71913.3hm^2，大面积推广种植济麦 22、良星 99、浚单 20、郑单 958 等优良品种。棉花种植面积为 16754hm^2，大面积推广种植鲁棉研 28、晋棉 38 等优良品种。

2009 年底，全县生产总值为 1970160 万元，农业总产值为 256122 万元，占全县的 13%，其中农业、林业、畜牧业和渔业分别占农业总产值的 72.35%、1.01%、21.46%和 2.64%。

第三节　农业基础设施情况

一、农业机械

2011 年底，高唐县共有农业机械总动力 996081kW，大中型拖拉机 3426 台、小型拖拉机 6384 台，其中柴油机 105645 台、939180kW，汽油机 105 台、7780kW，农用拖拉机 9810 台、209771.3kW，农用运输车 30215 辆、278021kW，其中三轮运输车 29139 辆、256351kW，推土机 96 台、5368kW，联合收割机 2881 台，其中小麦联合收割机 1521 台、玉米收割机 1360 台、脱粒机 2260 台，播种机 4255 台，其中免耕机 670 台、精少量播种机 698 台，秸秆还田机 1060 台，旋耕犁 1548 台，喷雾器 6584 台。

2011 年，完成机耕面积为 51940hm^2、机播面积为 86750hm^2，其中免耕播种面积为 5573hm^2、精少量播种面积为 7580hm^2，机收面积为 50550hm^2。从机械装备使用情况看，用于加工、灌溉、运输的多，田间作业的比较少。2011 年，全县农作物总播种面积为 106779.5hm^2，小麦基本实现了全程机械化。16754hm^2 的棉花采用机械旋地和播种，追肥采用小型机械，收获为人工操作。玉米是高唐县另一主要粮食作物，常年种植面积为 31760hm^2，播种实现机械化。

二、农田水利

(一)水资源

水资源包括地表水与地下水两部分，地表水资源的数量主要受降水和客水径流的控制；

地下水资源除受降水影响外，其赋存条件和理化性质主要受地质构造和水文地质条件制约。高唐县水资源总的状况是地表水较丰富，但年际变化大，拦蓄能力差，利用率低。地下水储量地域差异大，部分区域水资源不足。

高唐县降水量年际变化比较大，据高唐县气象局监测资料，多年平均降水量为541.6mm，丰水年降水量为975.9mm(1961年)，枯水年降水量为306mm(1968年)，丰枯相差669.9mm。降水量的年际变化决定了高唐县地表水的年际变化，多年平均径流深40mm，丰水年径流深66.2mm，枯水年径流深4.52mm。

水资源供需状况：当地水资源总量为17150万立方米，可利用水资源总量为12079万立方米，目前工农业生产及生活每年需用水为16355万立方米(其中工业用水为1615万立方米，农业用水为13690万立方米，生活用水为1050万立方米)，生态用水为400万立方米，地表水和地下水共计供水为13542.3万立方米，一般年缺水为3212.7万立方米。因此，遇到干旱年份供需矛盾较大，水资源严重不足。今后随着工农业生产的发展，需水量会越来越大，水资源供需矛盾也会越来越突出，因此，科学用水和节约用水需要引起高度重视。

(二)农田水利建设

随着工农业生产水平的大幅提高，高唐县的水利建设迅速发展，目前初具规模的水利工程已经建成。全县有效灌溉面积已达56780hm²，为旱涝保收创造了条件。全县水利工程现状见表1-3。

表1-3 高唐县水利工程现状

项目	单位	数量	项目	单位	数量
有效灌溉面积	hm²	56780	排灌机械	台/kW	23180/207420
保证灌溉面积	hm²	35420	扬水站	处/kW	24/2170
水土流失治理面积	hm²	36300	中型水库	座/总库容	2/1320万立方米
栽保水林	hm²	4006	小型水库	座/总库容	2/756万立方米
栽经济林	hm²	733	井窖	座	40
涝洼治理	hm²	5138	坑塘	个	1063
机电井	眼	12331			
已配套	眼	12262			

从水利设施类型看，全县可分灌溉工程、防洪排涝工程、水土保持工程、节水灌溉工程和人畜吃水工程五类。

1.灌溉工程。全县灌溉工程可分为井灌和机电提水河灌溉工程两种类型。井灌和河灌是高唐县的主要灌溉方式。全县有效灌溉面积为56780hm²，其中井灌面积为45990hm²(纯井灌溉面积为15166.7hm²，井河结合灌溉面积为30580hm²)，占灌溉面积的81%。现有机井12331眼，已配套机电井12262眼，占总井数的90%。全县排灌机械保有量为23180台，配套动力为207420kW，在特大干旱年仍可保浇56400hm²的面积。

2. 防洪排涝工程。高唐县平原水库包括鱼邱湖水库、双海湖水库、南王水库和大张水库。水源为通过位山二干渠引黄河水。平原水库的主要功能是改善当地农业生产灌溉条件、缓解城市供水矛盾、增加黄河水的调蓄能力、实现水资源的战略性储备和动态调控。中型水库有鱼邱湖水库和双海湖水库(于 2006 年完成),总面积为 352hm^2,其中湖面为 207hm^2,双海湖水库设计库容为 1320 万立方米。

高唐县河流分自然河流和人工河流两种,多由西南流向东北,境内有徒骇河和马颊河两条骨干排水河道,分别自西南向东北纵贯全县。徒骇河自姜店镇南镇村入境到固河镇李集村出境,境内长 26km,控制境内流域面积为 393.62hm^2,流域面积在百平方千米以上的支流有七里河、四新河、管氏河和友谊沟,流域面积在百平方千米以下的支流有侯桥沟、辛浦沟、尚官屯沟和靳家沟。马颊河自清平镇大高村入境到梁村镇董姑桥村出境,长 28km,控制境内流域面积为 432.3hm^2,其中流域面积在百平方千米以上的支流有唐公沟、官道沟和沙河沟,百平方千米以下的支流有王浩沟、西干渠和张官屯沟。

3. 水土保持工程。截至 2007 年底,高唐县累计治理水土流失面积为 363.3hm^2,治理未达标面积为 1870hm^2,未治理面积为 560hm^2,农业用地增加到 77200hm^2,占土地面积的 81%,农业用地中开垦沙荒地为 1833hm^2,低产田改造为 460hm^2,林地面积增加到 5933hm^2,占土地面积的 6.3%,经济林面积增加到 733hm^2,占土地面积的 0.8%,未利用土地为 1400hm^2,占土地面积的 1.5%。

4. 节水灌溉工程。目前高唐县的农业节水灌溉工程主要以国家级节水灌溉示范项目、黄淮海农业综合开发项目和土地整理项目为主。国家级节水灌溉示范项目为以引黄灌区节水模式为主的赵寨子镇节水灌溉示范区和以井灌区节水模式为主的罗寨洼节水灌溉示范区;黄淮海农业综合开发项目节水工程主要涉及杨屯镇、清平镇和琉寺镇;土地整理项目主要涉及尹集镇、卅里铺镇、汇鑫街道办事处和固河镇等。全县节水灌溉工程共涉及 9 个镇(街道办事处),共 83 个自然村,节水灌溉面积为 3773hm^2,其中低压管道灌溉面积为 3493hm^2,U 形渠节水灌溉面积为 280hm^2。

5. 人畜吃水工程。截至目前,全县共建设农村自来水工程 91 处,解决了 618 个自然村、70228 户群众的饮用水问题,自来水入村率达到了 76.2%,入户率达到 85%以上。其中单村供水工程 49 处,占 53.85%;连片供水工程 42 处,占 46.15%;停用工程 7 处,占 7.69%,大部分因机井水质差或报废引起。累计铺设主管道 54294.5m,建水源井 133 眼,其中浅井 42 眼,中深井 12 眼,深井 79 眼,占比分别为 31.6%、9%、59.4%,因各种原因停用和未用的机井 12 眼,占比为 9%。

第二章　土壤与耕地资源状况

第一节　耕地立地条件

影响土壤与耕地的因素较多，母质、气候、地形、时间、生物以及人类活动等因素的综合作用决定着耕地和土壤的性质。此外，耕地质量还受到地貌类型、灌溉条件等立地条件的影响。

一、地貌类型

根据微地貌的形态特征，将全县分为 6 个地貌类型，即：河滩高地、沙质河槽地、古河床高地、缓平坡地、河间浅平洼地和背河槽状洼地。

（一）河滩高地

河滩高地为古河道漫滩沉积而形成的一个地势较高的缓岗，但局部地片略有波状起伏。土壤多为轻壤土，一般无盐化威胁。主要分布在清平镇西南部、卅里铺镇和梁村镇的马颊河以西、姜店镇北部和中部、鱼邱湖街道办事处南部、尹集镇南部和西南部、固河镇西北部。面积为 16749.85hm^2，占总土地面积的 17.65％。

（二）沙质河槽地

沙质河槽地为主要河道急流沉积物，呈条带状，土壤偏沙，地势较高，地形复杂，有盐碱危害。主要分布在从清平镇的西大官屯起，经过赵寨子镇的东小官屯、前张村、大寨村，到鱼邱湖街道办事处的李棉村、南五里铺村、迈官屯、东罗寨等。面积为 3055.78hm^2，占总土地面积的 3.22％。

（三）古河床高地

古河床高地为古河道急流沉积而成。土壤为风沙土，地势起伏不平，并有沙丘，局部雨季积水成灾。主要分布在清平镇周围、卅里铺镇东南、汇鑫街道办事处西南和固河镇的东北部。面积为 10277.67hm^2，占总土地面积的 10.83％。

（四）缓平坡地

缓平坡地由河流泛滥慢流沉积而成，地势平缓，略有起伏，并有零星小洼地，土壤多为轻壤土和沙壤土。其分布较广，主要分布在梁村镇、尹集镇北部、汇鑫街道办事处、赵寨子镇、姜店镇、琉寺镇、杨屯镇和固河镇南部。面积为 53381.25 hm^2，占总土地面积的 56.25％。

（五）河间浅平洼地

河间浅平洼地由静水沉积而成，处于黄河两次改道的河间地带。地势缓平而低洼，地形图上的等高线呈封闭状，群众习称“漫洼”。土壤多为中壤土。主要分布在杨屯镇的东南部、琉寺镇东南部和罗寨以西的罗寨洼。面积为 4849.39hm²，占总土地面积的 5.11%。

（六）背河槽状洼地

背河槽状洼地是在河道两侧有高堤约束的情况下，河床及滩地不断淤高，使两岸堤下相对低洼，而形成的带状洼地。土壤多为沙壤土，土壤盐渍化面积大，并有成片的盐碱荒地。主要分布在马颊河沿岸的清平镇、卅里铺镇、梁村镇和汇鑫街道办事处等镇（办事处）。面积为 6586.06hm²，占总土地面积的 6.94%。

二、灌溉条件

多年来，由于农田水利建设不断发展，高唐县的耕地灌溉条件得到明显改善，灌溉面积不断扩大，灌溉保证率不断提高。在绘制《高唐县灌溉保证率图》的基础上，把《高唐县土地利用现状图》与其叠加，划分了耕地的灌溉保证率等级（见表 2-1）。

表 2-1　不同灌溉保证率的耕地面积

等　级	1	2	3	4	5
灌溉保证率（%）	>75	50～75	25～50	0～25	0
土地面积（hm²）	16253.24	28937.62	14027.42	2795.52	384.47
占土地面积（%）	26.04	46.38	22.48	4.48	0.62

从表 2-1 可以看出，高唐县灌溉保证率高于 75%的耕地占耕地面积的 26.04%，多数耕地的灌溉保证率为 50%～75%，占耕地面积的 46.38%，灌溉保证率高于 25%的占耕地面积的 94.9%。

第二节　耕地土壤类型与分布

一、土壤分类系统

根据全国第二次土壤普查资料，高唐县土壤共分 3 个土类（潮土、盐土、风沙土），5 个亚类（褐土化潮土、潮土、盐化潮土、潮盐土和固定风沙土），9 个土属（沙质褐土化潮土、壤质褐土化潮土、沙质潮土、壤质潮土、沙质盐化潮土、壤质盐化潮土、沙质白潮盐土、壤质白潮盐土和冲积固定风沙土），60 个土种（见表 2-2）。

表 2-2　　高唐县土壤类型及土种面积表

土类	亚类	土属	土种代码	土种名称	面积(hm²)	占土地面积(%)
潮土	褐土化潮土	沙质褐土化潮土	$Cal_1 3/16$	沙壤质厚黏腰褐土化潮土	293.31	0.32
			$Cal_1 3/19$	全剖面沙壤质褐土化潮土	2555.09	2.79
		壤质褐土化潮土	$Cal_2 4/2$	轻壤质厚沙心褐土化潮土	609.07	0.66
			$Cal_2 4/4$	轻壤质厚沙腰褐土化潮土	362.94	0.4
			$Cal_2 4/14$	轻壤质厚黏心褐土化潮土	273.98	0.3
			$Cal_2 4/16$	轻壤质厚黏腰褐土化潮土	2689.41	2.93
			$Cal_2 4/19$	全剖面轻壤质褐土化潮土	1491.54	1.63
	潮土	沙质潮土	$Cb2_1 3/8$	沙壤质厚壤心潮土	655.35	0.71
			$Cb2_1 3/14$	沙壤质厚黏心潮土	488.82	0.53
			$Cb2_1 3/16$	沙壤质厚黏腰潮土	2071.58	2.26
			$Cb2_1 3/18$	沙壤质厚黏底潮土	233.37	0.25
			$Cb2_1 3/19$	全剖面沙壤质潮土	18191.56	19.84
		壤质潮土	$Cb2_2 4/2$	轻壤质厚沙心潮土	928.73	1.01
			$Cb2_2 4/4$	轻壤质厚沙腰潮土	4442.18	4.84
			$Cb2_2 4/14$	轻壤质厚黏心潮土	13585.2	14.82
			$Cb2_2 5/14$	中壤质厚黏心潮土	7138.44	7.78
			$Cb2_2 4/16$	轻壤质厚黏腰潮土	2689.41	2.93
			$Cb2_2 5/16$	中壤质厚黏腰潮土	405.79	0.44
			$Cb2_2 4/19$	全剖面轻壤质潮土	7006.94	7.64
			$Cb2_2 5/19$	全剖面中壤质潮土	297.15	0.32
	盐化潮土	沙质盐化潮土	$Cc5_1 3$(二)/8	中度盐化沙壤质厚壤心盐化潮土	154.29	0.17
			$Cc5_1 3$(二)/15	中度盐化沙壤质薄黏腰盐化潮土	125.94	0.14
			$Cc5_1 3$(二)/16	中度盐化沙壤质厚黏腰盐化潮土	362.72	0.4
			$Cc5_1 3$(二)/18	中度盐化沙壤质厚黏底盐化潮土	521.65	0.57
			$Cc5_1 3$(一)/19	轻度盐化全剖面沙壤质盐化潮土	98.18	0.11
			$Cc5_1 3$(二)/19	中度盐化全剖面沙壤质盐化潮土	2853.32	3.11
			$Cc5_1 3$(三)/19	重度盐化全剖面沙壤质盐化潮土	743.15	0.81

续表

土类	亚类	土属	土种代码	土种名称	面积(hm²)	占土地面积(%)
潮土	盐化潮土	壤质盐化潮土	$Cc5_24$(一)/2	轻度盐化轻壤质厚沙心盐化潮土	6.77	0.01
			$Cc5_24$(二)/2	中度盐化轻壤质厚沙心盐化潮土	`176.66	0.19
			$Cc5_24$(二)/4	中度盐化轻壤质厚沙腰盐化潮土	992.68	1.08
			$Cc5_24$(三)/4	重度盐化轻壤质厚沙腰盐化潮土	313.32	0.34
			$Cc5_24$(二)/6	中度盐化轻壤质厚沙底盐化潮土	272.12	0.3
			$Cc5_24$(三)/6	重度盐化轻壤质厚沙底盐化潮土	61.17	0.07
			$Cc5_24$(一)/14	轻度盐化轻壤质厚黏心盐化潮土	92.11	0.1
			$Cc5_24$(二)/14	中度盐化轻壤质厚黏心盐化潮土	1103.05	1.2
			$Cc5_24$(三)/14	重度盐化轻壤质厚黏心盐化潮土	357.41	0.39
			$Cc5_25$(二)/14	中度盐化中壤质厚黏心盐化潮土	101.93	0.11
			$Cc5_24$(一)/16	轻度盐化轻壤质厚黏腰盐化潮土	266.99	0.29
			$Cc5_24$(二)/16	中度盐化轻壤质厚黏腰盐化潮土	2453.54	2.68
			$Cc5_24$(三)/16	重度盐化轻壤质厚黏腰盐化潮土	46.28	0.05
			$Cc5_25$(一)/16	轻度盐化中壤质厚黏腰盐化潮土	119.36	0.13
			$Cc5_24$(二)/18	中度盐化轻壤质厚黏底盐化潮土	858.96	0.94
			$Cc5_24$(三)/18	重度盐化轻壤质厚黏底盐化潮土	578.99	0.63
			$Cc5_24$(一)/19	轻度盐化全剖面轻壤质盐化潮土	53.45	0.06
			$Cc5_24$(二)/19	中度盐化全剖面轻壤质盐化潮土	615.07	0.67

续表

土类	亚类	土属	土种代码	土种名称	面积(hm²)	占土地面积(%)
盐土	潮盐土	沙质白潮盐土	$Dal_1 3/8$	沙壤质厚壤心白潮盐土	107.93	0.12
			$Dal_1 3/16$	沙壤质厚黏腰白潮盐土	501.96	0.55
			$Dal_1 3/19$	全剖面沙壤质白潮盐土	3780.1	4.12
		壤质白潮盐土	$Dal_2 4/2$	轻壤质厚沙心白潮盐土	106.83	0.12
			$Dal_2 4/4$	轻壤质厚沙腰白潮盐土	318.22	0.35
			$Dal_2 4/6$	轻壤质厚沙底白潮盐土	342.26	0.37
			$Dal_2 4/8$	轻壤质厚壤心白潮盐土	80.18	0.09
			$Dal_2 4/14$	轻壤质厚黏心白潮盐土	761.07	0.83
			$Dal_2 5/14$	中壤质厚黏心白潮盐土	285.44	0.31
			$Dal_2 4/16$	轻壤质厚黏腰白潮盐土	845.51	0.92
			$Dal_2 5/16$	中壤质厚黏腰白潮盐土	73.66	0.08
			$Dal_2 4/18$	轻壤质厚黏底白潮盐土	979.76	1.07
			$Dal_2 4/19$	全剖面轻壤质白潮盐土	1134.55	1.24
			$Da2_1 3/19$	全剖面沙壤质油潮盐土	215.68	0.24
风沙土	固定风沙土	冲积固定风沙土	$Icl_1 2/19$	全剖面沙质风沙土	2601.87	2.84

注:白潮盐土是以硫酸盐为主,油潮盐土是以氯酸盐为主。

高唐县属于黄泛平原,因多次受黄河泛滥沉积影响,且各次的水流大小、水流方向及延续时间长短不同,造成沉积的土粒大小、土层厚薄也不相同,沉积层次极为复杂。土壤分布的大体规律是:高沙、洼淤、二坡碱。但由于微地貌的变化,引起水文差异,形成多种土壤类型。河滩高地上多分布褐土化潮土,坡地上多分布潮土和盐化潮土,洼地多分布盐化潮土和潮盐土,古河床高地多分布风沙土。

二、潮土

潮土是受潜水作用和耕作活动影响而形成的一类土壤。高唐县潮土的特征是:成土母质为黄河冲积物，土以粉沙为主，粗沙与黏粒较少，因沉积水流速度不同，在表层质地上有差异，同一剖面中也有不同质地层次排列。受潜水影响，全剖面有石灰反应，土壤呈中性或微碱性，pH 主要分布在 7.3～8.5，本县境内潮土土类面积为 79738.97hm^2，占全县总土地面积的 88.03%，全县的 3 个办事处、1 个开发区和 9 个镇均有分布。潮土共有 3 个亚类、7 个土属、45 个土种。

（一）褐土化潮土亚类（Ca）

褐土化潮土亚类主要分布在清平镇、卅里铺镇、汇鑫街道办事处和梁村镇四镇（办事处）沿马颊河一带，姜店镇、鱼邱湖街道办事处、固河镇也有零星分布。面积为 8275.34hm^2，占土地总面积的8.73%。表层质地以轻壤质为主，面积为 5426.94hm^2，占耕地面积的 5.72%，沙壤质居二，面积为 2848.4hm^2，占耕地面积的 3%。土体构型主要是厚黏心、厚黏腰，其次是沙均质和壤均质。这种土壤多处在地势较高的河滩高地上，海拔高程多在 28m 以上。潜水矿化度平均为 1.19g/L，变幅为 0.11～2.8g/L，绝大多数属淡水或弱矿化水（1983 年）。该亚类有 2 个土属、7 个土种。该亚类主要物理化学性状（见表 2-3、表 2-4 和表 2-5）。

表 2-3　　褐土化潮土亚类大量元素含量

项　目	有机质 (g/kg)	全氮 (g/kg)	碱解氮 (mg/kg)	有效磷 (mg/kg)	速效钾 (mg/kg)	缓效钾 (mg/kg)
平均	11.8	0.82	80	24.2	95	712
变幅	5～30	0.4～1.93	25～219	2.5～166.7	20～247	547～823
标准差	4.32	0.25	30.19	20.54	47.83	62.30

表 2-4　　褐土化潮土亚类中微量元素含量

项　目	有效锌 (mg/kg)	有效铜 (mg/kg)	有效锰 (mg/kg)	有效铁 (mg/kg)	有效钼 (mg/kg)	有效硫 (mg/kg)	有效硼 (mg/kg)	交换性钙 (mg/kg)	交换性镁 (mg/kg)
平均	0.98	1.11	8.67	8.87	0.14	58.95	0.88	12460	590
标准差	0.37	0.43	1.84	2.43	0.11	52.66	0.30	3020	136

表 2-5　　褐土化潮土亚类物理性状

层次（cm）	容重（g/cm^3）	总孔隙度（%）	毛管孔隙度（%）	通气孔隙度（%）
0～20	1.27	52.1	36.4	15.7
20～40	1.33	50.2	38.6	11.6

该亚类耕层质地多为轻壤，沙壤次之，利于作物根系下扎，所处地势较高，无盐碱威胁，耕作、施肥和管理水平较高，粮棉产量高。主要土种分布范围、主要物理化学性状分述如下：

1. 全剖面沙壤质褐土化潮土（$Cal_1 3/19$）。面积为 2555.09hm^2，占土地面积的 2.79%，主要分布在姜店镇、鱼邱湖办事处和固河镇等河滩高地上，主要物理化学性状见表 2-6、表 2-7 和表 2-8。

表 2-6 褐土化潮土亚类主要土种大量元素含量

项 目	有机质(g/kg)	全氮(g/kg)	碱解氮(mg/kg)	有效磷(mg/kg)	速效钾(mg/kg)	缓效钾(mg/kg)	pH
$Cal_1$3/19	12.4	0.80	94	24.3	100	730	8.1
标准差	4.32	0.25	30.21	20.52	47.85	61.44	
$Cal_2$4/16	11.2	0.82	89.4	23	90	687	8.3
标准差	4.39	0.24	30.48	21.85	50.23	52.32	
$Cal_2$4/19	10.7	0.84	71.5	20.5	97	728	8.2
标准差	4.24	0.27	29.98	19.27	49.37	53.38	

表 2-7 褐土化潮土亚类主要土种中微量元素含量

项 目	有效锌(mg/kg)	有效铜(mg/kg)	有效锰(mg/kg)	有效铁(mg/kg)	有效钼(mg/kg)	有效硫(mg/kg)	有效硼(mg/kg)	交换性钙(mg/kg)	交换性镁(mg/kg)
$Cal_1$3/19	0.99	1.36	9.67	9.76	0.15	66.4	0.86	13130	604
标准差	0.37	0.43	1.84	2.43	0.11	52.66	0.3	3016	136
$Cal_2$4/16	1.16	1.15	7.55	7.15	0.13	61.7	0.81	12010	563.5
标准差	0.41	0.32	1.58	1.89	0.091	52.78	0.31	3260	145
$Cal_2$4/19	0.95	0.78	7.43	8.33	0.15	58.63	0.82	11638	565
标准差	0.38	0.37	1.79	2.04	0.099	45.8	0.29	3865	143

表 2-8 褐土化潮土亚类主要土种物理性状

主要土种	(cm)	容重(g/cm^3)	总孔隙度(%)	毛管孔隙度(%)	通气孔隙度(%)
$Cal_1$3/19	0～20	1.18	55.5	30.6	24.9
	20～40	1.18	55.5	38.7	16.8
$Cal_2$4/16	0～20	1.29	51.3	34.6	16.7
	20～40	1.33	49.8	39	10.8
$Cal_2$4/19	0～20	1.29	51	35	16
	20～40	1.42	47	36	11

从表 2-5、表 2-6 和表 2-7 看出，该土种速效养分含量中等偏高，pH 为 8.1 左右，属微碱性。该土种生产性能好，产量水平较高，常年皮棉产量为 95～110kg/667m^2。主要生产问题是靠河灌，应积极发展井灌，有机质含量中等偏低，土壤保肥性差，应增施有机肥和氮肥，并适当增施钾肥。培肥地力，增加土壤养分储备，保证作物稳产高产。该土种适合建立粮食、棉花和花生生产基地。

2.轻壤质厚黏腰褐土化潮土($Cal_2 4/16$)。面积为 2689.41hm²,占土地总面积的 2.93%,主要分布在卅里铺镇、清平镇、鱼邱湖办事处和梁村镇沿马颊河两侧。

从表 2-5、表 2-6 和表 2-7 看出,该土种养分含量偏少。该土种为蒙金地,保肥、保水性能较好,水、肥、气、热较协调,产量高,是本县一种较好的土壤类型。主要问题是以河灌为主,但无保证,应发展井灌,以井保丰,以河补源;养分含量虽较低,但作物产量高,随作物收获而带走的也多。所以,应增施有机肥和氮肥,适当增施钾肥,培肥地力。该土种适合建立粮棉高产稳产基地。

3.全剖面轻壤质褐土化潮土($Cal_2 4/19$)。面积为 1491.54hm²,占土地总面积的 1.63%。主要分布在卅里铺镇、汇鑫街道办事处和固河镇。主要物理化学性状见表 2-6、表 2-7 和表 2-8。

从表 2-6、表 2-7 和表 2-8 看出,该土种沙黏适中,水、肥、气、热协调,构型较好,适耕期长,保水、保肥。但养分含量低,地力差。所以,应增施有机肥和钾肥,培肥地力。

(二)潮土亚类(Cb)

本亚类分布于全县各镇(办事处)的多种地貌类型上,面积为 58134.52hm²,占土地总面积的 64.87%。表层质地以轻壤为主,面积为 28652.46hm²,占土地面积的 31.98%,沙壤次之,面积为 21640.68hm²,占土地面积的 24.15%,中壤居三,面积为 7544.23hm²,占土地面积的 8.42%。土体构型以厚黏心、厚黏腰为主,沙均质次之。该亚类多处在浅平洼地、缓平坡地或河滩高地上,而缓平坡地的中下部常与盐化潮土同时存在。潜水矿化度平均为 1.45g/L,变幅为 0.2~4.1g/L,大部分属于淡水或弱矿化水(1983 年)。该亚类有 3 个土属、38 个土种。主要化学性状见表 2-9 和表 2-10。

表 2-9 潮土亚类大量元素含量

项 目	有机质 (g/kg)	全氮 (g/kg)	碱解氮 (mg/kg)	有效磷 (mg/kg)	速效钾 (mg/kg)	缓效钾 (mg/kg)	pH
平均	13.3	0.9	86.1	28	114	719	8.2
变幅	5~47.8	0.052~2.24	15~314	3~166.7	17~394	465~924	
标准差	4.26	0.24	30.19	21.67	46.5	60.56	

表 2-10 潮土亚类中微量元素含量

项 目	有效锌 (mg/kg)	有效铜 (mg/kg)	有效锰 (mg/kg)	有效铁 (mg/kg)	有效钼 (mg/kg)	有效硫 (mg/kg)	有效硼 (mg/kg)	交换性钙 (mg/kg)	交换性镁 (mg/kg)
平均	1.1	1.18	8.7	9.05	0.16	65.22	0.88	12670	610
标准差	0.39	0.44	2.02	3.14	0.11	50.89	0.3	2959	1367

从表 2-9 和表 2-10 中可看出,潮土亚类养分含量中等偏低,养分之间的协调情况较好,变幅大,典型性状分散。

生产性能:潮土亚类土层深厚,通透性较好,土壤较湿润,水、气和热性状较协调,植物根系较多,养分含量也较丰富,适于种植棉花、小麦、玉米和花生等多种作物。

由于潮土亚类潜水矿化度较高，在耕作粗放、排水不畅的地方，表土返盐，形成盐化潮土。所以，对潮土来讲，用水要慎重，要有灌有排，控制灌水用量，防止地下水位上升，以免造成盐渍化。主要土种分布范围、主要物理化学性状分述如下：

1.全剖面沙壤质潮土（Cb2$_1$3/19）。全县共有 18191.56hm^2，占土地总面积的19.84%，多分布在赵寨子镇引黄干渠西和东南方向、汇鑫街道办事处、清平镇、卅里铺镇、鱼邱湖街道办事处、固河镇北部、人和街道办事处东和姜店镇西部等缓平坡地上。主要物理化学性状见表 2-11、表 2-12 和表 2-13。

表 2-11　潮土亚类主要土种大量元素含量

项　目	有机质(g/kg)	全氮(g/kg)	碱解氮(mg/kg)	有效磷(mg/kg)	缓效钾(mg/kg)	速效钾(mg/kg)	pH
Cb2$_1$3/19	11.8	0.81	80.8	25.5	716	102.5	8.2
标准差	4.26	0.24	30.26	21.49	59.71	46.55	
Cb2$_2$4/4	12.9	0.81	83	28.8	718	115	8.2
标准差	4.26	0.24	30.26	21.63	61.51	46.54	
Cb2$_2$4/14	14.6	0.98	89.2	28.7	717	121.7	8.2
标准差	4.26	0.24	30.2	21.69	60.56	46.5	

表 2-12　潮土亚类主要土种中微量元素含量

项　目	有效锌(mg/kg)	有效铜(mg/kg)	有效锰(mg/kg)	有效铁(mg/kg)	有效钼(mg/kg)	有效硫(mg/kg)	有效硼(mg/kg)	交换性钙(mg/kg)	交换性镁(mg/kg)
Cb2$_1$3/19	1.1	1.02	8.51	8.51	0.13	82.65	0.83	11990	540
标准差	0.38	0.42	1.96	3	0.11	51.06	0.3	2963	138
Cb2$_2$4/4	1.18	1.13	8.7	8.71	0.13	82.65	1.04	13000	620
标准差	0.38	0.43	1.96	3	0.11	51.05	0.3	2961	138
Cb2$_2$4/14	1.15	1.26	8.81	9.02	0.17	66.24	0.83	13110	640
标准差	0.38	0.42	1.95	3.02	0.11	51.06	0.3	3014	137

表 2-13　潮土亚类主要土种物理性状

主要土种	层次(cm)	容重(g/cm^3)	总孔隙度(%)	毛管孔隙度(%)	通气孔隙度(%)
Cb2$_1$3/19	0～20	1.24	53.2	31	22.2
	20～40	1.31	50.6	30.7	19.9
Cb2$_2$4/4	0～20	1.32	50.2	40	10.2
	20～40	1.42	46.2	38.6	7.6
Cb2$_2$4/14	0～20	1.27	52.2	31.6	20.6
	20～40	1.3	50.9	36.9	14

从表 2-11、表 2-12 和表 2-13 可以看出，该土种适耕期长，便于田间管理，但土壤养分含量偏低，往往在作物生长后期脱肥，群众说这种土“发小苗，不发老苗”。该土种漏水现象较严重，干旱，同时土壤松散，升温快。所以，应增施有机肥、氮肥，以培肥地力。在施肥上，要注意少量多次；发展灌溉，健全排灌系统；植树造林，减少风蚀和水土流失；在种植上，应发展棉花、花生、地瓜和多种经营；实行粮棉轮作或棉花、西瓜间作，增施有机肥。

2. 轻壤质厚沙腰潮土（$Cb2_24/4$）。全县共有 4442.18hm²，占土地总面积的 4.84%，主要分布在梁村镇西南部和东部、杨屯镇东南部和南部、琉寺镇东南部、赵寨子镇西部、姜店镇石庄附近，地貌类型主要是缓平坡地。

该土种土层深厚，质地适中，物理性能较好，速效养分含量中等，但有机质、全氮储备较低。该土种在排水不畅、地下水位较高的地方，由于毛管作用强烈，常常造成地表积盐，盐化威胁较大，因此，应注意深沟排水，同时，要增施有机肥、氮肥和磷肥，以增加土壤中养分储备。

3. 轻壤质厚黏心潮土（$Cb2_24/14$）。面积为 13585.2hm²，占土地总面积的 14.82%，主要分布在琉寺镇四新河两侧、梁村镇东北部和西南部、唐公沟西、徒骇河两侧、人和街道办事处东、赵寨子镇 316 省道附近。主要物理化学性状见表 2-11、表 2-12 和表 2-13。

该土种耕层土壤较薄，黏土层出现部位过高，速效养分含量较丰富。该土种多处在相对低洼的地区，潜水位较高，地表水又难以下渗，往往有渍涝现象发生。但这种土壤保肥性能较好，养分储备较高，由于通气性差，养分转化较慢，供肥能力弱。在种植上应以小麦、玉米等粮食作物为主，在改良上应注意深耕深翻，逐年加深，并结合施用有机肥，加厚熟土层，并适当增施磷肥和钾肥。

（三）盐化潮土亚类（Cc）

面积为 13329.11hm²，占土地总面积的 14.06%，表层质地以轻壤为主，沙壤次之。土体构型比较复杂，有沙均质、夹黏型（厚黏心、厚黏腰、厚黏底、薄黏腰）、夹沙型（厚沙心、厚沙腰、厚沙底）和壤均质，主要分布在槽状洼地、浅平洼地或缓平地的中下端地带。

该亚类主要分布在梁村镇东南部和北部、汇鑫街道办事处、鱼邱湖办事处、赵寨子镇北部和南部、杨屯镇西南、琉寺镇西北、姜店镇南部和清平镇东南。盐化潮土由于地势较低，易发生季节性盐渍化，致使地表形成盐斑，危害作物生长。按缺苗程度并参考含盐量，把盐化潮土划分为轻、中、重三级。该亚类有 2 个土属、25 个土种。主要化学性状见表 2-14 和表 2-15。

表 2-14　　盐化潮土亚类大量元素含量

项目	有机质 (g/kg)	全氮 (g/kg)	碱解氮 (mg/kg)	有效磷 (mg/kg)	缓效钾 (mg/kg)	速效钾 (mg/kg)	pH
平均	13	0.92	87	26.3	717	107	8
变幅	5.7～26.7	0.511～1.812	11～284	4～68.3	589～817	28～420	8.4～7.3
标准差	4.26	0.24	30.32	21.76	60.51	46.46	

表 2-15　　盐化潮土亚类中微量元素含量

项　目	有效锌(mg/kg)	有效铜(mg/kg)	有效锰(mg/kg)	有效铁(mg/kg)	有效钼(mg/kg)	有效硫(mg/kg)	有效硼(mg/kg)	交换性钙(mg/kg)	交换性镁(mg/kg)
	1.12	1.16	9.09	9.69	0.16	74.18	0.908	13220	609
标准差	0.39	0.43	1.95	2.88	0.11	51.49	0.3	2897	136

盐化潮土土体中的盐分含量高，是影响植物正常生长的主要障碍因素。其改良方法是采取水利、农业、生物等综合治理的措施，改良与利用相结合，因地制宜，因时制宜，常年治理，消除盐碱危害。主要土种分布范围、物理化学性状分述如下：

1.重度盐化轻壤质厚黏心盐化潮土[$Cc5_{2}4$(三)/14]。主要分布在琉寺镇西北部，面积为 357.41hm^2，占土地总面积的 0.39%，物理化学性状见表 2-16 和表 2-17。

表 2-16　　盐化潮土亚类主要土种化学性状

项　目	有机质(g/kg)	全氮(g/kg)	碱解氮(mg/kg)	有效磷(mg/kg)	速效钾(mg/kg)
$Cc5_{2}4$(三)/14	14.7	0.88	88	24.7	134
标准差	6.14	0.26	29.54	25.04	35.92
$Cc5_{2}4$(二)/16	12.7	0.92	87.7	30.5	107
标准差	4.42	0.26	29.55	21.33	50.46

表 2-17　　盐化潮土亚类主要土种物理性状

主要土种	层次(cm)	容重(g/cm^3)	总孔隙度(%)	毛管孔隙度(%)	通气孔隙度(%)
$Cc5_{2}4$(三)/14	0～20	1.32	50.2	39.6	10.6
	20～40	1.39	47.5	46.3	1.2
$Cc5_{2}4$(二)/16	0～20	1.27	52.1	39.5	12.6
	20～40	1.29	51.3	36.1	15.2

该土种理化性状差，通透性差，速效养分含量较大，土体含盐量高，盐害重，土壤瘠薄。因此，要挖深沟排碱，增施有机肥，培肥改土，选用耐盐作物，逐年深耕改土。

2.中度盐化轻壤质厚黏腰盐化潮土[$Cc5_{2}4$(二)/16]。主要分布在赵寨子镇纸坊头，面积为 2453.54hm^2，占土地总面积的 2.68%，主要物理化学性状见表 2-16 和表 2-17。

该土种有盐害，有机质、全氮含量偏低，有效磷含量较高，速效钾含量中等偏低，应排灌配套，大水压盐，增施有机肥和钾肥，逐年培肥地力，适种耐盐作物。

三、盐土

盐土是地表中含有大量可溶性盐类的土壤，一般以斑状分布于中度或重度盐化潮土区内，也或成片盐荒地内。从地貌上看，一般分布在背河槽状洼地、河间浅平洼地和缓平坡地中下端。主要分布在汇鑫街道办事处北部和西部、梁村镇南部、琉寺镇西北、杨屯镇东南、姜店镇南部和赵寨子镇南部，面积为 9533.15hm^2，占土地总面积的 10.06%。

盐土由于含盐量高，主要种植耐盐作物，如棉花。质地偏轻，表层质地以轻壤为主，沙壤为次，土体构型以沙均质和夹沙层为主，夹黏层次之，潜水矿化度平均为 2.44g/L，变幅为 0.72～9.67g/L(1983 年)。

盐土土类仅有潮盐土 1 个亚类，该亚类在改良利用上应建立健全排灌系统，以便排水洗盐，增施有机肥料，培肥改土，选用耐盐树种，植树造林，建立防护林网，增加地面覆盖，减少蒸发，抑制返盐，为发展农林生产创造条件。该土类有 1 个亚类、2 个土属、15 个土种。主要化学性状见表 2-18 和表 2-19。

表 2-18　盐土土类大量元素含量

项　目	有机质 (g/kg)	全氮 (g/kg)	碱解氮 (mg/kg)	有效磷 (mg/kg)	缓效钾 (mg/kg)	速效钾 (mg/kg)	pH
平均	14.6	0.94	87.6	24.7	718	115	8.2
变幅	5.6～28	0.42～1.53	10～186	4～80	590～986	31～250	
标准差	4.27	0.25	30.31	21.6	62.16	46.84	

表 2-19　盐土土类中微量元素含量

项　目	有效锌 (mg/kg)	有效铜 (mg/kg)	有效锰 (mg/kg)	有效铁 (mg/kg)	有效钼 (mg/kg)	有效硫 (mg/kg)	有效硼 (mg/kg)	交换性钙 (mg/kg)	交换性镁 (mg/kg)
标准差	1.03	1.21	9	9.31	0.17	76.32	0.81	14750	653
	0.38	0.44	1.94	2.94	0.11	51.47	0.30	2964	138

主要土种的分布范围、主要物理化学性状分述如下：

(一)轻壤质厚黏心白潮盐土(Dal$_2$4/14)

面积为 761.07hm^2，占土地总面积的 0.83%，主要分布在琉寺镇营坊、东牛、西牛和清平镇王大连等。主要物理化学性状见表 2-20、表 2-21 和表 2-22。

表 2-20　盐土土类主要土种大量元素含量

项　目	有机质 (g/kg)	全氮 (g/kg)	碱解氮 (mg/kg)	有效磷 (mg/kg)	缓效钾 (mg/kg)	速效钾 (mg/kg)
Dal$_2$4/14	17	1.11	94.8	28.2	650	127
标准差	4.61	0.23	14.34	19.84	31.66	50.81
Dal$_2$4/19	14.9	1.04	85.4	29	717	103
标准差	4.35	0.25	21.52	20.74	62.16	47.63

表 2-21 盐土土类主要土种中微量元素含量

项目	有效锌(mg/kg)	有效铜(mg/kg)	有效锰(mg/kg)	有效铁(mg/kg)	有效钼(mg/kg)	有效硫(mg/kg)	有效硼(mg/kg)	交换性钙(mg/kg)	交换性镁(mg/kg)
$Dal_2 4/14$	1.22	1.1	8.54	9.54	0.13	45.24	0.68	13152	635
标准差	0.32	0.13	1.68	2.25	0.1	66.15	0.37	2209	128
$Dal_2 4/19$	0.95	1.15	8.72	12.41	0.18	76.96	0.78	14846	610
标准差	0.4	0.4	1.99	2.19	0.11	56.99	0.32	3024	140

表 2-22 盐土土类主要土种物理性状

	层次(cm)	容重(g/cm^3)	总孔隙度(%)	毛管孔隙度(%)	通气孔隙度(%)
$Dal_2 4/14$	0～20	1.29	51	34.6	16.4
	20～40	1.32	50	40.3	9.9
$Dal_2 4/19$	0～20	1.23	54	35.4	18.2
	20～40	1.33	50	40.1	9.7

土种黏土层出现部位高，成为障碍层，阻隔盐水运行。表土含盐量高，养分含量高，应逐年加深耕作层，挖深沟排碱，增施有机肥，有灌、有排。

(二)全剖面轻壤质白潮盐土($Dal_2 4/19$)

主要分布在赵寨子镇南部等。面积为 1134.55hm^2，占土地总面积的 1.24%，主要物理化学性状见表 2-20、表 2-21 和表 2-22。

该土种主要生产问题是受沙、盐危害重，应综合治理，才能取得较好效果。

四、风沙土

风沙土也叫"飞沙土"，一遇干旱多风天气，飞沙蔽日，给农业生产及人民生活造成极大的危害，当地群众说："风沙风沙恶似虎，危害人民性残酷，大风不见天和日，小风也起三尺土。"又说"关门盖锅吃顿饭，还是饭土一齐咽。""费工费力收入少，年复一年无温饱。"由此看来，风沙不改，灾难无穷，风沙土是影响农业生产的一大障碍因素。

风沙土类主要分布在清平镇北部、卅里铺镇东部和汇鑫街道办事处西部。从地形、地貌上看，主要分布在古河床高地上。漏肥、漏水，养分含量低，土壤昼夜温差大，温度回升快，有利于林果生产。

潜水矿化度平均为 1.25g/L，变幅为 0.16～2.91g/L(1983 年)。该土类面积为 2601.87hm^2，占耕地面积的 2.84%。风沙土土类只有风沙土 1 个亚类，冲积固定风沙土 1 个土属，该土属仅 1 个土种。主要物理化学性状见表 2-23、表 2-24 和表 2-25。

表 2-23 冲积固定风沙土物理性状

层次(cm)	容重(g/cm³)	总孔隙度(%)	毛管孔隙度(%)	通气孔隙度(%)
0～20	1.19	55	32.9	22.1
20～40	1.22	54	29.3	24.7

表 2-24 固定冲积风沙土大量元素含量

项目	有机质(g/kg)	全氮(g/kg)	碱解氮(mg/kg)	有效磷(mg/kg)	缓效钾(mg/kg)	速效钾(mg/kg)	pH
标准差	11.1	0.7	67	34.2	718	70	8.1
	4.37	0.2	32.76	18	54.07	63.01	

表 2-25 冲积固定风沙土中微量元素含量

项目	有效锌(mg/kg)	有效铜(mg/kg)	有效锰(mg/kg)	有效铁(mg/kg)	有效钼(mg/kg)	有效硫(mg/kg)	有效硼(mg/kg)	交换性钙(mg/kg)	交换性镁(mg/kg)
标准差	0.84	0.65	6.81	8.4	0.2	32.98	0.74	10670	540
	0.51	0.38	2.35	2.34	0.065	70.17	0.26	2551	127

全剖面沙质风沙土无黏化层，通透性较强，漏肥、漏水，有机质、碱解氮和速效钾养分含量低，潜在肥力低。

在改良利用上应以发展林业生产为主，要平整土地、兴修水利、林果并重、防风固沙，有条件的地方可改为农田，种植适宜作物，如地瓜、花生和西瓜等。

第三节 土地利用现状

据高唐县国土资源局年报资料，2009 年末，高唐县土地利用现状总面积为 948km²，其中农用地面积为 77249.4hm²，占 81.56%；建设用地面积为 15415.6hm²，占 16.27%；未利用地面积为 2054.9hm²，占 2.17%(见图 2-1)。

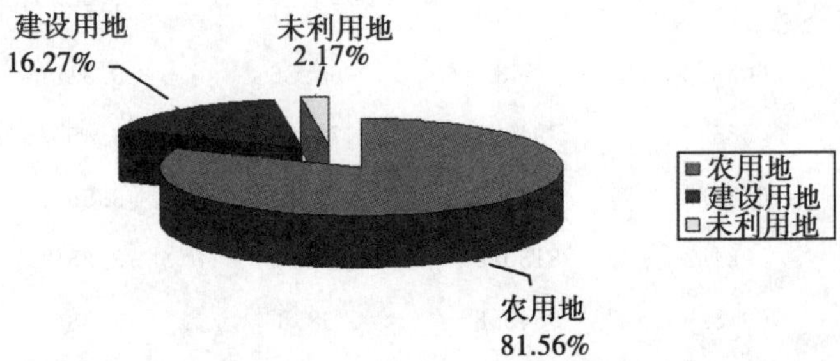

图 2-1 高唐县土地利用现状结构图

全县农用地面积为 77249.4hm²。耕地面积为 62398.2hm²，占农用地面积的 80.77%；园地面积为 470.67hm²，占农用地面积的 0.61%；林地面积为 5939.45hm²，占农用地面积的 7.69%；其他农用地面积为 8441.08hm²，占农用地面积的 10.93%。在全县农用地的地类构成中，以耕地所占比例最大(见图 2-2)。

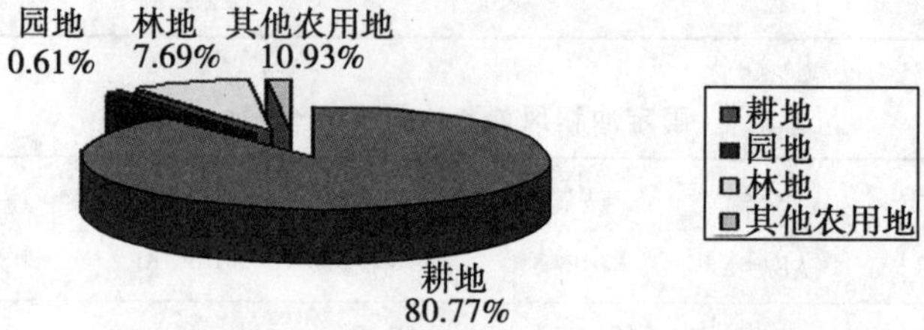

图 2-2 高唐县农用地结构图

全县 9 个镇、3 个办事处和 1 个经济技术开发区的农用地分布不均衡，农用地面积小于 3333hm² 的有 3 个，大于 6667hm² 的有 8 个。其中，清平镇最多，为 8649.13hm²，其次是杨屯镇，为 7930.83hm²，经济技术开发区最少，仅有1178.82hm²。

一、耕地

高唐县为平原地区，灌溉设施较好，水浇地面积为 56171.19hm²，占 90.02%，旱地面积为 37.71hm²，占 0.06%，菜地面积为 6189.3hm²，占 9.9%。

全县 9 个镇、3 个办事处和 1 个经济技术开发区的耕地分布不均衡，耕地面积小于 3333hm² 的有 3 个，大于 6000hm² 的有 4 个，其中 6667hm² 以上的有3 个。人均占有耕地较均衡，最多的是汇鑫街道办事处、固河镇和卅里铺镇，为 0.19hm²，最少的是鱼邱湖街道办事处，为0.13hm²(见表 2-26)。

表 2-26 高唐县耕地面积结构表

项目单位	土地面积(hm²)	土地总面积(hm²)	耕地占总面积的比例(%)	总人口(万人)	人均占有耕地(hm²)
人和街道办事处	1995.5	4299.6	44.51	1.4	0.14
鱼邱湖街道办事处	2126.7	4777.4	45.57	1.89	0.13
汇鑫街道办事处	3668.5	5789.4	52.31	1.56	0.19
清平镇	6038.2	10668.9	64.26	3.81	0.17
琉寺镇	5835	7940.1	75.04	3.45	0.18
固河镇	6781.3	9384.3	70.94	3.56	0.19
尹集镇	5924.2	8130.6	70.65	3.25	0.18
梁村镇	6978.9	9543.8	68.3	3.58	0.17
卅里铺镇	4223.5	8049.5	72.77	3.10	0.19
赵寨子镇	4922.6	7543.3	65.51	3.22	0.15

续表

项目单位	耕地面积(hm^2)	土地总面积(hm^2)	耕地占总面积的比例(%)	总人口(万人)	人均占有耕地(hm^2)
姜店镇	5488.6	8165	66.07	4.03	0.14
杨屯镇	7479	10428.1	67.45	4.4	0.16
经济技术开发区	936.23	2080.5	45.2	0.6	0.14

二、园地

园地在各镇(办事处)均有分布。全县人均园地面积为 425.83hm^2。园地构成以果园为主,面积为 670.51hm^2,占园地面积的 90.47 %;桑园面积为 54.65hm^2,占 7.37%,其中汇鑫街道办事处 38.59hm^2、清平镇 16.06hm^2,其他镇(办事处)没有分布;其他园地面积为 15.95hm^2,占 2.15%

各镇(办事处)园地分布不均衡,园地面积小于 67hm^2 的有 8 个,大于 100hm^2 的有 3 个,其中汇鑫街道办事处面积达 162.56hm^2,清平镇次之,面积为 115.38hm^2,杨屯镇最少,面积为 15.54hm^2。

高唐县有可调整园地 44.87hm^2,鱼邱湖街道办事处最多,达 14.59hm^2,其次是清平镇的 13.52hm^2,杨屯镇、尹集镇、汇鑫街道办事处分别为 10.93hm^2、3.31hm^2 和 1.79hm^2。

三、林地

全县林地构成以有林地为主,面积为5320.42hm^2,占全县林地面积的 89.58%;其次为疏林地,为 562.74hm^2,占 9.47%;未成林造林地为 43.21hm^2,占 0.73 %,其中可调整未成林造林地为 25.3hm^2;苗圃为 27.64hm^2,占 0.47%,其中可调整苗圃为 20.55hm^2;灌木林地为2.07hm^2,占 0.03%。

全县各镇(办事处)林地面积小于 333.33hm^2 的有 5 个,大于 533.3hm^2 的有 3 个,清平镇最多,为 1608.13hm^2,梁村镇次之,为 657.1hm^2,琉寺镇最少,为 240.81hm^2。

四、其他农用地

其他农用地中,农田水利用地面积最大,为 4209.16hm^2,占其他农用地的 49.87%;农村道路面积为 2799.57hm^2,占其他农用地的 33.17%;晒谷场等用地面积为 834.38hm^2,占 9.88%;坑塘水面面积为 405.59hm^2,占 4.8%;畜禽饲养用地面积为 118.19hm^2,占 1.4%;养殖水面面积为 74.19hm^2,占其他农用地面积的 0.88%。

第四节 耕地利用与管理

一、耕地利用现状

根据高唐县 2009 年农业统计材料,全县耕地面积为 62398.2hm^2,农作物播种面积达

106779.5hm²,其中粮食作物面积为71913.3hm²,占播种面积的67.35%,主要种植小麦、玉米;油料作物种植面积为4683hm²,占播种面积的4.39%;棉花种植面积为16754hm²,占播种面积的15.69%;蔬菜瓜果类种植面积为12333.4hm²,占播种面积的11.6%。其他作物包括各种花卉、药材等有少量种植。

粮食作物:主要分布于琉寺镇、杨屯镇、姜店镇、鱼邱湖街道办事处、人和街道办事处、尹集镇等的缓平坡地上,以种植小麦、玉米为主,全县小麦种植面积为40153.3hm²,玉米种植面积为31760hm²。土壤类型大部分为中壤和轻壤。

油料作物:主要包括花生、油菜籽,主要分布在清平镇、卅里铺镇,土壤质地以沙壤土和轻壤土为主。

棉花:主要分布在梁村镇、固河镇、卅里铺镇、汇鑫街道办事处、鱼邱湖街道办事处、清平镇等。土壤质地以中壤、轻壤和沙壤为主。

蔬菜(含菜用瓜):主要以日光温室蔬菜、中小拱棚及露地蔬菜为主,面积为10266.7hm²。日光温室主要分布在固河镇的张桃村、尹集镇的朱庄村、唐洼村和武花园一带,主要种植西红柿和黄瓜,西红柿品种主要为瑞非和吉尔,黄瓜品种主要为博美9B。拱棚以梁村镇的李化梓村为主。露地菜主要包括清平镇大高村、小高村、刘庄村一带的香菜;姜店镇东白村、西白村、蔡楼村、三义庙村一带的圆葱;卅里铺镇大徐村、十五里铺、二十里铺、杨庄一带的大葱,种植品种为章丘大葱、章杂2号等;鱼邱湖街道办事处罗寨洼村一带的白菜;梁村镇曹庄、韩庄、李化梓村一带的胡萝卜,种植品种以日本黑田五寸参为主;赵寨子镇张庙村的甜椒。

瓜类(食用瓜):主要包括西瓜、甜瓜等,种植面积为2066.7hm²。主要分布在清平镇、卅里铺镇、赵寨子镇、鱼邱湖街道办事处、汇鑫街道办事处、经济技术开发区等,土壤质地以沙壤土和轻壤土为主。

果品:主要包括苹果、梨、杏、桃、葡萄、枣,种植面积为470.67hm²。主要分布在梁村镇、清平镇、卅里铺镇、鱼邱湖街道办事处、汇鑫街道办事处、赵寨子镇等。

二、耕地保养

国家农业综合开发项目的实施,为高唐县盐碱地、风沙地等中低产田改造带来良好的经济效益与生态效益。

近几年,国家逐渐加大对农业的投入。2008~2009年,农业局实施1267hm²和1000hm²标准粮田建设项目,2004年~2006年,国土资源局实施土地平整项目,2003~2009年,黄淮海开发办对高唐县中低产田、盐碱地进行了土地改良、开发利用、综合治理。为这些项目的实施而配套建设了大量的农田水利工程及道路工程,配套了科学完善的灌排系统,改善了土壤盐碱化、地势低洼、排水不畅的问题,加强了路、沟及防护林的建设,抵御了风害对农业生产的不良影响,对水土保持和改善农田小气候起到积极的作用;通过增施农家肥和秸秆还田等土壤改良措施,改善了土壤性能,提高了土壤肥力及土地利用率,从而极大地改善了农业生产条件,使农作物的产量水平有了大幅度提高。

三、影响高唐县耕地质量的主要障碍因素

高唐县耕地土壤障碍因素较多,影响农作物产量的主要有旱、涝、盐、沙、薄、心土部位

出现障碍层等限制因素。

（一）旱

高唐县的气候特点是降水量偏小，蒸发量大，且降水季节分布不均匀，年际间变幅较大。虽处于全地区引黄工程的下游，且打了不少机井，但因浅层地下水位下降较快，漏斗区面积逐年增加，深层地下水位下降明显，且难以补源，成逐年下降趋势。遇到严重干旱年份时，引黄无望，地下水位下降，机井出水量不足。

（二）涝

高唐县属黄河冲积平原，受历代黄河冲积泛滥的影响，形成了复杂的地貌类型，其中的河间浅平洼地和背河槽状洼地地势缓平而低洼，俗称“漫洼”。土壤多为中壤土。这部分地形地下水位高，遇涝排水困难。高唐因历年旱多而涝少，往往只重引水，忽视排水工程的建设和维护，造成了多数农田排水不畅，一旦遇到雨水多的年份，内涝造成的损失也不可低估。

（三）盐

尽管经过近三十多年多种措施的综合治理，高唐县盐碱地面积大幅度下降，由第二次土壤普查时的 19498hm^2 降低到现在的 5386.5hm^2，但土壤盐碱仍是影响高唐耕地质量的一个重要因素。

盐碱影响农业生产的主要原因是土壤含盐量高，影响作物的根系发育和对营养物质的吸收，盐碱地土壤含盐量一般为 2～4g/kg，最高可达 20g/kg，pH 为 7.6～9，地下水矿化度为 2～5g/L。在春秋播种季节，气候干旱，土壤盐分随水上行，集中在 0～10cm 土层中，影响种子萌发和根系对水肥的吸收，造成作物缺苗断垄，少则 1～2 成，多则 3～5 成，同时由于盐碱地地下水矿化度高，难以利用，受干旱威胁也相应增加。

（四）沙

高唐县风沙土主要分布于清平镇北部、卅里铺镇东部、汇鑫街道办事处和赵寨子镇西部。从地形地貌上看，分布于古河床高地上。一般地势较高，土壤质地粗，易受风蚀，掩盖庄稼，土体结构性差，漏水、漏肥，养分含量低，土壤瘠薄，昼夜温差大，农作物产量低。

（五）薄

表层质地偏沙，灌排条件差，受旱涝威胁大，后期施肥量不足，土壤养分缺乏，管理粗放，农作物产量低。这种旱薄地在高唐县各个镇（办事处）都有零星分布。

（六）心土部位出现障碍层

主要是厚黏心，即在 20～60cm 出现黏土层或犁底层。加之表层质地又多为中壤，作物根系扎不下去，无雨即旱，遇雨即涝。常年使用旋耕犁耕地，致使犁底层变浅，又从另一方面加重了农作物根系下扎的难度，严重影响了农作物产量的提高。

四、不同用地类型效益与施肥情况调查分析

2007～2010 年，对 6218 个农户进行了生产管理情况调查，其中有施肥明细的棉田有 1411 户、小麦有 463 户、蔬菜有 255 户，调查内容包括不同用地类型的生产、收益、投入化肥农药等情况，调查统计情况见表 2-27 和表 2-28。

表 2-27　　不同用地类型产量、产值、效益、成本统计

农田类型		棉花(籽棉)	小麦、玉米	露天菜地	日光温室	塑料大棚
年产量(kg/667m²)		234	856	3480.5	9274.6	6481.3
年产值(元/667m²)		1638	1284	2923.62	13355.42	6222.05
年效益(元/667m²)		1190	884	1821.02	8885.6	3717.25
生产成本(元/667m²)	合计	448	400	1102.6	4469.8	2504.8
	化肥	141	190	304.7	1088.4	541.3
	有机肥	33	42	190.5	704.3	382.6
	农药	45	13	76.8	322.6	129.4
	种苗	52	44	79.1	781.2	354.2
	灌溉	24	58	136.2	156.8	168.5
	农膜	56.5	0	108.1	821.5	604.7
	其他	96.5	53	207.3	595	324.1

表 2-28　　不同用地类型肥料、农药施用量统计(施用户数)

<table>
<tr><th colspan="2">农田类型</th><th>棉田(籽棉)</th><th>小麦、玉米</th><th>露天菜地</th><th>日光温室</th><th>塑料大棚</th></tr>
<tr><td colspan="2">有机肥(kg/667m²)</td><td>1054.8</td><td>1152.2</td><td>1513</td><td>5803.9</td><td>3012</td></tr>
<tr><td colspan="2">施有机肥的农户</td><td>938</td><td>73</td><td colspan="3">255</td></tr>
<tr><td colspan="2">占调查农户的(%)</td><td>66.5</td><td>15.8</td><td colspan="3">100</td></tr>
<tr><td rowspan="6">化肥(kg/667m²)</td><td>合计</td><td>64</td><td>136</td><td>211.4</td><td>508.2</td><td>247.1</td></tr>
<tr><td>磷酸二铵</td><td>24</td><td>28</td><td>28</td><td>109.3</td><td>54.2</td></tr>
<tr><td>复合肥</td><td>25</td><td>22</td><td>109.8</td><td>301.8</td><td>171.8</td></tr>
<tr><td>碳酸氢铵</td><td>0</td><td>38</td><td>28.7</td><td>0</td><td>0</td></tr>
<tr><td>尿素</td><td>10</td><td>36</td><td>24.9</td><td>6.4</td><td>8.3</td></tr>
<tr><td>过磷酸钙</td><td>5</td><td>12</td><td>5.2</td><td>35.3</td><td>3.2</td></tr>
<tr><td colspan="2">施用化肥的农户</td><td>3012</td><td>2951</td><td colspan="3">255</td></tr>
<tr><td colspan="2">占调查农户的(%)</td><td>100</td><td>100</td><td colspan="3">100</td></tr>
<tr><td colspan="2">其他</td><td>3.5</td><td>0.8</td><td>14.8</td><td>55.4</td><td>9.6</td></tr>
<tr><td rowspan="3">折纯量</td><td>纯氮</td><td>12.19</td><td>30.8</td><td>37.2</td><td>65.7</td><td>38.26</td></tr>
<tr><td>五氧化二磷</td><td>15.49</td><td>17.86</td><td>29.99</td><td>100.49</td><td>51.15</td></tr>
<tr><td>氧化钾</td><td>5.675</td><td>3.74</td><td>24.53</td><td>75.74</td><td>27.11</td></tr>
</table>

调查结果表明,不同用地类型中,蔬菜收益明显高于粮田和棉田,棉田年平均效益为1190元,粮田年平均效益为884元,蔬菜地为5212元,为粮田的5.9倍、棉田的4.38倍,其中以日光温室收益最高,投入也最高。在肥料、农药施用量上,蔬菜地也明显高于粮田、棉田,棉田、粮田年平均施用有机肥1054.8kg/667m²、1152.2kg/667m²,以人畜粪为主,棉田、

粮田施用有机肥的农户仅占调查户数的66.5%、15.8%，施用化肥实物量分别为64kg/667m^2、136kg/667m^2，折纯N：P_2O_5：K_2O分别为12.19：15.49：5.675、30.8：17.86：3.74，化肥品种以磷酸二铵和尿素为主。蔬菜地施用有机肥3442.97/667m^2，以鸡粪为主；施用化肥折合纯N 47.05 kg /667m^2，P_2O_5 60.54kg /667m^2，K_2O 42.46 kg /667m^2，以复合肥（包括复混肥、有机复混肥）为主。蔬菜地不同类型施肥量差异较大，以日光温室菜地施肥量最大，露天菜地施肥量最少，塑料大棚施肥量居中。

五、耕地施肥现状分析

（一）有机肥料

高唐县的有机肥主要包括由畜禽粪便经堆沤而成的土杂肥、商品有机肥和农作物秸秆。

1.农家肥。随着农业机械化水平的不断提高，特别是拖拉机、农用三轮车的普及，牛、驴等大牲畜的家庭饲养量越来越少，特别是近几年随着外出务工人员的增多，家庭饲养鸡、鸭、猪、羊的数量也逐年减少，这就造成农户家庭积造圈肥量的减少。约有80%的农户无粪可上，出现了不少名副其实的“卫生田”。据2007～2010年对全县6218个农户的主要农作物施肥情况调查，小麦底肥中施用土杂肥的户数只有462户，占15.8%，施用量为1152.2kg/667m^2；棉花底肥中施用有机肥的户数约占66.5%，施用量为1054.8kg/667m^2。高唐县玉米是铁茬种植，基本无底施有机肥的习惯。

2.商品有机肥。它包括两类：一是有机肥，一般是由畜禽粪便、农产品加工下脚料、农作物秸秆等发酵加工而成，有机质含量在30%左右，还含有少量的氮、磷、钾，一般在10%左右；二是有机—无机复合肥，是有机肥和化肥的复合体，其有机质含量低于有机肥，但氮、磷、钾含量高于有机肥，农民一般用于蔬菜地。

3.农作物秸秆。全县秸秆还田方式主要是小麦、玉米秸秆粉碎还田。随着小麦联合收割机的普及，高唐县小麦秸秆还田比例占到了小麦播种面积的90%以上，小麦秸秆的还田量占到小麦秸秆总量的80%左右，年均还田量约为300 kg/667m^2。玉米秸秆还田面积占到了玉米播种面积的80%左右，玉米还田地块还田量平均约为500 kg/667m^2。

应用实践证明，秸秆还田有如下效果：一是能提高土壤养分含量。根据高唐县土肥站定位监测的结果，有机质平均每年增加0.25g/kg，速效钾平均每年增加4.5 mg/kg，碱解氮和有效磷变化不明显。二是改善土壤结构，促进土壤团粒结构形成。秸秆直接还田增加土壤活性有机质的含量，而随着土壤有机质含量的增加，土壤中微团粒结构增加，土壤容重会相应降低，土壤吸水性、透气性提高，土壤的保水、保肥能力就会提高，同时，秸秆还田也有良好的改土作用，使土壤变得更加疏松，易耕作。三是秸秆还田对盐碱地的改良有很好的促进作用，秸秆还田后，改变了原有的土壤结构，降低了盐碱地强烈的毛管作用，抑制了土壤返盐。

（二）化学肥料

据高唐县统计部门提供的资料，1996～2007 年施用化肥情况和粮棉产量见表 2-29、表 2-30 和图 2-3。

表 2-29　　高唐县历年来施用化肥数量变化

年份	实物量（吨）	农用化肥施用量实物量（吨）				折纯量（吨）	农用化肥施用量折纯量（吨）			
	合计	氮肥	磷肥	钾肥	复合肥	合计	氮肥	磷肥	钾肥	复合肥
1996	79675	40029	23387	6538	9721	22941	11488	2821	3767	4865
1997	88388	45254	24178	6260	12696	25993	13119	2893	3630	6351
1999	87809	44460	25216	5754	12379	25491	12889	3017	3336	6249
2000	87376	44075	25014	5718	12569	25430	12777	2993	3315	6345
2001	90629	44124	24989	6086	15430	27098	12791	2990	3528	7789
2002	98360	45384	27025	7794	18157	30074	13156	3234	4518	9166
2003	93210	42296	25404	8060	17450	28782	12261	3040	4672	8809
2004	131058	59105	49721	6032	16200	34758	17134	5950	3496	8178
2005	150246	66254	52867	8891	22234	41909	19206	6326	5153	11224
2006	131653	56764	42208	13396	19285	34700	25543	5048	7767	9647
2007	130284	56624	40672	13105	19883	34690	25480	4864	7598	9993

表 2-30　　高唐县粮棉产量变化情况

年份	小麦播种面积（hm^2）	小麦单产（kg/hm^2）	小麦总产量（吨）	玉米播种面积（hm^2）	玉米单产（kg/hm^2）	玉米总产量（吨）	棉花播种面积（hm^2）	棉花单产（kg/hm^2）	棉花总产量（吨）
1996	42337	5185	219517	33687	4881	164440	9006	681	6136
1997	42000	5280	221760	28968	4135	119792	9161	1067	9775
1999	40587	5428	220287	30108	4887	147147	8360	1095	9152
2000	39642	4709	186685	25073	6375	159841	13530	1200	16236
2001	36475	5333	194503	27761	6598	183162	12627	1185	14959
2002	36620	4958	181544	25525	5996	153048	13985	1163	16265
2003	30000	5190	155700	20448	5818	118962	14245	909	12945
2004	24311	5825	141604	23373	6919	161710	16749	1334	22341
2005	35414	5757	203878	27720	6320	175191	14978	1271	19034
2006	38073	6114	232792	29581	6832	202109	17115	1057	18096
2007	39560	6221	246103	29668	6837	202831	17180	1219	20941

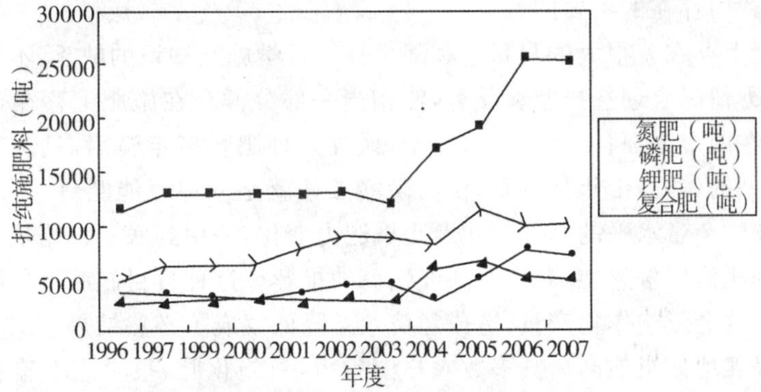

图 2-3　高唐县氮、磷、钾肥料施用量结构图

从表 2-29 和图 2-3 的统计数据可以看出，1996 年施肥量仅为 79675 吨，其中钾肥 6538 吨，复合肥 9721 吨，到 2007 年，施肥量为 130284 吨，其中钾肥 13105 吨，复合肥 19883 吨，是 1996 年的 1.6 倍、1.3 倍和 2.05 倍，复合肥增幅最大，钾肥增幅最小。氮肥施用量最多，其次是复合肥施用量，磷肥和钾肥折纯用量最少。钾肥的折纯施用量每年都在增加，2005 年以后增幅更大，磷肥折纯用量从 2006 年开始减少，氮肥 2003 年以后增长速度特别快，2006 年和 2007 年开始稳定。

高唐县 1983 年粮食产量为 255.5kg/667m^2，棉花为 58.5kg/667m^2。2007 年粮食产量为 876.5kg/667m^2，是 1983 年的 3.43 倍；棉花产量为 81.3kg/667m^2，是 1983 年的 1.4 倍。高唐县粮棉产量的大幅度提高，一方面得益于农作物品种的更新、农业技术的进一步发展，另一方面得益于地力水平的提高、化肥品种的增多、施肥量的增加。

（三）施肥与粮食产量的关系

由图 2-4 可以看出，全县肥料用量从 1996 年起呈现波浪式逐渐增长趋势。其波动走势主要是受经济作物面积和施肥量增加的影响。粮食单产也是逐渐增长的，肥料与农业生产的关系极为密切。然而，粮食单产的增长速度显著高于肥料的增长速度。

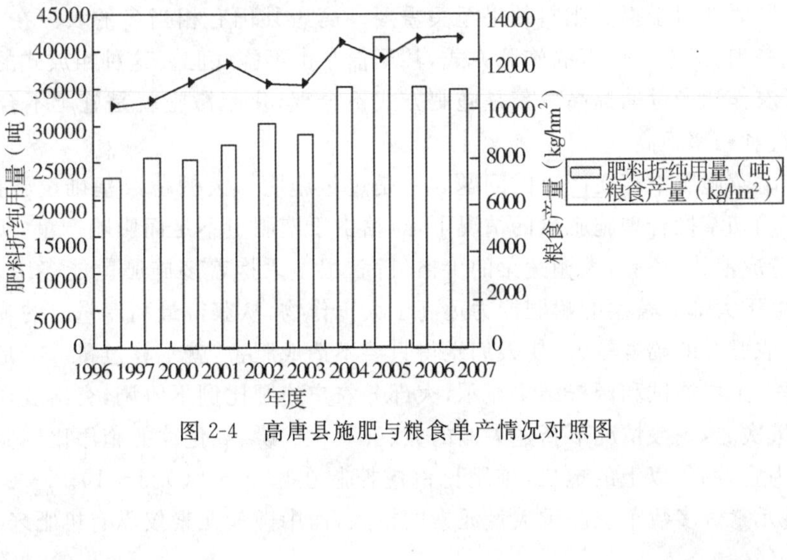

图 2-4　高唐县施肥与粮食单产情况对照图

(四)施肥实践中存在的主要问题

1.选肥、用肥上存在着很大的盲目性和随机性。科学施肥知识的缺乏,不能根据农作物种类及土壤肥力情况合理选择肥料品种,使相当一部分群众在施肥上存在盲目性和随机性。主要表现在两个方面:一是固执习惯型,认准一种肥料多年施用,只认磷酸二铵就是这些农户最典型的表现,十年如一日,认为磷酸二铵就是一种万能肥料,无论是种植哪种作物,也不论作物产量水平的高低变化及土壤肥力变化,一用到底。二是缺乏主见的跟风型,表现为特别相信广告忽悠,轻信肥料经销商的推荐。这种盲目施肥不仅因肥料品种不对路增加成本,也会影响作物产量,造成经济效益降低就成了必然结果。

2.重用地、轻养地。当前高唐县多数农户图省事,只施化肥,很少或不施有机肥。根据对主要农作物施肥情况的调查发现,小麦底肥中有机肥的施用户数不足16%,棉花底肥中有机肥的施用户数约占66.5%,玉米基本没有施用有机肥的习惯。

虽然单施化肥在正常年份也能取得不错的产量,但是这种单施化肥的"卫生田"抗逆性差,高产但不稳产,尤其在灾害性气候年份表现得更为突出。只有有机肥和化肥配合,合理施用,才能够取长补短,增进肥效,有利于作物的高产稳产和农业的可持续发展。

3.肥料养分配比不够合理。由于缺乏科学施肥知识,不了解作物对各种养分的需求比例,也不知道自家土壤中各种养分含量的高低,造成肥料施用时养分比例的不合理。根据调查,仍然约有30%的农户多年来长期施用磷酸二铵,造成土壤养分中有效磷含量较高,钾素缺乏。2007～2008年的土壤养分数据显示,全县有效磷平均含量为29.15mg/kg,有69.8%的耕地土层中有效磷处于中等偏高水平;速效钾平均含量为109mg/kg,有39%的耕地土层中钾素不足。另外,尽管施用复合肥的户数在逐年增加,但盲目地施用高氮、高磷、高钾复合肥的现象比较普遍,缺乏针对性,大量元素的过量施用影响作物对中微量元素的吸收。

4.施肥方法上的不合理。一是施肥量不合理,正确决定施肥量的方法应该是依地定产、依产定肥,而不是依肥定产。有些农户为了高产,不顾地力高低,不计成本,盲目提高施肥量,造成多投不多收,甚至多投少收的现象。二是施肥时期把握不好,科学施肥中掌握好最佳施肥时期对于提高肥料效果至关重要。高唐县仍有相当多的农户在小麦、棉花上采取一底一追,玉米一炮轰的施肥方式,甚至棉花也不施底肥。这种粗放式的施肥习惯严重影响了农作物产量的提高。三是施肥方式不合理,化肥撒施就是施肥不合理的集中表现,且肥料利用率不高。

5.设施蔬菜施肥中存在严重的问题。一是过量施肥。大棚蔬菜基础设施投资大,种植户在没有确切掌握合理施肥量的情况下,总怕由于施肥量不足而影响产量,所以宁愿多施点,哪怕造成浪费;还有,大棚蔬菜的价格较高,很多人抱着多施肥就能多结果的想法,过量施肥;由于大部分蔬菜的耐肥能力远高于大田作物,从获得最高产量时的施肥量到因施肥过多造成肥害的幅度较大,使人们觉得只要不造成肥害,就不算过量。二是氮、磷、钾比例不合理。土壤测试和调查结果显示,大部分农户施肥比例不协调,突出表现为磷严重过量,氮过量次之,一般情况下新建大棚的氮、五氧化二磷、氧化钾的施用比例应在1∶0.7∶1.2左右为宜,两年以上的地块,施肥比例应控制在1∶0.5∶(0.8～1)。三是不能正确施用中微量元素。多数菜农注重大量元素的投入,而中微量元素仅靠有机肥来补充,致使土壤中的中微量元素随着棚龄增加呈减少趋势,从而诱发各种生理性病害,如芹菜的茎裂病、西红柿、青椒的脐腐病,大大降低了蔬菜的商品品质。四是土壤中盐类积累,加重盐害的发生。长期过量施用化肥致使大量盐分存留在土壤中。大棚半封闭的环境条件阻止了土壤水分的淋洗作用,造成了盐分在土壤中的积累,在耕作层形成土壤次生盐渍化,不仅影响蔬菜的产量提高和品种改善,而且还会缩短大棚的使用年限。

第三章　样品的采集与分析

第一节　土壤样品的布点与采集

一、确定采样点

（一）布点原则

布点考虑地形地貌、土壤类型、产量水平、作物种类等，使采样点具有广泛的代表性，兼顾分布均匀性。

（二）布点方法

将本县的土壤图与土地利用现状图叠加，形成评价单元以及工作草图。根据规程要求的采样点密度，并结合实际来确定采样点总数量。平均每 25hm^2 1 个采样点。再根据各评价单元的个数以及面积大小、种植制度、种植作物种类、产量水平等因素的不同，确定布点数量和点位，并在图上标注采样编号。各评价单元的采样点数和点位确定后，根据土种、种植制度、产量水平统计各因素点位数，最终确定 2564 个采样点。

二、土样采集

粮田土样在玉米收获前或玉米收获后施肥前进行采集，棉田在棉花收获后或是次年春天施肥之前进行采集，果园在秋季摘果后，大棚保护地菜田在夏季晒棚时，露地菜在秋季收获后采样。采样深度：大田为 0～20cm，果园为 0～20cm、20～40cm，分两层采集。采用"S"法均匀随机采取 15～20 个采样点，充分混合后，四分法留取 1kg。采样工具为不锈钢土钻。一袋土样填写两张标签，内外各具一张。标签主要内容：样品野外编号（要与大田采样地块基本情况调查表和农户施肥情况调查表相一致）、采样深度、采样地点、采样时间、采样人等。

三、确定调查内容

根据农业部《测土配方施肥技术规范》野外调查的要求，设计了大田采样调查表格。大田调查有基本情况调查表和农户施肥情况调查表两张表格，调查内容主要是采样地点、农户姓名、土种俗名、土壤性状、农田设施、生产性能与施肥情况、管理措施、种植制度、产量水平、投入与产出等。为了保证调查的准确性和一致性，编制了各种调查表填写说明，并对调查人员进行培训。

四、采样点及农户情况调查

根据室内采样点的位置，到实地选择取土地块。对图上标明的采样点在当地不具典型性的，在实地另选有典型性的地块，并在图上标明准确位置，利用GPS确定经纬度。取土点确定后，对取土点的农户进行调查，按照采样点农户调查表内容，详细调查填写农户耕地面积、种植制度、产量水平与效益、上茬作物肥料施用情况、灌溉情况、生产管理情况以及土壤性状（包括质地、耕层厚度、土壤的立地条件、农田设施等）内容。如野外部分内容把握不准，要求当天回室内查阅资料，予以完善。

第二节　土壤样品的制备

一、风干样品

从野外采回的土壤样品及时放在样品盘上，摊成薄薄一层，置于干净整洁的室内通风处自然风干，严禁暴晒，并注意防止酸、碱等气体及灰尘的污染。风干过程中经常翻动土样并将大土块捏碎以加速干燥，同时剔除侵入体。

风干后的土样按照不同的分析要求研磨过筛，充分混匀后，装入信封中备用。信封外贴标签一张，写明编号、采样地点、采样深度、采样日期等项目。制备好的样品妥善储存，避免日晒、高温、潮湿和酸碱等气体的污染。

二、一般化学分析试样

将风干后的样品平铺在制样板上，用木棍碾压，并将植物残体、石块等侵入体和新生体剔除干净。压碎的土样用2mm孔径筛过筛，未通过的土粒重新碾压，直至全部样品通过2mm孔径筛为止。供测试pH、盐分、交换性钙、交换性镁、缓效钾及有效养分等项目。

将通过2mm孔径筛的土样用四分法取出一部分继续碾磨，使之全部通过0.25mm孔径筛，供有机质、全氮等项目的测定。

三、微量元素分析试样

用于微量元素分析的土样其处理方法同一般化学分析样品，但在采样、风干、研磨、过筛、运输、储存等环节中，应避免与容易造成污染的铁、铜等金属器具的接触，采样使用不锈钢土钻，制样使用木制工具，过筛使用尼龙网筛等。通过2mm孔径尼龙筛的样品用于测定土壤有效态微量元素。

第三节　样品分析与质量控制

一、分析项目与方法

样品的室内分析是了解土壤理化性状的重要手段。根据农业部《测土配方施肥技术规范》测试分析项目的要求，高唐县确定本次测土配方施肥采样调查与耕地评价化验分析项目为理化性状18项。各项目分析方法有国家标准的，以国家标准为首选分析方法(见表3-1)。

表3-1 耕地地力调查样品分析项目及测定方法

分析项目	测定方法
土壤容重	环刀法
土壤孔隙度	环刀法
pH	玻璃电极法
有机质	重铬酸钾—硫酸溶液—油浴法
有效磷	碳酸氢钠提取—钼锑抗比色法
速效钾	乙酸铵提取—火焰光度法
全氮	半微量开氏法
碱解氮	扩散吸收法
缓效钾	硝酸提取—火焰光度法
有效铜、有效锌、有效铁、有效锰	DTPA提取—原子吸收分光光度法
有效钼	草酸—草酸铵提取—极谱法
水溶性硼	姜黄素比色法
交换性钙和交换性镁	原子吸收分光光度法
有效态硫	磷酸盐—乙酸提取，硫酸钡比浊法

二、试验室内质量控制

1.参比样。采用山东省统一配送的参比样2006-S-007土样，每个测试批次都测标准样品。

2.平行测定(与参比样交替使用)。在测定成批样品时，随机抽取10%～20%的样品进行平行双样测定，根据平行试验结果可判断有无大误差，估计试验精密度。当平行双样测定结果不符合要求时，对不合格者重新做平行双样测定，直至误差符合要求。

3.校准曲线。为消除温度或其他因素影响，每批样品(磷、钾的测定)均作校准曲线，与样品同条件操作。标准系列设置6个以上浓度点，根据浓度和吸光值绘制校准曲线。

4.空白试验。一般当天同一批次保证一个空白样。如果空白值过高，一般采取更换试剂、更换容器等加以消除。

5.准确度控制。准确度一般采用标准样品作为控制手段。通常情况下，每批样品加测标准样品一个，其测试结果与标准样品(参比样)标准值的差值控制在标准偏差范围内。

三、建立完善的试验室管理制度及工作机制

1.样品的管理制度。样品编号(试验室内唯一性)制度、样品领用制度、样品保管制

度、样品交接与传递制度、防止样品交叉污染制度、备用样品制度、处理样品操作规程（应按规定严格操作）。

2.数据的整理。利用统计分析法剔除可疑值，统一有效数字处理，平行是否超差，内插参比样是否超差，及时整理数据，及时发现问题。

3.环境管理条件的控制。环境温度：15℃～35℃，相对湿度：20％～75％，电源电压：(220±11)V，注意接地良好。

第四章　土壤理化性状及评价

本次耕地地力评价共采集耕层土壤样品2564个，其中有机质、有效磷和速效钾化验2564个，pH 1891个，碱解氮1427个，缓效钾753个，全氮799个，交换性钙和交换性镁各707个，有效硫797个，有效锌1092个，有效锰819个，有效铁819个，有效铜819个，有效钼788个。

土壤养分含量是一个可变因素，在其比例协调的情况下，含量与作物产量呈正相关，即养分含量高，作物产量也高，反之则低。通过这次耕地地力评价工作，对全县耕作层土壤样品进行了化验分析，基本摸清了高唐县土壤养分状况，找出了高产土壤适宜的氮、磷、钾配比及低产土壤在养分方面的限制因素，为高唐县合理施肥、用地养地相结合、改良培肥土壤等方面提供了科学依据。

从化验分析数据可以看出，全县土壤各种养分含量的变幅较大，氮、钾相对不足，磷比较丰富，微量元素含量变化不大，缺素面积不大，对满足作物生长发育的需要及平衡施肥极为不利，必须对全县的肥料施用作统一规划，找出不同区域、不同作物、不同土壤的最小养分率。根据最小养分率及产量要求合理施用化学肥料，以做到低成本、高产出、高效益。

第一节　土壤pH和有机质

一、土壤pH

土壤pH不仅影响作物生长，还影响土壤微生物活性、营养元素的形态和转化，是较为重要的土壤属性。酸碱度对土壤肥力及植物生长影响很大，对养分的有效性影响也很大，还影响施肥的效果，是土壤肥力的一项主要指标，pH高会造成作物缺铁、缺磷、缺锌、缺锰和缺钾。

(一)土壤pH分级和分布

根据化验结果分析，91.57%的耕层pH为7.5～8.5，呈微碱性。耕层土壤pH含量分级及面积见表4-1。

表4-1　　耕地土壤pH含量分级及面积

级　别	1	2	3
范　围	>8.5	7.5～8.5	6.5～7.5
土地面积(hm^2)	7937.63	86804.64	57.73
占总土地比例(%)	8.37	91.57	0.06

(二)土壤酸碱性对土壤养分有效性的影响

土壤酸碱性通过影响矿质盐分的溶解度而影响养分的有效性,土壤中大量元素、中微量元素的有效性均随土壤酸碱度的不同而发生着明显的变化。土壤酸碱性制约微生物的活动,对有机质的矿化过程也有一定的影响,有机质在中性和微碱性土壤中分解适宜。土壤酸碱性对磷酸盐的形态和有效性影响较大,土壤 pH 在 5.6～7 的范围内时,磷酸盐的有效性最大。土壤酸碱性也影响着钾的吸附量。同时,土壤酸碱性对土壤微量元素的有效性影响也非常明显,钼的有效性随土壤 pH 的降低而减小,硼的有效性在 pH 的一定范围内随 pH 的升高而增加,铁、锰、锌的有效性随 pH 的降低而增加。

二、土壤有机质

土壤有机质是土壤的重要组成部分,与土壤的发生演变、肥力水平和许多属性都有密切的关系。土壤有机质中含有作物生长所需的各种营养成分,可直接或间接地为作物生长提供氮、磷、钾、钙、镁、硫、铁和一些微量元素;土壤有机质具有与难溶性的磷反应的特性,可增加磷的溶解度,从而提高土壤中磷的有效性和磷肥的利用率。有机质具有改善土壤理化性质,影响和制约土壤结构形成及通气性、渗透性、缓冲性、交换性能和保水、保肥性能的作用,是评价耕地地力的重要指标。对耕作土壤来说,培肥的中心环节就是增施各种有机肥,实施秸秆还田,保持和提高土壤有机质含量。

(一)耕层土壤有机质含量及分级

土壤有机质的积累与矿化是土壤与生态环境之间物质和能量循环的一个重要环节。高唐县处于暖温带半湿润季风气候区,干湿交替明显,夏季湿热,冬季干冷,其生物、气候条件有利于有机质分解,因此,土壤中有机质含量较低。本次共化验耕层土壤样品 6170 个,用于耕地地力评价的土壤样品 2564 个,平均含量为 13.1g/kg,变化范围为 5～47.8g/kg,高唐县 87.01%的耕地有机质含量为 10～20 g/kg,有 12.36%的耕地有机质含量不足 10g/kg。耕层土壤有机质含量分级及面积见表 4-2。

表 4-2 耕层土壤有机质含量分级及面积

级 别	1	2	3	4	5
范围(g/kg)	>20	15～20	12～15	10～12	<10
水 平	丰富	较丰富	中等	偏低	缺乏
土地面积(hm^2)	599.55	22635.92	35017.65	24831.72	11715.15
占总土地比例(%)	0.63	23.88	36.94	26.19	12.36

(二)不同利用类型土壤有机质含量

不同利用类型土壤有机质含量的差异,是人类社会活动对土壤影响的集中表现。粮田土壤平均为 13.1g/kg,蔬菜地平均为 12.9g/kg,其中露天菜地、大拱棚、日光温室分别为 11.5 g/kg、15.8g/kg、14.6g/kg。通过调查分析认为,粮田有机肥施用量较少,年平均施用有机肥 0.15 $m^3/667m^2$，以人畜粪和土杂肥为主，蔬菜地有机肥料施用量较多（以日光温室最多），达 4.063 $m^3/667m^2$，而粮田耕层有机质含量却比蔬菜地高，其主要原因是：

1. 粮田中含有大量作物秸秆，小麦、玉米的秸秆还田在高唐县是一项重要的农田培肥措施，每年小麦秸秆还田约为95.6%，玉米秸秆还田约为81.4%。

2. 蔬菜地作物秸秆残留量少，主要投入优质有机肥料，蔬菜地长期处于高温多湿条件下，有机物质分解快，加上农业产出高，土壤有机质含量相对粮田低。

3. 高唐县有些新建大棚，微生物含量低，有机肥不能有效地降解。根据以上情况，建议大棚增施菌肥，菌肥中有机质含量很高，所以增施菌肥不但增加了有益菌数量，也增加了有机质的含量。同时增施生物菌肥，也利于有机肥和秸秆还田的养分被蔬菜吸收利用。

随着对蔬菜优质农产品生产要求的提高，人们注意到有机、无机肥料应配合施用，因此，逐步加大了有机质的投入，蔬菜地耕层有机质呈现了递增的现象。

（三）不同镇（办事处）耕层土壤有机质含量（见表 4-3）

表 4-3　不同镇（办事处）耕层土壤有机质含量

镇（办事处）	有机质（g/kg）	变幅	样本数	标准差（g/kg）
人和街道办事处	13.2	6.2～27.8	128	4.54
鱼邱湖街道办事处	13.6	7.2～26.6	98	4.14
汇鑫街道办事处	11.5	5～18	138	4.16
清平镇	11.5	5～22.9	232	4.13
琉寺镇	17.3	6.1～27.1	189	4.21
固河镇	12.5	5～28	241	4.87
尹集镇	13.7	5～23.7	269	4.25
梁村镇	11.9	6～19.4	264	2.83
卅里铺镇	11.9	5～30	194	3.95
赵寨子镇	12.2	5.9～22.3	234	3.49
姜店镇	13.9	5.9～28.8	251	4.16
杨屯镇	15.1	6.6～27.8	274	3.71
经济技术开发区	12.5	8.6～17.7	29	2.9

从表 4-3 可以看出，高唐县有机质含量不高，耕地有机质含量最高的是琉寺镇和杨屯镇，主要是轻壤质潮土和中壤质潮土；最低的是汇鑫街道办事处、卅里铺镇、梁村镇和清平镇，主要是沙壤质潮土、褐土化潮土和风沙土。有机质含量最大的琉寺镇（17.3g/kg）比含量最小的清平镇（11.5g/kg）高出 5.8 g/kg；平均值没有低于 10 g/kg 的，且每个镇（办事处）变幅大，变幅最大的是卅里铺镇，为 5～30 g/kg。

(四)增加土壤有机质含量的途径

增加有机质施入量是人为增加有机质含量的主要途径。其方法主要有秸秆还田、增施有机肥和施用有机、无机复混肥三个方面。

第二节 土壤大量元素

一、土壤氮素

(一)耕层土壤全氮含量

根据化验结果分析,全县耕层土壤全氮含量平均为0.9g/kg,变幅为0.32～2.24g/kg,78.2%的全氮含量在0.75～1.2g/kg,有19.72%的全氮含量低于0.75g/kg。全氮含量分级及面积见表4-4。

表4-4 耕层土壤全氮含量分级及面积

级别	1	2	3	4	5
范围(g/kg)	>1.5	1.2～1.5	1～1.2	0.75～1	<0.75
水平	丰富	较丰富	中等	偏低	缺乏
土地面积(hm^2)	265.44	1734.84	20467.32	53637.84	18694.56
占总土地比例(%)	0.28	1.83	21.59	56.58	19.72

(二)不同镇耕层土壤全氮含量(见表4-5)

表4-5 不同镇(办事处)耕层土壤全氮含量

镇(办事处)	全氮(g/kg)	变幅	样本数	标准差(g/kg)
人和街道办事处	0.88	0.61～1.23	31	0.18
鱼邱湖街道办事处	0.84	0.6～1.32	26	0.19
汇鑫街道办事处	0.93	0.55～1.81	19	0.24
清平镇	0.8	0.32～1.3	85	0.22
琉寺镇	1.05	0.54～2.01	58	0.27
固河镇	0.91	0.54～1.43	72	0.21
尹集镇	0.97	0.52～1.52	78	0.2
梁村镇	0.79	0.45～1.87	86	0.79
卅里铺镇	0.76	0.43～1.17	56	0.18
赵寨子镇	0.89	0.51～1.25	101	0.18
姜店镇	0.93	0.4～1.93	88	0.33
杨屯镇	0.99	0.5～1.4	86	0.22
经济技术开发区	0.88	0.65～1.15	5	0.28

从表 4-5 可以看出，耕层土壤全氮含量最高的是琉寺镇的 1.05g/kg，最低的是卅里铺镇的 0.76 g/kg，相差 0.29 g/kg，相差不大。各镇(办事处)以姜店村镇变幅最大，为 0.4～1.93g/kg。其他镇(办事处)变幅不大。只有琉寺镇平均值高于 1 g/kg，属于中等水平，其他镇(办事处)属于中等缺乏水平。

(三)耕层土壤碱解氮含量

土壤中的氮素主要以有机态存在，约占土壤全氮量的 90%，而这些含量的土壤氮素主要以大分子化合物的形式存在于土壤有机质中，作物很难吸收利用，属迟效性氮。其余部分则以小分子有机态或铵态、硝态和亚硝态等形式的无机态存在，一般占土壤全氮 10%以下，可以被作物直接吸收利用。土壤中的铵态氮和硝态氮是被作物直接吸收的无机态氮，也称"速效氮"，通常用碱解法测定其含量，故又称"碱解氮"。它的含量水平常作为衡量供氮强度的指标。耕地土壤碱解氮含量与全氮量有一定的相关性，但受人为施肥的影响较大。

根据化验结果分析，耕层土壤碱解氮平均含量为 90.3mg/kg，变化范围为 10～349mg/kg，含量为 60～120mg/kg 的面积占耕地总面积 96.86%。粮田和蔬菜地差异很大，粮田平均为 85.2mg/kg，变化范围为 10～314mg/kg；蔬菜地平均为 109.6mg/kg，含量多集中在 90～130mg/kg，远高于粮田，露天菜地为 84.6mg/kg，变化范围为 46～143mg/kg。

耕层土壤碱解氮含量分级及面积见表 4-6，根据含量分级标准，72.34%的耕地碱解氮含量在 75～120mg/kg，26.3%的耕地碱解氮含量低于 75mg/kg，仅有 1.36%的碱解氮含量高于 120mg/kg，而且面积分布基本差异不大。

表 4-6　耕层土壤碱解氮含量分级及面积

级　别	1	2	3	4	5
范围(mg/kg)	>150	120～150	90～120	75～90	<75
水　平	丰富	较丰富	中等	偏低	缺乏
土地面积(hm^2)	186.81	1095.22	32934.77	35647.99	24935.22
占总土地比例(%)	0.2	1.16	34.74	37.6	26.3

(四)不同镇(办事处)耕层土壤碱解氮含量（见表 4-7）

表 4-7　不同镇(办事处)耕层土壤碱解氮含量

镇(办事处)	碱解氮(mg/kg)	变幅	样本数	标准差(mg/kg)
人和街道办事处	92	17～271	85	34.97
鱼邱湖街道办事处	83	43～151	66	26.64
汇鑫街道办事处	75	27～219	76	31.17
清平镇	74	22～169	123	31.8
琉寺镇	95	52～139	95	19.82
固河镇	85	11～181	120	28.62

续表

镇(办事处)	碱解氮(mg/kg)	变幅	样本数	标准差(mg/kg)
尹集镇	91	34～284	159	34.3
梁村镇	88	33～314	150	29.19
卅里铺镇	68	30～131	115	21.78
赵寨子镇	84	18～203	125	28.37
姜店镇	93	10～196	94	26.69
杨屯镇	93	15～189	154	27.84
经济技术开发区	83	11～181	17	34.38

从表4-7可以看出,全县各镇(办事处)碱解氮平均含量都在中等偏低的水平,耕地土壤碱解氮含量最高的是琉寺镇的95mg/kg,最低的是卅里铺镇的68mg/kg,相差27mg/kg。但每个镇(办事处)变幅都很大,从低于10mg/kg到314mg/kg,变幅最大的是梁村镇,为33～314 mg/kg ,变幅达281mg/kg。

二、土壤有效磷

(一)耕层土壤有效磷含量

耕层土壤中的磷一般以无机磷和有机磷两种形态存在,通常有机磷占全磷量的20%～50%,无机磷占全磷的50%～80%。无机形态的磷中易溶性磷酸盐及土壤胶体吸附的磷酸根离子和有机形态中易矿化的部分被称为土壤有效磷,约占土壤总磷量的10%。土壤有效磷含量是衡量土壤养分容量和强度水平的重要指标。

据化验结果分析,全县土壤有效磷含量水平较高,耕层土壤有效磷含量平均为29.2mg/kg,变化范围为3～336mg/kg,其中粮田土壤有效磷平均含量为27.4mg/kg,蔬菜地为67.4mg/kg。蔬菜地中露天蔬菜地为30.6mg/kg,日光温室大棚为67.6mg/kg,大拱棚为104mg/kg。蔬菜地明显高于粮田,大拱棚高于露天菜地和日光温室大棚。近年来,由于蔬菜地的大量施肥,土壤有效磷含量有了较大幅度的提高。

耕层土壤有效磷含量分级及面积见表4-8。根据含量分级标准,95%的耕地有效磷含量为15～50mg/kg,而且面积分布基本差异不大。

表4-8 耕层土壤有效磷含量分级及面积

级　别	1	2	3	4	5
范围(mg/kg)	＞30	20～30	15～20	10～15	5～10
水　平	丰富	较丰富	中等	偏低	缺乏
土地面积(hm^2)	29374.8	36874.98	20618.02	7560.78	371.42
占总土地比例(%)	30.98	38.9	21.75	7.98	0.39

(二)不同镇(办事处)耕层土壤有效磷含量(见表4-9)

表4-9 不同镇(办事处)耕层土壤有效磷含量

镇(办事处)	有效磷(mg/kg)	变幅	样本数	标准差(mg/kg)
人和街道办事处	17.8	5.2～55.3	128	17.76
鱼邱湖街道办事处	33	5～166.7	98	30.94
汇鑫街道办事处	23	4～80	129	23.43
清平镇	26.1	3.1～87.3	232	26.10
琉寺镇	26.9	3～76	189	26.88
固河镇	27.2	1～80	240	27.18
尹集镇	22.5	3～75.2	269	22.46
梁村镇	30.3	4.5～164	276	30.29
卅里铺镇	25.8	4.4～78.7	194	17.35
赵寨子镇	37.8	6.5～158.3	234	37.83
姜店镇	22.9	3～75.8	249	22.92
杨屯镇	35.5	3～133.3	274	22.44
经济技术开发区	27.5	3～166.7	32	27.47

从表4-9可以看出,全县耕层土壤有效磷平均含量都在中等偏高的水平,以赵寨子镇最高,是37.8mg/kg,人和街道办事处最低,是17.8mg/kg,相差20mg/kg。除人和街道办事处低于20mg/kg,属于中等偏低的水平,赵寨子镇、杨屯镇、鱼邱湖街道办事处和梁村镇高于30mg/kg,属于较丰富水平,其余镇(办事处)都在20～30mg/kg,属于中等偏高水平。整体上看,高唐县耕层土壤不缺磷。

三、土壤钾素

土壤中的钾一般分为矿物态钾、缓效钾和速效钾三部分。矿物态钾占土壤全钾的92%～98%,存在于矿物晶格如含钾长石、云母中,在短期内不能被作物利用,仅可经过物理、化学过程,被缓解释放,补充缓效性钾和速效性钾。缓效性钾(缓效钾)主要指2∶1型层状硅酸盐矿物层间和颗粒边缘的一部分钾,通常占全钾的2%～8%,这部分钾与作物吸收的钾有密切关系。速效钾包括被土壤胶体吸附的钾和土壤溶液中的钾,一般占全钾的1%～2%,能在短期内被作物吸收。

(一)耕层土壤速效钾含量与分布

根据化验结果分析,全县耕层土壤速效钾含量平均为109mg/kg,变化范围为20～420mg/kg。粮田平均为111mg/kg,变化范围为20～300mg/kg;蔬菜地平均为130mg/kg,变化范围为43～317mg/kg,其中露天菜地为73mg/kg,变化范围为43～158mg/kg;大拱棚为116mg/kg,变化范围为83～162mg/kg;日光温室大棚为202mg/kg,变化范围为100～

313mg/kg。蔬菜地明显高于粮田，大拱棚高于露天菜地，日光温室大棚最高。含量分级及面积见表4-10。根据含量分级标准，60.97%的耕地速效钾含量在100～300mg/kg之间。高唐县耕层土壤速效钾含量低于100mg/kg的耕地面积为36006.58hm^2，占耕地面积的39.03%，缺钾面积较大。

表4-10 耕层土壤速效钾含量分级及面积

级　别	1	2	3	4	5
范围(mg/kg)	150～300	120～150	100～120	75～100	<75
水　平	丰富	较丰富	中等	偏低	缺乏
土地面积(hm^2)	8376.44	20015.19	29401.79	26915.43	10091.15
占总土地比例(%)	8.84	21.12	31.01	28.39	10.64

(二)不同镇(办事处)耕层土壤速效钾含量（见表4-11）

表4-11 不同镇(办事处)耕层土壤速效钾含量

镇(办事处)	速效钾(mg/kg)	变幅	样本数	标准差(mg/kg)
人和街道办事处	168	46～314	128	67.28
鱼邱湖街道办事处	122	22～222	98	41.46
汇鑫街道办事处	102	22～298	135	40.47
清平镇	88	22～275	232	40.23
琉寺镇	149	31～236	189	38.68
固河镇	97	28～311	232	45.11
尹集镇	122	28～420	269	49.63
梁村镇	120	33～295	276	36.20
卅里铺镇	89	20～263	194	44.32
赵寨子镇	94	29～221	234	25.07
姜店镇	112	39～253	249	44.19
杨屯镇	118	23～221	274	43.62
经济技术开发区	113	20～420	29	33.86

从表4-11可以看出，全县耕层土壤速效钾分布不均衡，人和街道办事处最高，为168mg/kg，属较丰富水平，清平镇最低，为88mg/kg，属中等偏低的水平。清平镇、固河镇、卅里铺镇和赵寨子镇4个镇平均含量低于100mg/kg，属于中等偏低水平，其他镇(办事处)均高于100mg/kg，属于中等偏高水平。各个镇(办事处)变幅都很大。

(三)耕层土壤缓效钾含量与分布

根据化验结果分析，耕层土壤缓效钾含量平均为718mg/kg，变化范围为465～

986mg/kg，含量分级及面积见表 4-12。根据含量分级标准，22.48%的耕地缓效钾含量为750～900mg/kg，77.52%的土壤含量低于 750mg/kg，属于缺乏水平。

表 4-12　耕层土壤缓效钾含量分级及面积

级　别	1	2	3	4	5	6
范围(mg/kg)	>1200	900～1200	750～900	500～750	300～500	<300
水　平	丰富	较丰富	中等	偏低	缺乏	极缺
土地面积(hm^2)	0	0	21310.39	73152.62	234.73	102.26
占总土地比例(%)	0	0	22.48	77.16	0.25	0.11

（四）不同镇（办事处）耕层土壤缓效钾含量（见表 4-13）

表 4-13　不同镇（办事处）耕层土壤缓效钾含量

镇(办事处)	缓效钾(mg/kg)	变幅	样本数	标准差(mg/kg)
人和街道办事处	738	641～851	28	56.5
鱼邱湖街道办事处	717	542～859	19	87.07
汇鑫街道办事处	665	576～801	27	63.46
清平镇	697	573～799	91	39.88
琉寺镇	708	602～755	76	29.03
固河镇	737	465～924	72	60.61
尹集镇	786	620～885	56	56.83
梁村镇	721	509～830	59	69.97
卅里铺镇	697	563～801	56	63.49
赵寨子镇	721	635～795	57	28.37
姜店镇	725	593～986	104	54.73
杨屯镇	700	528～822	105	65.04
经济技术开发区	720	465～924	3	50.57

从表 4-13 可以看出，土壤缓效钾含量以尹集镇最高，为 786mg/kg，其次是人和街道办事处，为 738mg/kg，最低的为 665mg/kg，最高的与最低的相差 121mg/kg，低于 700mg/kg 的有汇鑫街道办事处、清平镇和卅里铺镇，都属于中等偏低水平。

四、耕层土壤不同质地有机质和大量元素含量（见表4-14）

表4-14 耕层土壤不同质地大量元素含量

土壤质地	中壤土		轻壤土		沙壤土		风沙土	
测定项目	平均含量	变幅	平均含量	变幅	平均含量	变幅	平均含量	变幅
有机质(g/kg)	15.6	3.6～28	13.7	5～50.7	11.9	2～27.8	8	4.6～23.4
全氮(g/kg)	0.99	0.58～2	0.92	0.052～1.93	0.84	0.32～1.93	0.65	0.51～0.89
碱解氮(mg/kg)	94.9	34～181	88.4	4～314	83.9	10～271	66.1	30～131
有效磷(mg/kg)	33.3	5～133.3	26.9	4.5～164	26.5	3～166.7	32.9	10.7～52
速效钾(mg/kg)	124	40～326	116	20～420	102	22～394	63	23～149

从表4-14可以看出，有效养分含量为：中壤土＞轻壤土＞沙壤土＞风沙土，即随着土壤变黏，有效养分含量增加。中壤土有机质、全氮、碱解氮、有效磷和速效钾含量与风沙土相比分别高7.6g/kg、0.34g/kg、28.8mg/kg、0.4mg/kg和61mg/kg。各种质地土壤变幅大，其中风沙土各种养分变幅最小。

第三节　土壤中量元素

中量元素是指植物体内含量相对较高的营养元素，通常包括钙、镁、硫三种。土壤有效硅被视为有益元素，其在作物体内含量很大，此次调查也作为中量元素进行分析。中量元素是作物细胞的重要组成部分，参与细胞的化学反应和生理活动。土壤中含量较高，基本能够满足作物生长需要。随着大量元素、微量元素肥料的大量施用，尤其是在酸性土壤条件下，钙、镁、硫等元素也呈缺素现象，适量施用具有较明显的增产效果，开始成为土壤肥料研究的内容。

一、土壤交换性钙

土壤中的钙以多种形态存在，主要以碳酸盐形式为主，其含量高低与土壤的酸碱性、盐基饱和度、土壤结构、土壤胶体的交换性能、各种养分的有效性有密切的关系，是划分土壤类型的重要指标之一，在生产实际中有重要作用。通常用交换性钙作为土壤有效性的划分标准。

(一)土壤交换性钙含量分级及分布

根据化验结果分析,全县耕地土壤交换性钙含量平均为12760mg/kg,变幅为6200～30140g/kg,高唐县82.32%的样本数在15000～20000mg/kg,含量分级及样本数见表4-15。

表 4-15 耕层土壤交换性钙含量分级及面积

级 别	1	2	3	4
范围(mg/kg)	≥20000	20000～15000	15000～10000	10000～6000
水 平	丰富	较丰富	中等	偏低
样本个数(个)	13	137	445	112
占样本数比例(%)	1.84	19.38	62.94	15.84

(二)不同镇(办事处)耕层土壤交换性钙含量 (见表4-16)

表 4-16 不同镇(办事处)耕层土壤交换性钙含量

镇(办事处)	交换性钙(mg/kg)	变幅	样本数	标准差(mg/kg)
人和街道办事处	12203	11084～14136	10	1060
鱼邱湖街道办事处	11180	61696～15093	26	2310
汇鑫街道办事处	11700	6480～16970	19	3130
清平镇	12034	6480～18804	84	2520
琉寺镇	15790	10090～27150	58	3100
固河镇	13300	8740～30140	65	3610
尹集镇	11298	7812～16639	77	2050
梁村镇	13340	7896～23648	85	2970
卅里铺镇	10500	6303～15620	39	2010
赵寨子镇	11530	8635～11530	68	2050
姜店镇	14980	10087～27148	84	2990
杨屯镇	12600	8990～16640	74	1640
经济技术开发区	13040	7570～30139	7	2420

从表4-16可以看出,高唐县各镇(办事处)交换性钙含量都高于10000mg/kg,属于较丰富水平,各镇间差异较大,最高的是琉寺镇,为15790mg/kg,最低的是卅里铺镇,为10500mg/kg,变幅大。

(三)土壤交换性钙在农业生产中的作用

钙是作物生长必需的营养元素之一,从土壤交换性钙含量看,高唐县84.16%的土壤钙含量较高。据研究报道,土壤交换性钙对防治苹果的腐烂病和保鲜储存有重要作用。

但是在土壤交换性钙含量过高的情况下，钙营养过剩，导致土壤中其他营养元素有效性降低和 pH 升高，不利于某些嗜酸作物的生长。

土壤交换性钙对磷和微量元素的有效性以及存在的形态有很大影响。在石灰性土壤中，磷以磷酸钙盐为主，其含量一般占无机磷总量的 50%以上，并且土壤交换性钙含量越高，磷酸钙盐含量越高，无机磷总量也越高。在富含交换性钙的土壤里，磷酸钙盐以磷酸三钙、磷酸八钙、磷酸十钙形式存在，磷素养分固定量大。所以，在富含交换性钙的土壤上，应采取穴施或沟施磷肥，以减少磷素养分的固定，在磷肥品种上也宜施用偏酸性品种。土壤交换性钙含量增加可使土壤 pH 升高，除了可以提高钼的有效性以外，其他微量元素都被降低了有效性。另外，随着交换性钙含量增加，土壤中的铁、锰、锌、铜都可以和交换性钙结合，生成难溶性的交换性盐，降低了他们的有效性。钙对硼的影响，除了生成溶解度很小的含钙硼酸盐外，更重要的是钙的存在促进了其他元素对硼的固定。

二、土壤交换性镁

(一)土壤交换性镁含量分级及分布

根据化验结果分析，全县耕地土壤交换性镁含量平均为 605g/kg，变幅为 322～1192g/kg，主要含量范围为 500～900mg/kg，占样本数的78.02%，含量分级及样本数见表 4-17。

表 4-17 耕层土壤交换性镁含量分级及面积

级　别	1	2	3	4
范围(mg/kg)	>900	700～900	500～700	300～500
水　平	丰富	较丰富	中等	偏低
样本个数(个)	7	133	417	148
占总数比例(%)	0.99	18.87	59.15	20.99

(二)不同镇(办事处)耕层土壤交换性镁含量(见表 4-18)

表 4-18 不同镇(办事处)耕层土壤交换性镁含量

镇(办事处)	交换性镁(mg/kg)	变幅	样本数	标准差(mg/kg)
人和街道办事处	589	516～758	10	76
鱼邱湖街道办事处	619	328～857	26	100
汇鑫街道办事处	550	343～699	19	140
清平镇	536	322～849	85	131
琉寺镇	696	399～1158	58	141
固河镇	610	330～1070	68	150
尹集镇	634	332～1192	77	130
梁村镇	600	339～928	85	130

续表

镇(办事处)	交换性镁(mg/kg)	变幅	样本数	标准差(mg/kg)
卅里铺镇	534	332～745	39	120
赵寨子镇	560	336～898	68	130
姜店镇	660	399～1158	80	130
杨屯镇	639	452～857	74	91
经济技术开发区	590	322～1073	7	100

从表 4-18 可以看出,高唐县交换性镁含量属中等偏高水平,含量最高的是琉寺镇,为 696mg/kg,其次是姜店镇,为 660mg/kg,含量低的是卅里铺镇,为 534mg/kg,相差 162mg/kg,各镇间差异不大,变幅最大的是尹集镇,变幅最小的是鱼邱湖街道办事处。

(三)土壤交换性镁在农业生产中的作用

镁是作物生长必需的营养元素之一,是构成植物体内叶绿素的主要成分之一,与植物光合作用有关。镁又是二磷酸核酮糖羧化酶的活化剂,能促进植物对二氧化碳的同化作用。镁离子能激发与碳水化合物代谢有关的葡萄糖激酶、果糖激酶和磷酸葡萄糖变位酶的活性;也是 DNA 聚合酶的活化剂,能促进 DNA 的合成。此外,镁还与脂肪代谢有关,能促使乙酸转变为乙酰辅酶 A,从而加速脂肪酸的合成。植物缺镁则体内代谢作用受阻,尤其对幼嫩组织的发育和种子的成熟影响极大。另外,缺镁土壤施用镁肥可以提高磷肥效果。

三、土壤有效硫

(一)土壤有效硫的含量及分级

根据化验结果分析,全县耕地土壤有效硫含量平均为 65.69mg/kg,变幅为 1.02～450.3mg/kg,含量低于 30mg/kg 的耕地面积仅占 6.18%,93%的耕地低于 30mg/kg,含量分级及面积见表 4-19。

表 4-19 耕层土壤有效硫含量分级及面积

级别	1	2	3	4	5	6
范围(mg/kg)	>100	75～100	60～75	45～60	30～45	15～30
水平	极丰富	丰富	较丰富	中等	缺乏	极缺
土地面积(hm^2)	9717	17234.64	20088.12	23112.24	18789.36	5858.64
占总土地比例(%)	10.25	18.18	21.19	24.38	19.82	6.18

（二）不同镇（办事处）耕层土壤有效硫含量（见表 4-20）

表 4-20 不同镇（办事处）耕层土壤有效硫含量

镇（办事处）	有效硫（mg/kg）	变幅	样本数	标准差（mg/kg）
人和街道办事处	71.65	11.33～343.5	31	76.52
鱼邱湖街道办事处	27.85	15.44～17.9	26	14.25
汇鑫街道办事处	77.13	52.52～175.2	19	32.13
清平镇	61.71	14.84～441.7	83	79.33
琉寺镇	54.16	43.02～159.55	58	20.56
固河镇	73.04	23.04～204.97	68	31.4
尹集镇	42.77	14.78～325.65	78	64.17
梁村镇	68.66	45.43～143.47	86	20.38
卅里铺镇	47.21	20.39～92.55	56	27.99
赵寨子镇	43	4～203	125	28.86
姜店镇	72.53	47.74～187.5	84	24.66
杨屯镇	113.78	45.2～392.1	86	64.1
经济技术开发区	74.19	23.04～204.97	7	40.95

从表 4-20 可以看出，高唐县各镇（办事处）有效硫含量差异很大，最大的杨屯镇为 113.78mg/kg，最小的鱼邱湖街道办事处为 27.85mg/kg，相差 85.93mg/kg。鱼邱湖街道办事处、尹集镇和赵寨子镇 3 个镇（办事处）低于 45mg/kg，属于中等偏低水平，其他镇（办事处）都属于中等偏高水平。

（三）硫在农业生产中的作用

硫与氮、磷、钾一样是作物生长过程中不可缺少的营养元素。作物中的蛋白质、多种酶及生理活性物质都少不了硫。硫在提高作物产量、改善作物品质上有独特的功效，施用硫肥可以促进蛋白质合成，提高油料作物含油量，增强豆科作物固氮能力，增加葱、蒜等蔬菜的辛香气味等。试验结果表明，在高唐县小麦上施用硫包衣尿素或含硫复合肥，平均增产幅度为 4%～10%。硫肥不仅可增加作物产量，而且还可以改善作物品质，有显著的经济效益。

作物的需硫量与需磷量相近，有些作物的需硫量还超过需磷量，如大豆、花生、蔬菜等。作物如缺硫，会导致生长受阻，叶片褪绿或黄化，叶面积较小，茎细弱矮小，与缺氮症状相似，所不同的是缺硫时叶褪绿黄化首先在幼叶出现，而缺氮是先从下部老叶表现出来。

作物生长所需的硫来自于土壤、肥料、灌溉水和大气。硫大部分存在于土壤有机质中，能被作物直接吸收利用的有效态硫仅占全硫量的 10%以下。大气中的二氧化硫可被植物直接吸收，有时作物需硫量的一半来自于大气。由于土壤有效硫会随水流失，流失量大约相当于由雨水带入的硫量，所以，耕地土壤硫的供给主要依靠施肥。

第四节　土壤微量元素

本次调查主要分析了锌、硼、锰、铁、铜、钼等6种微量元素，这些元素对耕地地力和环境质量起着重要作用。

一、土壤微量元素含量分级及面积

(一)土壤有效锌

根据化验结果分析，耕层土壤有效锌含量平均为1.09mg/kg，变幅为0.09～3.19mg/kg，99.87%的耕地有效锌含量为0.5～3mg/kg，属于土壤锌中等丰富地区，分级及面积和不同镇(办事处)有效锌含量见表4-21和表4-22。在生产中应考虑锌肥的施用。

表4-21　耕层土壤有效锌含量分级及面积

级　别	1	2	3
范围(mg/kg)	1.0～3.0	0.5～1.0	0.3～0.5
水　平	较丰富	中等	缺乏
土地面积(hm^2)	53968.03	40712.71	119.26
占总土地比例(%)	56.93	42.94	0.13

表4-22　不同镇(办事处)耕层土壤有效锌含量

镇(办事处)	有效锌(mg/kg)	变幅	样本数	标准差(mg/kg)
人和街道办事处	1.51	0.67～3.19	46	0.6
鱼邱湖街道办事处	1.27	0.63～2.69	31	0.45
汇鑫街道办事处	1.05	0.45～2.16	76	0.31
清平镇	0.86	0.39～2.36	74	0.36
琉寺镇	1.14	0.55～2.17	59	0.33
固河镇	0.99	0.41～2.16	129	0.28
尹集镇	1.06	0.32～2.34	105	0.43
梁村镇	1.09	0.09～1.27	196	0.27
卅里铺镇	0.97	0.24～1.95	90	0.37
赵寨子镇	1.41	0.74～2.3	64	0.27
姜店镇	0.95	0.54～1.82	81	0.31
杨屯镇	1.14	0.64～2.55	106	0.39
经济技术开发区	1.1	0.09～3.19	14	0.39

从表 4-22 可以看出，只有清平镇、固河镇、卅里铺镇和姜店镇有效锌含量低于1mg/kg，属于中等缺乏水平，其他镇(办事处)都高于 1mg/kg，属于中等较丰富水平。

(二)土壤有效硼

根据化验结果分析，耕层土壤有效硼含量平均为 0.88mg/kg，变幅为0.08～1.92mg/kg，74.68%的耕地有效硼含量为 0.2～1mg/kg，属土壤硼缺乏地区，分级及面积和不同镇(办事处)有效硼含量见表 4-23 和表 4-24。

表 4-23 耕层土壤有效硼含量分级及面积

级 别	1	2	3	4	5
范围(mg/kg)	>2	1～2	0.5～1	0.2～0.5	<0.2
水 平	丰富	较丰富	中等	缺乏	极缺
土地面积(hm^2)	0	19007.9	63531.09	7257.76	5003.25
占总土地比例(%)	0	20.04	67.02	7.66	5.28

表 4-24 不同镇(办事处)耕层土壤有效硼含量

镇(办事处)	有效硼(mg/kg)	变幅	样本数	标准差(mg/kg)
人和街道办事处	0.91	0.44～1.8	46	0.25
鱼邱湖街道办事处	0.92	0.66～1.83	38	0.25
汇鑫街道办事处	0.8	0.2～1.38	77	0.29
清平镇	0.76	0.18～1.26	126	0.24
琉寺镇	0.7	0.08～1.8	93	0.31
固河镇	1.03	0.62～1.66	142	0.11
尹集镇	0.73	0.22～1.54	99	0.30
梁村镇	1.14	0.36～1.92	112	0.33
卅里铺镇	0.83	0.18～1.3	67	0.26
赵寨子镇	0.78	0.22～1.35	117	0.24
姜店镇	0.81	0.48～1.44	152	0.16
杨屯镇	1.08	0.3～1.78	98	0.31
经济技术开发区	0.98	0.3～1.66	20	0.24

从表 4-24 可以看出，只有固河镇、梁村镇和杨屯镇有效硼含量高于1mg/kg，属于中等丰富水平，其他镇(办事处)低于 1.0mg/kg，属于中等偏低水平。

(三)土壤有效锰

根据化验结果分析，耕层土壤有效锰含量平均为 8.71mg/kg，变幅为 0.6～23.8mg/kg，97.39%的耕地有效锰含量为 1～15mg/kg，属土壤锰中等缺乏地区，分级及面积和不同镇(办事处)有效锰含量见表 4-25 和表 4-26。

表 4-25 耕层土壤有效锰含量分级及面积

级别	1	2	3	4	5
范围(mg/kg)	>30	15～30	5～15	1～5	<1
水平	丰富	较丰富	中等	缺乏	极缺
土地面积(hm^2)	0	27.01	69286.76	230440.92	2445.31
占总土地比例(%)	0	0.03	73.09	24.30	2.58

表 4-26 不同镇(办事处)耕层土壤有效锰含量

镇(办事处)	有效锰(mg/kg)	变幅	样本数	标准差(mg/kg)
人和街道办事处	7.99	6.5～9.9	46	0.76
鱼邱湖街道办事处	8.41	5.2～10.6	31	1.1
汇鑫街道办事处	8.23	4.3～10.5	50	1.21
清平镇	7.26	3.9～12.4	69	1.92
琉寺镇	8.85	0.6～11.5	36	1.91
固河镇	8.32	5.8～12	74	1.09
尹集镇	9.4	6.4～12.1	69	1.19
梁村镇	8.43	5～11	177	1.03
卅里铺镇	7.	4～15.3	57	2.19
赵寨子镇	11.2	7.2～15	52	2.06
姜店镇	10.33	6.7～15	64	1.85
杨屯镇	9.7	6.3～23.8	66	2.76
经济技术开发区	8.35	14	5.3～12	1.37

从表 4-26 可以看出，全县各镇(办事处)土壤有效锰平均含量都在中等水平，赵寨子镇最高，为 11.2mg/kg，卅里铺镇最低，为 7mg/kg，相差 4.2mg/kg。变幅最大的镇是杨屯镇，为 6.3～23.8mg/kg，变幅最小的是人和街道办事处，为 6.5～9.9mg/kg。

(四)土壤有效钼

根据化验结果分析，耕层土壤有效钼含量平均为 0.16mg/kg，变幅为 0.005～0.27mg/kg。高唐县 69.02%的耕地有效钼含量为 0.1～0.2mg/kg，属于中等缺乏水平。分级及面积和不同镇(办事处)有效钼含量见表 4-27 和表 4-28。不同利用类型间差异不明显。

表 4-27 耕层土壤有效钼含量分级及面积

级别	1	2	3	4	5
范围(mg/kg)	>0.3	0.2～0.3	0.15～0.2	0.1～0.15	<0.1
水平	丰富	较丰富	中等	缺乏	极缺
土地面积(hm^2)	2777.64	16447.8	32677.56	32753.4	10143.6
占总土地比例(%)	2.93	17.35	34.47	34.55	10.7

表 4-28 不同镇(办事处)耕层土壤有效钼含量

镇(办事处)	有效钼(mg/kg)	变幅	样本数	标准差(mg/kg)
人和街道办事处	0.16	0.05～0.3	31	0.061
鱼邱湖街道办事处	0.14	0.0091～0.213	25	0.071
汇鑫街道办事处	0.12	0.009～0.29	21	0.1
清平镇	0.18	0.088～0.307	85	0.048
琉寺镇	0.17	0.012～0.58	60	0.16
固河镇	0.18	0.013～0.531	65	0.2
尹集镇	0.15	0.012～0.503	76	0.11
梁村镇	0.11	0.012～0.29	86	0.059
卅里铺镇	0.14	0.013～0.364	56	0.08
赵寨子镇	0.19	0.008～0.52	94	0.13
姜店镇	0.18	0.0062～0.54	64	0.12
杨屯镇	0.19	0.012～0.66	66	0.16
经济技术开发区	0.17	0.013～0.531	14	0.067

从表 4-28 可以看出，全县耕层土壤有效钼平均含量都低于 0.2mg/kg，属于中等缺乏水平。耕层土壤有效钼含量最高的是赵寨子镇和杨屯镇，为0.19mg/kg，属于中等缺乏水平，最低的是梁村镇，为 0.11mg/kg，属于缺乏水平。各镇(办事处)变幅都很大。

(五)土壤有效铜

根据化验结果分析，耕层土壤有效铜含量平均为 1.16mg/kg，变幅为 0.37～7.8mg/kg，99.18%的耕地土壤有效铜含量为 0.2～1.8mg/kg，属于中等丰富水平，分级及面积和不同镇(办事处)有效铜含量见表 4-29 和表 4-30。

表 4-29　　耕层土壤有效铜含量分级及面积

级　别	1	2	3	4	5
范围(mg/kg)	>1.8	1～1.8	0.2～1	0.1～0.2	<0.1
水　平	丰富	较丰富	中等	缺乏	极缺
土地面积(hm^2)	781.3	69316.45	24702.26	0	0
占总土地比例(%)	0.82	73.12	26.06	0	0

表 4-30　　不同镇(办事处)耕层土壤有效铜含量

镇(办事处)	有效铜(g/kg)	变幅	样本数	标准差
人和街道办事处	1.32	0.77～1.97	46	0.3
鱼邱湖街道办事处	1.18	0.68～1.92	31	0.26
汇鑫街道办事处	1.1	0.46～3.86	50	0.34
清平镇	0.74	0.37～1.13	69	0.18
琉寺镇	1.26	1.02～1.85	37	0.22
固河镇	1.14	0.76～1.86	71	0.2
尹集镇	1.52	0.83～7.8	69	0.85
梁村镇	1.13	0.68～2.1	177	0.21
卅里铺镇	0.73	0.38～1.54	57	0.21
赵寨子镇	1.02	0.54～1.46	52	0.16
姜店镇	1.51	0.72～2.43	64	0.34
杨屯镇	1.3	0.86～2.36	66	0.3
经济技术开发区	1.14	0.66～3.86	14	0.46

从表 4-30 可以看出，含量最高的是尹集镇 1.52mg/kg，其次是姜店镇1.51mg/kg，属于较丰富水平，最低的是卅里铺镇 0.73mg/kg，属于中等缺乏水平。含量低于 1mg/kg 的有清平镇、卅里铺镇。

(六)土壤有效铁

铁是土壤中含量较高的元素之一，根据化验结果分析。全县耕层土壤有效铁含量平均为 9.09mg/kg，变幅为 0.7～39.3mg/kg。高唐县74.04%的耕层土壤有效铁含量为 4.5～10mg/kg，属于中等水平，分级及面积和不同镇(办事处)耕层土壤有效铁含量见表 4-31 和表 4-32。

表 4-31 耕层土壤有效铁含量分级及面积

级 别	1	2	3	4	5
范围(mg/kg)	＞20	10～20	4.5～10	2.5～4.5	＜2.5
水 平	丰富	较丰富	中等	缺乏	极缺
土地面积(hm^2)	60.92	22831.06	70192.91	649.52	1065.59
占总土地比例(%)	0.06	24.09	74.04	0.69	1.12

表 4-32 不同镇(办事处)耕层土壤有效铁含量

镇(办事处)	有效铁(g/kg)	变幅	样本数	标准差
人和街道办事处	8.35	4.9～11	46	1.70
鱼邱湖街道办事处	8.65	6.5～10.4	31	1.02
汇鑫街道办事处	8.05	4.8～11.4	50	1.26
清平镇	8.85	3.6～14.1	69	2.46
琉寺镇	9.76	2.8～14.8	35	2.27
固河镇	8.68	5.5～12.6	68	1.19
尹集镇	9.21	5.3～14.6	68	2.27
梁村镇	8.56	5.4～11.9	177	0.97
卅里铺镇	7.84	3.2～12.8	57	2.67
赵寨子镇	11.14	1～23	52	7.48
姜店镇	10.8	6.9～15.7	64	2.41
杨屯镇	10.73	6.1～39.3	66	4.96
经济技术开发区	8.47	5.3～12.6	14	1.30

从表 4-32 可以看出,赵寨子镇、姜店镇和杨屯镇平均含量高于 10mg/kg,属于较丰富水平,其他镇(办事处)均高于 7mg/kg,属于中等水平,其中最低的是卅里铺镇的 7.84mg/kg,最高的是赵寨子镇的 11.14mg/kg。

二、不同土壤类型土壤微量元素含量(见表 4-33)

表 4-33 不同土壤类型土壤微量元素含量

亚 类	有效锌(mg/kg)	有效硼(mg/kg)	有效锰(mg/kg)	有效铜(mg/kg)	有效铁(mg/kg)	有效钼(mg/kg)
潮盐土	1.03	0.81	9	1.21	9.31	0.17
典型潮土	1.1	0.88	8.7	1.18	9.05	0.16
冲积固定风沙土	0.69	0.74	6.81	0.65	8.4	0.2
褐土化潮土	0.98	0.88	8.67	1.11	8.87	0.14
盐化潮土	1.12	0.91	9.09	1.16	9.69	0.16

从表 4-33 可以看出，有效锌含量：盐化潮土＞典型潮土＞潮盐土＞褐土化潮土＞冲积固定风沙土，最高的盐化潮土比最低的冲积固定风沙土高0.43mg/kg；有效硼含量：盐化潮土＞典型潮土、褐土化潮土＞潮盐土＞冲积固定风沙土，最高的盐化潮土比最低的冲积固定风沙土高 0.17mg/kg；有效锰含量：盐化潮土＞潮盐土＞典型潮土＞褐土化潮土＞冲积固定风沙土，最高的盐化潮土比最低的冲积固定风沙土高 2.28mg/kg；有效铜含量：潮盐土＞典型潮土＞盐化潮土＞褐土化潮土＞冲积固定风沙土，最高的潮盐土比最低的冲积固定风沙土高 0.56mg/kg；有效铁含量：盐化潮土＞潮盐土＞典型潮土＞褐土化潮土＞冲积固定风沙土，最高的盐化潮土比最低的冲积固定风沙土高1.29mg/kg；有效钼含量：冲积固定风沙土＞潮盐土＞典型性潮土、盐化潮土＞褐土化潮土，最高的冲积固定风沙土比最低的褐土化潮土高 0.06mg/kg。

三、微肥的施用与推广

在土壤含量低或微量元素敏感的作物上施用微肥具有明显的提高产量和改善品质的效果。这次调查结果表明，高唐县粮田和棉田土壤钼和锰不足，其次是硼和铁。高唐县从 2007 年开始大面积推广在玉米和果树上施用锌肥，通过试验示范，可增产 8%～10%。锌肥可防治玉米的“白苗病”、落叶果树的“小叶病”，并能改善作物生长状况，提高产品品质。硼肥能克服棉花的“蕾而不花”、小麦的“花而不实”、苹果的“缩果病”、花生的“有果无仁”，增施硼肥能促进植物生殖器官的发育和受精过程，有利于植物分生组织的细胞分化。锰肥对棉花能起到早现蕾结铃、增桃数与提高百铃重；对玉米可起到增粒、穗，提高千粒重的作用。增施钼肥主要能改善豆科植物的固氮能力。

微量元素对作物生长发育是必不可少的，但作物对其需要量远不及大量元素多。微肥施用不当，可引起作物中毒，导致生长发育不良，严重时会造成死亡。微肥主要施用方法是土壤施用或叶面喷施。硼肥土壤施用时建议用 2～4kg/hm^2 的硼肥，喷施浓度一般为 0.1%～0.2%的硼砂或硼酸。锌肥土壤施用时建议用 4.5～37.5kg/hm^2 的锌肥，喷施浓度一般为 0.05%～0.1%的硫酸锌。锰肥喷施效果最好，与生理酸性肥料混合施用，喷施浓度一般为 0.05%～0.1%的硫酸锰溶液。微肥一般后效可维持 3～5 年。

第五节　土壤主要物理性状

土壤物理状况的好坏直接关系到土壤适耕性、通透性和养分的分解与转化。土壤物理性状与土壤质地、土体构型和有机质含量的多少有密切关系。它主要包括土壤质地、剖面构型、土壤容重、土壤孔隙和田间持水量等方面。表层质地面积见表 4-34。

表 4-34　表层质地面积统计表

项目＼质地	风沙土	沙壤土	轻壤土	中壤土
面积(hm^2)	1385.12	23643.33	33346.91	4022.84
占耕地比例(%)	2.22	37.89	53.44	6.45

一、土壤表层质地

根据第二次普查结果，全县土壤分为风沙土、沙壤土、轻壤土和中壤土 4 种质地。

(一)风沙土

风沙土主要分布在清平镇、卅里铺镇和汇鑫街道办事处的风沙土类上。粒径较大，粒间孔隙也大，通气透水性强，保水、保肥能力很差。其面积为1385.12hm^2，占 2.22%。

(二)沙壤土

沙壤土主要分布于赵寨子镇、清平镇、固河镇、梁村镇、经济技术开发区、鱼邱湖街道办事处和汇鑫街道办事处等的河滩高地和缓平坡地上。土壤疏松，适耕期长，通透性较好，但漏水、漏肥，肥力低，后劲弱。面积为 23643.33hm^2，占 37.89%。

(三)轻壤土

轻壤土分布较广，各镇(办事处)都有分布。质地适宜，适耕期长，水、肥、气、热协调，生产性能较好。面积为 33346.91hm^2，占 53.44%，是全县面积最大的一种质地。

(四)中壤土

中壤土主要分布在杨屯镇、姜店镇、琉寺镇和尹集镇等的洼地和缓平坡地上。通透性差，适耕期短，耕后易出现坷垃和犁条，面积为 4022.84hm^2，占 6.45%。

二、土体构型

土体构型是不同质地夹层在土体内的排列状况。由于沙、壤、黏土夹层排列部位和厚度不一致，影响作物根系生长、水盐运行和土壤肥力。全县土壤分为 15 种构型，归为 5 个类型。

(一)沙均质型

面积为 21730.16hm^2，占 34.83%。通透性好，但保水、保肥能力差，在水肥充足的条件下，可获得较高产量。

(二)壤均质型

面积为 11555.51hm^2，占 18.52%。质地适中，保水、保肥，作物根系容易下扎，抗灾能力强，属高产土体构型。

(三)夹沙型

面积为 5657.47hm^2，占 9.07%。其中厚沙心为 1231.96hm^2，漏肥、漏水，利用不当，产量较低，厚沙腰为 4197.04hm^2，厚沙底为 228.47hm^2，这两种构型都好于厚沙心。

(四)夹壤型(壤心)

面积为 642.09hm^2，占 1.03%。质地较适中，有一定保水、保肥能力，作物根系易下扎，是一种较好的构型。

(五)夹黏型

面积为 36520.53hm^2，占 36.55%。其中厚黏心面积为 10277.42hm^2，占 16.46%，黏土出现部位高，虽有一定的保肥、保水能力，但影响作物根系下扎。厚黏腰(包括厚黏底)面积为 12492.12hm^2，占 20.02%，这种构型既保肥、保水，又使作物根系容易下扎，是一种良好的土体构型。土体构型面积见表 4-35。

表 4-35　　不同土体构型面积统计

类型 \ 项目	土体构型	土地面积 公顷(hm^2)	土地面积 占总耕地比例(%)
沙均质型	沙均质	21730.16	34.83
壤均质型	壤均质	11555.51	18.52
夹沙型	厚沙心	1231.96	1.97
	厚沙腰	4197.04	6.73
	厚沙底	228.47	0.37
夹壤型	厚壤心	642.09	1.03
夹黏型	厚黏心	10277.42	16.46
	薄黏腰	43.23	0.07
	厚黏腰	10372.6	16.63
	厚黏底	2119.52	3.39

三、土壤容重及孔隙度

土壤容重及孔隙状况主要反映土壤的松紧程度、通气透水能力。在这次地力评价中，重点测定了土壤容重、总孔隙度、毛管孔隙度、通气孔隙度。各亚类土壤容重、孔隙度见表4-36和表4-37。

表 4-36　　各亚类土壤容重表

亚类名称	表土层(0～20cm) 平均(g/cm^3)	表土层(0～20cm) 范围(g/cm^3)	心土层(20～40cm) 平均(g/cm^3)	心土层(20～40cm) 范围(g/cm^3)
褐土化潮土	1.27	1.16～1.39	1.32	1.13～1.45
潮土	1.25	1.13～1.36	1.36	1.27～1.42
盐化潮土	1.3	1.18～1.6	1.41	1.24～1.58
潮盐土	1.34	1.13～1.43	1.38	1.27～1.45

表 4-37　　各亚类土壤孔隙状况表

亚类名称	表土层(0～20cm)			心土层(20～40cm)		
	总孔隙(%)	毛管孔隙(%)	通气孔隙(%)	总孔隙(%)	毛管孔隙(%)	通气孔隙(%)
褐土化潮土	52.1	36.4	15.7	50.2	38.6	11.6
潮土	52.7	34.5	18.2	48.7	37.5	11.2
盐化潮土	50.6	35.9	14.7	46.7	37.1	9.6
潮盐土	49.3	38.7	10.6	47.9	42.1	5.8

从表4-36和表4-37可以看出，全县土壤物理性状不好，土壤偏紧，通气性差，特别是第二层(心土层)，土壤物理性状更差，这是因为经过长时间的耕作，大部分土壤都在耕层以下形成一层5～10cm厚的犁底层，紧密坚实，这对全沙型土壤虽有一定的保水、保肥能力，但是就多数土壤来说，不利于根系下扎，影响作物产量。因此，打破犁底层，改良土壤物理性状，使之适合农作物生长，是发展全县农业生产的一项必要措施。

土壤有机质在腐烂分解过程中，能够产生腐殖质和多种有机酸，腐殖质中的胡敏酸可以肢解土粒，改善结构，使容重变轻、耕性和通透性变好。

土壤物理性状的好坏是土壤肥力因素的一个重要标志，改良土壤物理性状的主要措施：(1)增施有机肥料，增加土壤团粒结构。(2)改变土壤质地，淤掺沙，沙掺淤，把沙土地或黏土地变为两合土。(3)耕翻松土，加厚熟土层，改良土壤的通透性。

四、耕层土壤不同质地物理性状

地貌类型不同，耕层土壤质地也不同，沙土地多分布在古河床高地上，壤土多分布在黄水漫流而形成的坡地上，黏土地则分布在静水沉积而形成的洼地上，耕层质地不同，理化性状也有明显差异(见表4-38)。

表4-38 耕层土壤不同质地物理性状表

土壤质地／测定项目	中壤土		轻壤土		沙壤土		风沙土	
	平均	变幅	平均	变幅	平均	变幅	平均	变幅
容重 (g/cm^3)	1.27	1.5 1.16	1.28	1.44 1.02	1.26	1.6 1.06	1.17	1.19 1.11
总孔隙度(%)	51.7	43.4 56.2	51.7	45.7 61.5	52.5	39.6 60	55.9	55.1 58.1
毛管孔隙度(%)	33.8	2.1 42.9	36.2	25.8 45.2	35.3	23.3 44.5	31.9	33 30.1
通气孔隙度(%)	17.9	5.5 31.8	15.3	19.9 16.3	17.2	16.3 15.5	24	22.1 28

从表4-38可以看出，轻壤土的容重、孔隙度好于沙壤土和中壤土，壤质土的养分含量高于沙质土。实践证明，对于中壤土和沙壤土来说，生产条件和管理水平是决定其产量的一个重要因素。肥料多，施用合理，产量就高，反之就低。所以，它们的养分含量变化幅度大，产量变化也大。相比较而言，轻壤土(两合土)的理化性状协调，宜耕性好，田间易管理，保肥、供肥性能好，稳而持久。群众说："使牛要使抓地虎，种地要种两合土。"而中壤土(小红土)养分含量较高，这是作物丰产的物质基础，只要因土种植，注意拿全苗，克服不发小苗的缺点，仍可获得较高产量。沙质土易拿全苗，早发，但储备养分不多，损失又快，要注意在作物生长的中、后期脱肥时及时补给肥水，同样也能获较高产量。

耕层质地也是可以改变的，在生产过程中为了给作物生长创造一个适宜的土壤条件，往往通过翻淤压沙、淤土掺沙、深翻平整土地等手段，有目的地改变耕层土壤的颗粒组成，使沙土地或淤土地变成两合土地。还可以有针对性地施用土杂肥：红土地使用沙土堆制的土杂肥；沙土地施用淤土堆制的土杂肥，都可以改变土壤质地，不过，这是一个缓慢的过程。

以上说明两合土是农作物生长最适宜的一种土壤，也是在具备一定物质基础和技术水平上最易拿到较高产量的一种土壤，黏质土和沙质土则各有优点和不足。所以，要想改变黏土、沙土的不良性状，只要把两者互相掺和就能达到改良土壤不良状况的目的。

第五章　耕地地力评价

耕地是土地的精华，是农业生产中不可替代的重要生产资料，是保持社会和国民经济可持续发展的重要资源。保护耕地是我们的基本国策之一，因此，及时掌握耕地资源的数量、质量及其变化对于合理规划和利用耕地，切实保护耕地有十分重要的意义。在全面的野外调查和室内化验分析、获取大量耕地地力相关信息的基础上，进行了高唐县耕地地力的综合评价，评价结果对于摸清全县耕地地力的现状及问题、为耕地资源的高效和可持续利用提供了重要的科学依据。

第一节　耕地地力评价原则、依据及流程

一、评价原则、依据

(一)原则

耕地地力就是耕地的生产能力，是在一定区域内、一定的土壤类型上，耕地的土壤理化性状、所处自然环境条件、农田基础设施及耕作施肥管理水平等因素的总和。根据评价的目的要求，在高唐县耕地地力评价中，我们遵循的基本原则包括 4 条。

1. 综合因素研究与主导因素分析相结合原则。土地是一个自然经济综合体，是人们利用的对象，对土地质量的鉴定涉及自然和社会经济多个方面，耕地地力也是各类要素的综合体现。所谓“综合因素研究”是指对地形地貌、土壤理化性状、相关社会经济因素之总体进行全面的研究、分析与评价，以全面了解耕地地力状况。主导因素是指对耕地地力起决定作用的、相对稳定的因子，在评价中要着重对其进行研究分析。因此，把综合因素与主导因素结合起来进行评价则可以对耕地地力作出科学准确的评定。

2. 共性评价与专题研究相结合原则。高唐县耕地利用存在水浇地、旱地等多种类型，土壤理化性状、环境条件、管理水平等不一。因此，耕地地力水平有较大的差异。一方面，考虑区域内耕地地力的系统性、可比性，针对不同的耕地利用等状况，应选用统一的共同的评价指标和标准，即耕地地力的评价不针对某一特定的利用类型。另一方面，为了解不同利用类型的耕地地力状况及其内部的差异情况，对有代表性的主要类型进行专题的深入研究。这样，共性的评价与专题研究相结合，使整个的评价和研究具有更大的应用价值。

3. 定量和定性相结合原则。土地系统是一个复杂的灰色系统，定量和定性要素共存，相互作用，相互影响。因此，为了保证评价结果的客观合理，宜采用定量和定性评价相结合的方法。在总体上，为了保证评价结果的客观合理，尽量采用定量评价的方法，对可定

量化的评价因子如有机质等养分含量、土层厚度等按其数值参与计算，对非数量化的定性因子如土壤表层质地、土体构型等则进行量化处理，确定其相应的指数，并建立评价数据库，以计算机进行运算和处理，尽量避免人为随意性因素影响。在评价因素筛选、权重确定、评价标准、等级确定等评价过程中，尽量采用定量化的数学模型，在此基础上充分运用人工智能和专家知识，对评价的中间过程和评价结果进行必要的定性调整，定量与定性相结合，从而保证了评价结果的准确合理。

4.采用GIS支持的自动化评价方法原则。自动化、定量化的土地评价技术方法是当前土地评价的重要方向之一。近年来，随着计算机技术，特别是GIS技术在土地评价中的不断应用和发展，基于GIS的自动化评价方法已不断成熟，使土地评价的精度和效率大大提高。本次耕地地力评价工作通过数据库建立、评价模型及其与GIS空间叠加等分析模型的结合，实现了全数字化、自动化的评价流程，在一定的程度上代表了当前土地评价的最新技术方法。

(二)依据

耕地地力是耕地本身的生产能力，因此，耕地地力的评价则依据与此相关的各类自然和社会经济要素，具体包括三个方面。

1.耕地地力的自然环境要素。包括耕地所处的地形地貌条件、水文地质条件、成土母质条件以及土地利用状况等。

2.耕地地力的土壤理化要素。包括土壤剖面与土体构型、耕层厚度、质地、容重等物理性状，有机质、氮、磷、钾、微量元素、pH、交换量等化学性状等。

3.耕地地力的农田基础设施条件。包括耕地的灌排条件、水土保持工程建设、培肥管理条件等。

二、评价流程

整个评价可分为三个方面的主要内容，按先后的次序分别为：

1.资料工具准备及数据库建立：即根据评价的目的、任务、范围、方法，收集准备与评价有关的各类自然及社会经济资料，进行资料的分析处理。选择适宜的计算机硬件和GIS等分析软件，建立耕地地力评价基础数据库。

2.耕地地力评价：划分评价单元，提取影响地力的关键因素并确定权重，选择相应评价方法，制定评价标准，确定耕地地力等级。

3.评价结果分析：依据评价结果，量算各等级耕地面积，编制耕地地力分布图。分析耕地地力问题，提出耕地资源可持续利用的措施建议。

评价的工作流程如图 5-1 所示。

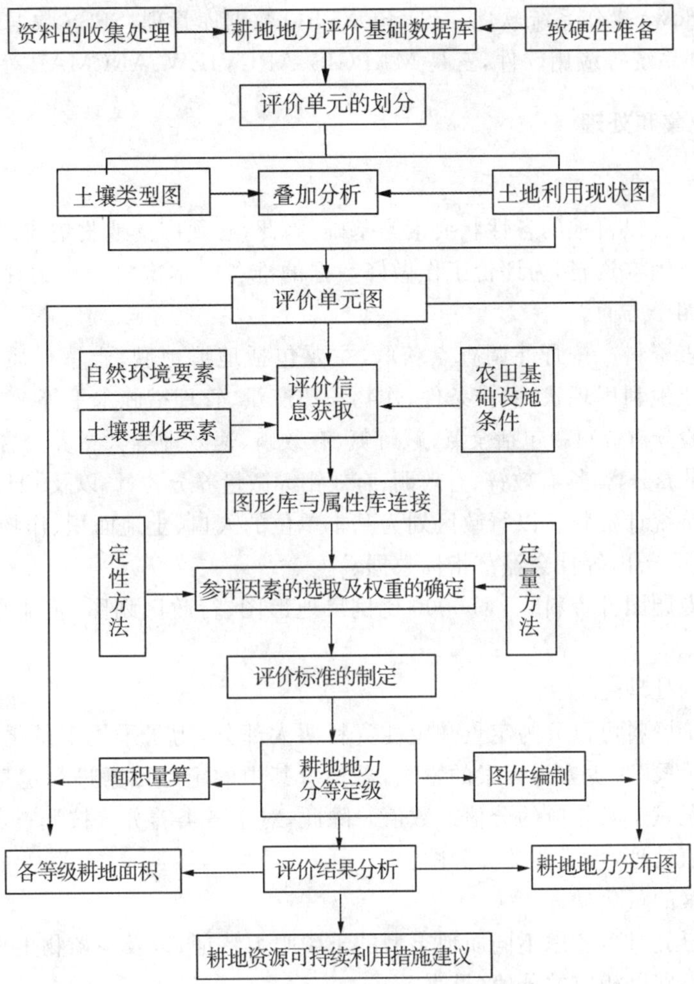

图 5-1 高唐县耕地地力评价流程图

第二节 软硬件准备、资料收集和处理及基础数据库的建立

一、软硬件准备

(一)硬件准备

硬件主要包括高配置微机、A0 幅面数字化仪、A0 幅面扫描仪、喷墨绘图仪等。微机主要用于数据和图件的处理分析，数字化仪、扫描仪用于图件的输入，喷墨绘图仪用于成果图的输出。

(二)软件准备

一是 Windows 操作系统软件,二是 FOXPRO 数据库管理、SPSS 数据统计分析/ACCESS 数据管理系统等应用软件,三是 MAPGIS、ARCVIEW、ARCMAP 等 GIS 软件。

二、资料收集和处理

(一)资料的收集

耕地地力评价以耕地的各性状要素为基础,因此,必须广泛地收集与评价有关的各类自然和社会经济因素资料,为评价工作做好数据的准备。本次耕地地力评价收集获取的资料主要包括四个方面。

1. 野外调查资料。按野外调查点获取,主要包括地形地貌、土壤母质、水文、土层厚度、表层质地、耕地利用现状、灌排条件、作物长势产量、管理措施水平等。

2. 室内化验分析资料。包括全氮、碱解氮、有效磷、速效钾等大量养分含量,交换性钙、交换性镁等中量养分含量,有效锌、有效硼、有效钼等微量养分含量,以及 pH、有机质等。

3. 社会经济统计资料。以行政区划为基本单位的人口、土地面积、作物及蔬菜瓜果面积,以及各类投入产出等社会经济指标数据。

4. 基础及专题图件资料。1∶50000 比例尺地形图、行政区划图、土地利用现状图、地貌图、土壤图等。

(二)资料的处理

获取的评价资料可以分为定量和定性资料两大部分,为了采用定量化的评价方法和自动化的评价手段,减少人为因素的影响,需要对其中的定性因素进行定量化处理,根据因素的级别状况赋予其相应的分值或数值。除此,对于各类养分等按调查点获取的数据,则需要进行插值处理,生成各类养分图。

1. 定性因素的量化处理

(1)土壤表层质地:考虑不同质地类型的土壤肥力特征,以及与植物生长发育的关系,赋予不同质地类别以相应的分值(见表 5-1)。

表 5-1 土壤表层质地的量化处理

质地类别	中壤	轻壤	重壤	沙壤	沙土
分值	100	95	80	70	55

(2)土体构型:首先以土层质地类别和其在土体中的部位对各类土体构型进行归纳,根据不同的土体构型对植物生长发育的影响,赋予不同土体构型以相应的分值(见表 5-2)。

表 5-2 土体构型的量化处理

土体构型	壤均质	壤质黏心	黏质壤心	沙质壤心	黏均质	沙质黏心	壤质沙心	沙均质
分值	100	90	87	80	77	70	65	58

(3)地貌类型:根据不同的地貌类型对耕地地力及作物生长的影响,赋予其相应的分值(见表5-3)。

表5-3 地貌类型的量化处理

地貌类型	缓平坡地	山前倾斜平地	山前缓平地	缓岗	浅平洼地	槽状洼地	河谷高地	河漫滩	河谷梯田	近山阶地	坡麓梯田	荒坡岭
分值	100	97	95	93	90	87	84	80	60	40	20	10

(4)矿化度:根据不同的矿化度程度对耕地地力及作物生长的影响,赋予其相应的分值(见表5-4)。

表5-4 矿化度的量化处理

矿化度	<0.5	0.5~2	2~5	>5
分值	100	90	65	40

(5)盐渍化程度:考虑到高唐县的土壤分布中存在不同的盐渍化程度,将其盐渍化程度划分为不同的等级,并据其对耕地地力的影响程度进行量化处理(见表5-5)。

表5-5 盐渍化程度的量化处理

盐渍化	无	轻度	中度	重度	盐土
分值	100	85	70	50	30

2.各类养分专题图层的生成

对于土壤有机质、氮、磷、钾、锌、硼、钼等养分数据,首先按照野外实际调查点进行整理,建立了以各养分为字段、以调查点为记录的数据库。之后,进行了土壤采样样点图与分析数据库的连接,在此基础上插值生成各养分专题图层。

分别对比了在MAPGIS和ARCVIEW环境中的插值结果,发现ARCVIEW环境中的插值结果线条更为自然圆滑,符合实际。因此,本研究中所有养分采样点数据均在ARCVIEW环境下操作,利用其空间分析模块功能对各养分数据进行自动的插值处理,经编辑处理,自动生成各土壤养分专题栅格图层。后续的耕地地力评价也以栅格形式进行,与矢量形式相比,能够将各评价要素信息精确到栅格(像元)水平,保证了评价结果的准确。图5-2和图5-3为在ARCVIEW下插值生成的高唐县土壤有机质、碱解氮含量分布栅格图。

图 5-2　高唐县土壤有机质含量栅格图

图 5-3　高唐县土壤碱解氮含量栅格图

三、基础数据库的建立

(一)基础属性数据库的建立

为更好地对数据进行管理和为后续工作提供方便,将采样点基本情况信息、农业生产情况信息、土壤理化性状化验分析数据等信息以调查点为基本数据库记录进行属性数据库的建立,作为后续耕地地力评价工作的基础。

(二)基础专题图图形库的建立

将扫描矢量化及插值等处理生成的各类专题图件,在 ARCVIEW 和 MAPGIS 软件的支持下，分别以栅格形式和点、线、区文件的形式进行存储和管理，同时将所有图件统一转换到相同的地理坐标系统下，以进行图件的叠加等空间操作，各专题图图斑属性信息通过键盘交互式输入或通过与属性库挂接读取，构成基本专题图图形数据库。图形库与基础属性库之间通过调查点相互连接。

第三节 评价单元的划分及评价信息的提取

一、评价单元的划分

评价单元是由对土地质量具有关键影响的各土地要素组成的空间实体，是土地评价的最基本单位、对象和基础图斑。同一评价单元内的土地自然基本条件、土地的个体属性和经济属性基本一致，不同土地评价单元之间，既有差异性，又有可比性。耕地地力评价就是要通过对每个评价单元的评价，确定其地力级别，把评价结果落实到实地和编绘的土地资源图上。因此，土地评价单元划分的合理与否，直接关系到土地评价的结果以及工作量的大小。

目前，对土地评价单元的划分尚无统一的方法，有以土壤类型、以土地利用类型、以行政区划单位、以方里网等多种方法。本次高唐县耕地地力评价土地评价单元的划分采用土壤图、土地利用现状图的叠置划分法，相同土壤单元及土地利用现状类型的地块组成一个评价单元，即“土地利用现状类型——土壤类型”的格式。其中，土壤类型划分到土种，土地利用现状类型划分到二级利用类型，制图区界以高唐县最新土地利用现状图为准。为了保证土地利用现状的现实性，基于野外的实地调查对耕地利用现状进行了修正。同一评价单元内的土壤类型相同，利用方式相同，交通、水利、经营管理方式等基本一致，用这种方法划分评价单元可以反映单元之间的空间差异性，既使土地利用类型有了土壤基本性质的均一性，又使土壤类型有了确定的地域边界线，使评价结果更具综合性、客观性，可以较容易地将评价结果落实到实地。

通过图件的叠置和检索，将高唐县耕地地力划分为6915个评价单元。

二、评价信息的提取

影响耕地地力的因子非常多，并且它们在计算机中的存储方式也不相同，因此，如何准确地获取各评价单元评价信息是评价中的重要一环。鉴于此，舍弃直接从键盘输入参评因子值的传统方式，采取将评价单元与各专题图件叠加采集各参评因素的信息。具体的作法是：(1)按唯一标志原则为评价单元编号；(2)在ARCVIEW环境下生成评价信息空间库和属性数据库；(3)在ARCMAP环境下从图形库中调出各化学性状评价因子的专题图，与评价单元图进行叠加计算出各因子的均值；(4)保持评价单元几何形状不变，在耕地资源管理信息系统中直接对叠加后形成的图形的属性库进行“属性提取”操作，以评价单元为基本统计单位，按面积加权平均汇总评价单元立地条件评价因子的分值。

由此，得到图形与属性相连的、以评价单元为基本单位的评价信息，为后续耕地地力的评价奠定了基础。

第四节　参评因素的选取及其权重确定

正确地进行参评因素的选取并确定其权重，是科学地评价耕地地力的前提，直接关系到评价结果的正确性、科学性和社会可接受性。

一、参评因素的选取

参评因素是指参与评定耕地地力等级的耕地的诸属性。影响耕地地力的因素很多，在本次高唐县耕地地力评价中根据高唐县的区域特点遵循主导因素原则、差异性原则、稳定性原则、敏感性原则，采用定量和定性方法结合，进行了参评因素的选取。

(一)系统聚类方法

系统聚类方法用于筛选影响耕地地力的理化性质等定量指标，通过聚类将类似的指标进行归并，辅助选取相对独立的主导因子。利用 SPSS 统计软件进行了土壤养分等化学性状的系统聚类(见图 5-4)。

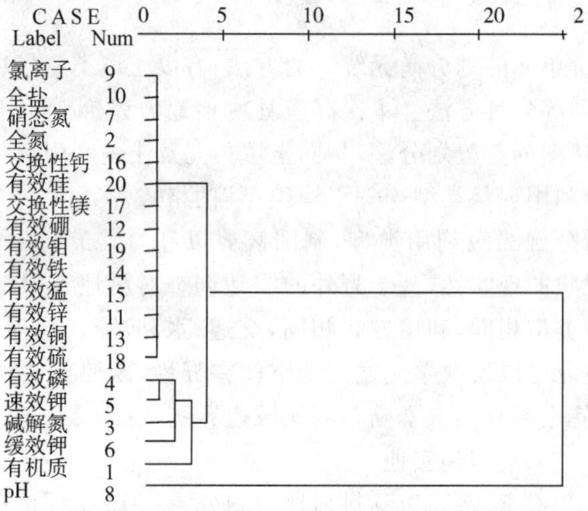

图 5-4　土壤养分等化学性状的聚类分析

从图 5-4 中可以看出，氯离子、全盐、硝态氮、全氮、交换性钙、有效硅、交换性镁、有效硼、有效钼、有效铁、有效锰、有效锌、有效铜、有效硫聚为一组，有效磷、速效钾、碱解氮、缓效钾聚为一组，有机质为一组，pH 为一组。

(二)DELPHI 法

用 DELPHI 法进行了影响耕地地力的立地条件、物理性状等定性指标的筛选。确定了由土壤农业化学学者、专家及高唐县土肥站业务人员组成的专家组，首先对指标进行分类，在此基础上进行指标的选取，并讨论确定最终的选择方案。

综合以上两种方法，在定量因素中根据各因素对耕地地力影响的稳定性，以及营养元素的全面性，在聚类分析第一组中选取有效磷、有效锌为参评因素，第二组中选取有效硼为参评因素，第三组是速效钾，第四组是有机质。结合专家组选择结果，最后确定灌溉保证率、矿化度、地貌类型、耕层质地、土体构型、盐渍化程度、有机质、大量元素(速效钾、有效磷)、微量元素(有效锌、有效硼)等11项因素作为耕地地力评价的参评指标。

二、权重的确定

在耕地地力评价中,需要根据各参评因素对耕地地力的贡献确定权重,确定权重的方法很多,本评价中采用层次分析法(AHP)来确定各参评因素的权重。

层次分析法是在定性方法基础上发展起来的定量确定参评因素权重的一种系统分析方法,这种方法可将人们的经验思维数量化,用以检验决策者判断的一致性,有利于实现定量化评价。AHP法确定参评因素的步骤如下:

1. 建立层次结构。耕地地力为目标层(G层),影响耕地地力的立地条件、物理性状、化学性状为准则层(C层),再把影响准则层中各元素的项目作为指标层(A层),其结构关系如图5-5所示。

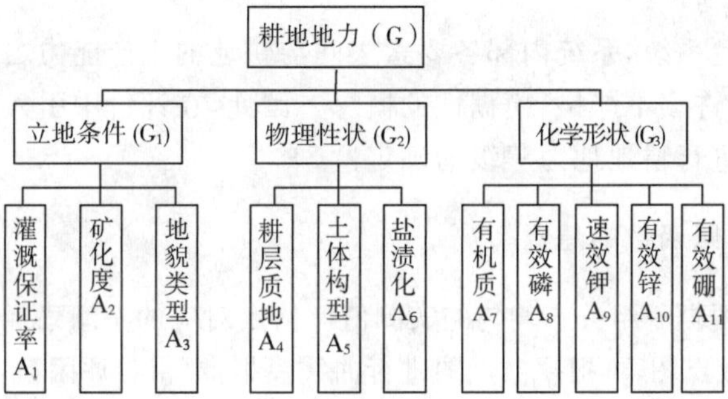

图5-5 耕地地力影响因素层次结构

2. 构造判断矩阵。根据专家经验,确定C层对G层以及A层对C层的相对重要程度,共构成A、C_1、C_2、C_3 4个判断矩阵。例如,耕层质地、土体构型、盐渍化程度对耕地物理性状的判断矩阵表示为:

$$C_2=\begin{pmatrix} a_{11} & a_{12} & a_{13} \\ a_{21} & a_{22} & a_{23} \\ a_{31} & a_{32} & a_{33} \end{pmatrix}=\begin{pmatrix} 1 & 5 & 3 \\ 0.2 & 1 & 0.33 \\ 0.33 & 3 & 1 \end{pmatrix}$$

其中,a_{ij}(i为矩阵的行号,j为矩阵的列号)表示对C_2而言,a_i对a_j的相对重要性的数值。

3. 层次单排序及一致性检验。即求取A层对C层的权数值,可归结为计算判断矩阵的最大特征根对应的特征向量。利用SPSS等统计软件,得到的各权数值及一致性检验的结果见表5-6。

表5-6 权数值及一致性检验结果

矩 阵			特征	向量		C_I	C_R
矩阵A		0.3202	0.1226	0.5571		0.009148	0.01577204<0.1
矩阵C_1		0.6329	0.1058	0.2613		0.020017	0.03451165<0.1
矩阵C_2		0.6333	0.1061	0.2606		0.019410	0.03346558<0.1
矩阵C_3	0.5036	0.2307	0.1526	0.0638	0.0492	0.044324	0.03957510<0.1

从表 5-6 中可以看出，C_R<0.1，具有很好的一致性。

4.层次总排序及一致性检验。经层次总排序并进行一致性检验，结果为 $C_I=0$，$C_R=0$，具有满意的一致性，最后计算 A 层对 G 层的组合权数值，得到各因子的权重见表 5-7。

表 5-7　各因子的权重

灌溉保证率	0.2027	耕层质地	0.0777	有机质	0.2806	有效锌	0.0355
矿化度	0.0339	土体构型	0.013	有效磷	0.1286	有效硼	0.0274
地貌类型	0.0836	盐渍化	0.032	速效钾	0.085		

第五节　耕地地力等级的确定

土地是一个灰色系统，系统内部各要素之间与耕地的生产能力之间关系十分复杂，此外，评价中也存在着许多不严格、模糊性的概念。因此，在评价中引入了模糊数学方法，采用模糊评价方法来进行耕地地力等级的确定。

一、参评因素隶属函数的建立

用 DELPHI 法根据一组分布均匀的实测值评估出对应的一组隶属度，然后在计算机中绘制这两组数值的散点图，再根据散点图进行曲线模拟，寻求参评因素实际值与隶属度关系方程，从而建立起隶属函数。各参评因素的分级及其相应的专家赋值和隶属度见表 5-8。

表 5-8　参评因素的分级及其分值

地貌类型	缓平坡地	湖沼平原	岗地	洼地	滨海平地							
分值	100	89	80	78	70							
隶属度	1.00	0.89	0.80	0.78	0.70							
灌溉保证率	80	70	60	50	30	10	0					
分值	100	90	80	65	40	10	0					
隶属度	1.00	0.90	0.80	0.65	0.40	0.10	0.00					
矿化度(g/L)	<0.5	0.5～2	2～5	>5								
分值	100	90	65	40								
隶属度	1.00	0.90	0.65	0.40								
有机质	2.0	1.8	1.6	1.4	1.2	1.0	0.8	0.6				
分值	100	98	95	90	84	78	65	50				
隶属度	1.00	0.98	0.95	0.90	0.84	0.78	0.65	0.50				
有效磷	400	300	200	110	80	60	40	30	20	15	10	5
分值	70	80	90	100	98	96	92	90	85	80	60	40
隶属度	0.70	0.80	0.90	1.00	0.98	0.96	0.92	0.90	0.85	0.80	0.60	0.40

续表

速效钾	400	320	240	160	120	100	80	60	
分值	100	98	93	85	82	78	70	50	
隶属度	1.00	0.98	0.93	0.85	0.82	0.78	0.70	0.50	
有效锌	2.0	1.5	1.2	1.0	0.8	0.5	0.3		
分值	100	92	87	85	80	70	55		
隶属度	1.00	0.92	0.87	0.85	0.80	0.70	0.55		
有效硼	1.8	1.5	1.2	1.0	0.8	0.5	0.2		
分值	100	95	87	85	80	70	55		
隶属度	1.00	0.95	0.87	0.85	0.80	0.70	0.55		
耕层质地	中壤	轻壤	重壤	沙壤	沙土				
分值	100	95	80	70	55				
隶属度	1.00	0.95	0.80	0.70	0.55				
土体构型	壤均质	壤质黏心	黏质壤心	沙质壤心	黏均质	沙质黏心	壤质沙心	黏质沙心	沙均质
分值	100	90	87	80	77	70	65	63	58
隶属度	1.00	0.90	0.87	0.80	0.77	0.70	0.65	0.63	0.58
盐渍化	无	轻度	中度	重度	盐土				
分值	100	85	70	50	30				
隶属度	1.00	0.85	0.70	0.50	0.30				

通过模拟共得到正直线型、戒上型、戒下型三种类型的隶属函数，其中有机质、速效钾等属于戒上型隶属函数，土体构型、耕层质地、盐渍化、矿化度等属于正直线型隶属函数，然后根据隶属函数计算各参评因素的单因素评价评语。以有机质为例绘制的散点图和模拟曲线如图 5-6 和图 5-7 所示。

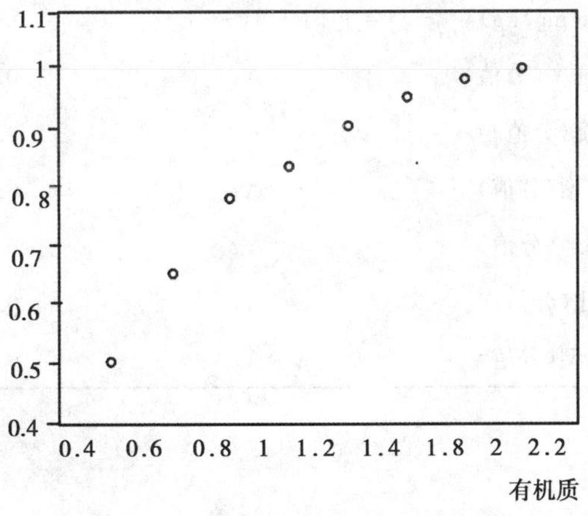

图 5-6 有机质与隶属度关系散点图

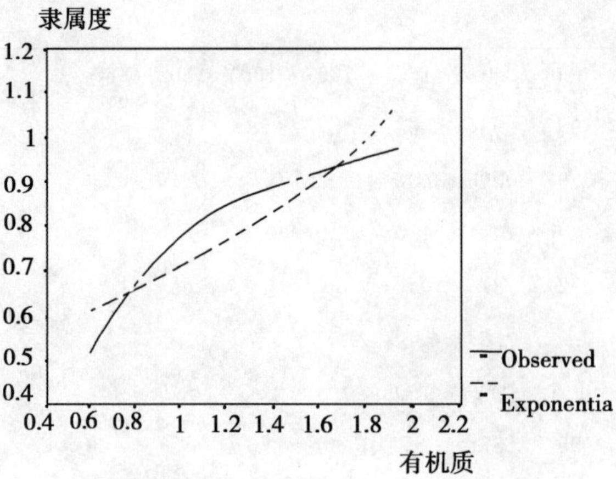

图 5-7 有机质与隶属度关系曲线

其隶属函数为戒上型,形式为:

$$y=\begin{cases}0 & (x\leqslant x_t)\\ 1/[1+A(x-C)^2] & (x_t<x<C)\\ 1 & (C\leqslant x)\end{cases}$$

各参评因素类型及其隶属函数表 5-9 所示

表 5-9 参评因素类型及其隶属函数

函数类型	参评因素	隶属函数	A	C	U_t
戒上型	有机质含量(g/kg)	$y=1/[1+A(x-C)^2]$	0.543	1.822	0.35
戒上型 <110	有效磷(mg/kg)	$y=1/[1+A(x-C)^2]$	0.0000992	80.159	3
戒下型 >110			0.00000742	111.967	450
戒上型	速效钾(mg/kg)	$y=1/[1+A(x-C)^2]$	0.00000760	327.836	15
戒上型	有效锌(mg/kg)	$y=1/[1+A(x-C)^2]$	0.245	1.924	0.1
戒上型	有效硼(mg/kg)	$y=1/[1+A(x-C)^2]$	0.251	1.879	0.1
正直线型	灌溉保证率(分值)	$y=Ax$	0.01	100	0
正直线型	矿化度(分值)	$y=Ax$	0.01	100	0
正直线型	土体构型(分值)	$y=Ax$	0.01	100	0
正直线型	耕层质地(分值)	$y=Ax$	0.01	100	0
正直线型	盐渍化(分值)	$y=Ax$	0.01	100	0
正直线型	地貌类型(分值)	$y=Ax$	0.01	100	0

二、耕地地力等级的确定

(一)计算耕地地力综合指数

用指数和法来确定耕地的综合指数,公式为:

$$IFI = \sum F_i \times C_i$$

式中:IFI(Integrated Fertility Index)代表耕地地力综合指数;F_i 为第 i 个因素评语;C_i 代表第 i 个因素的组合权重。

具体操作过程:在县域耕地资源管理信息系统中,在"专题评价"模块中编辑立地条件、物理性状和化学性状的层次分析模型以及各评价因子的隶属函数模型,然后选择"耕地生产潜力评价"功能进行耕地地力综合指数的计算。

(二)确定最佳的耕地地力等级数目

计算耕地地力综合指数之后,在耕地资源管理系统中选择累积曲线分级法进行评价,根据曲线斜率的突变点(拐点)来确定等级的数目和划分综合指数的临界点,将高唐县耕地地力共划分为六级,各等级耕地地力综合指数见表 5-10,综合指数分布如图 5-8 所示。

表 5-10　高唐县耕地地力等级综合指数

IFI	>0.91	0.87~0.91	0.84~0.87	0.8~0.84	0.76~0.8	<0.76
耕地地力等级	一级地	二级地	三级地	四级地	五级地	六级地

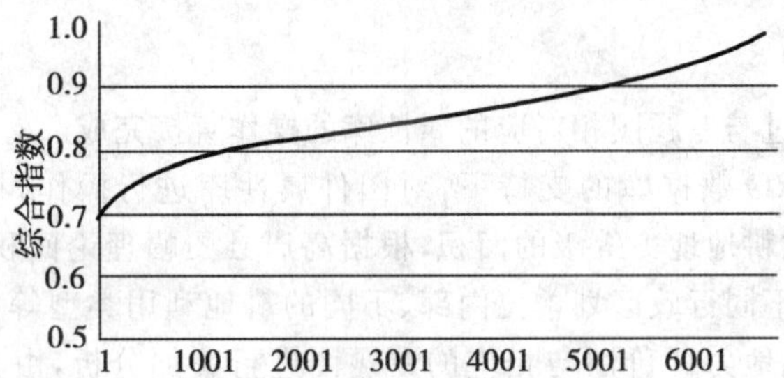

图 5-8　高唐县综合指数分布图

第六节　成果图编制及面积量算

一、图件的编制

为了提高制图的效率和准确性,在地理信息系统软件 MAPGIS 的支持下,进行高唐县耕地地力评价图及相关图件的自动编绘处理,其步骤为:扫描矢量化各基础图件→编辑点、线→点、线校正处理→统一坐标系→区编辑并对其赋属性→根据属性赋颜色→根据属性加注记→图幅整饰输出。此外还充分利用了 ARCVIEW 和 MAPGIS 强大的空间分析功能,将评价图与其他图件进行叠加,从而生成其他专题图件;将评价图与行政区划图叠加,进而计算各行政区划单位内的耕地地力等级面积等。

（一）专题图地理要素底图的编制

专题地图的地理要素内容是专题图的重要组成部分,用于反映专题内容的地理分布,并作为图幅叠加处理等的分析依据。地理要素的选择应与专题内容相协调,考虑图面的负载量和清晰度,应选择基本的、主要的地理要素。

以高唐县最新的土地利用现状图为基础,对此图进行制图综合处理,选取主要的居民点、交通道路、水系、境界线等及其相应的注记,进而编辑生成 1∶50000 各专题图地理要素底图。

（二）耕地地力评价图的编制

以耕地地力评价单元为基础,根据各单元的耕地地力评价等级结果,对相同等级的相邻评价单元进行归并处理,得到各耕地地力等级图斑。在此基础上,分两个层次进行图面耕地地力等级的表示:一是颜色表示,即赋予不同耕地地力等级以相应的颜色。二是代号,用罗马数字Ⅰ、Ⅱ、Ⅲ、Ⅳ、Ⅴ、Ⅵ表示不同的耕地地力等级,并在评价图相应的耕地地力图斑上注明。将评价专题图与以上的地理要素图复合,整饰得高唐县 1∶50000 耕地地力评价图(见附图 1)。

（三）其他专题图的编制

对于有机质、速效钾、有效磷、有效锌等其他专题要素地图,则按照各要素的分级分别赋予相应的颜色,同时标注相应的代号,生成专题图层。之后与地理要素图复合,编辑处理生成专题图件,并进行图幅的整饰处理,部分最终专题图如附图所示。

二、面积量算

面积的量算可通过与专题图相对应的属性库的操作直接完成。对耕地地力等级面积的量算则可在 FOXPRO 数据库的支持下,对图件属性库进行操作,检索相同等级的面积,然后汇总得到各类耕地地力等级的面积,根据高唐县图幅理论面积进行平差,得到准确的面积数值。对于不同行政区划单位内部、不同的耕地利用类型等的耕地地力等级面积的统计,则通过耕地地力评价图与相应的专题图进行叠加分析,由其相应属性库统计获得。

第六章　耕地地力分析

本次耕地地力分析按照农业部耕地质量调查和评价的规程及相关标准，结合当地实际情况，选取了对耕地地力影响较大、区域内变异明显、在时间序列上具有相对稳定性、与农业生产有密切关系的11个因素建立评价指标体系。以土壤图与土地利用现状图叠加形成评价单元，应用模糊综合评判方法，通过综合分析，将全县耕地共划分为6个等级，根据评价结果进行耕地地力的系统分析。

第一节　耕地地力等级与分布

一、耕地地力等级面积统计

利用MAPGIS软件，对评价图属性库进行操作，检索统计耕地各等级的面积和图幅总面积。以2009年高唐县耕地总面积为基准，按面积比例进行平差，统计出各耕地地力等级面积。

高唐县耕地总面积为62398.2hm^2，其中四级地面积最大，占总耕地面积的25.07%，一级地、二级地和五级地分别占总耕地面积的19.39%、16.3%和18.01%，三者面积之和占到了耕地总面积的53.7%，三个等级所占的比例相对均衡，二级地和三级地占总耕地面积的32.02%，六级地面积较少，占总耕地面积的5.51%（见表6-1）。

表6-1　高唐县耕地地力评价结果面积统计

等　级	一级地	二级地	三级地	四级地	五级地	六级地
面积(hm^2)	12098.5	10170.9	9809	15643.23	11237.92	3438.14
百分比(%)	19.39	16.30	15.72	25.07	18.01	5.51

二、耕地地力空间分布分析

（一）耕地地力等级分布

高唐县地处黄河下游冲积平原，由西南向东北倾斜，海拔高度为23～31m。地势平坦，耕地面积较大，土层深厚，土壤大多数为潮土和褐土化潮土，东南部和西北部存在部分盐化潮土。总体看，高唐县耕地地力较好，前三等级面积之和占到了总耕地面积的51.41%。一级地和二级地占总耕地面积的35.69%，主要分布于东南部地区，耕层主要为轻壤和中壤，无明显的障碍层次，农田基础设施配套良好，灌排能力和农业基础设施配套成型较好。三级地、四级地和五级地占总耕地面积的58.8%，分布比较分散，但主要集中在中部和北部地区，属于只要加大资金投入、完善基础设施、改善生产条件，产量就能大幅提高的中产田类型，有一定的改良利用潜力。六级地面积较少，这部分耕层土壤以沙壤和沙土为主，土壤漏水、漏肥，肥力较低，灌溉条件差，属于低产田类型，急需改良利用。

（二）耕地地力等级的行政区域划分

将耕地地力等级分布图与高唐县行政区划图进行叠加分析，从耕地地力等级行政区域分布数据库中，按权属字段检索出各等级的记录，统计出各级地在各镇（办事处）的分布状况（见表6-2）。

表6-2 高唐县耕地地力等级行政区域分布

镇（办事处）		一级地	二级地	三级地	四级地	五级地	六级地	合计
梁村镇	面积（hm^2）	350.55	1664.75	1811.02	2796.74	956.09	84.74	7663.89
	百分比（%）	4.57	21.72	23.63	36.49	12.48	1.11	100
尹集镇	面积（hm^2）	135.81	512.57	803.45	2428.88	2072.21	299.28	6252.2
	百分比（%）	2.17	8.2	12.85	38.85	33.14	4.79	100
固河镇	面积（hm^2）	1530.97	890.77	822.3	1498.72	1264.55	620.09	6627.4
	百分比（%）	23.1	13.44	12.41	22.61	19.08	9.36	100
汇鑫街道办事处	面积（hm^2）	4.08	83.64	378.05	1170.41	1854.03	612.26	4102.48
	百分比（%）	0.1	2.04	9.22	28.53	45.19	14.92	100
人和街道办事处	面积（hm^2）	17.09	189.94	418.43	666.3	480.11	15.88	1787.74
	百分比（%）	0.96	10.62	23.41	37.27	26.86	0.89	100
经济技术开发区	面积（hm^2）	17.15	72.28	92.72	188.03	206.59		576.76
	百分比（%）	2.97	12.53	16.08	32.6	35.82		100
卅里铺镇	面积（hm^2）	10.56	376.42	821.5	1338.42	986.06	770.95	4303.91
	百分比（%）	0.25	8.75	19.09	31.1	22.91	17.91	100
鱼邱湖街道办事处	面积（hm^2）	148.18	404.44	787.62	771.06	437.23	9.38	2557.92
	百分比（%）	5.79	15.81	30.79	30.14	17.09	0.37	100
杨屯镇	面积（hm^2）	4476	1475.34	791.82	568.49	281.73	38.19	7631.57
	百分比（%）	58.65	19.33	10.38	7.45	3.69	0.5	100
赵寨子镇	面积（hm^2）	254.94	1563.86	920.06	1223.54	1095.61	187.63	5245.64
	百分比（%）	4.86	29.81	17.54	23.32	20.89	3.58	100
清平镇	面积（hm^2）	30.59	730	630.93	1870.64	1389.43	769.89	5421.5
	百分比（%）	0.56	13.46	11.64	34.5	25.63	14.2	100

续表

镇(办事处)		一级地	二级地	三级地	四级地	五级地	六级地	合计
姜店镇	面积(hm^2)	525.93	1412.9	1533.23	1118.98	216.39	28.07	4835.49
	百分比(%)	10.88	29.22	31.71	23.14	4.48	0.58	100
琉璃寺镇	面积(hm^2)	4596.61	794.9					5391.51
	百分比(%)	85.26	14.74					100

从表 6-2 可以看出,一、二级高等地力耕地所占比例较高的镇为琉寺镇、杨屯镇和固河镇;三、四级中等地力耕地所占比例较高的镇为梁村镇、姜店镇和尹集镇等;五、六级较低等级地力耕地所占比例较高的镇主要为卅里铺镇、赵寨子镇、固河镇、尹集镇、汇鑫街道办事处和人和街道办事处等。

第二节 耕地地力等级分述

一、一级地

(一)面积与分布

一级地综合评价指数高于 0.91,耕地面积为 12099.01hm^2,占总耕地面积的 19.39%。全部是水浇地(见表 6-3)。调查近三年实际的粮食产量生产能力,统一折算成小麦、玉米一年两作,则年平均产量为 16500kg/hm^2(即 1100kg/667m^2)。

一级地主要分布于琉寺镇、杨屯镇和固河镇,其中以琉寺镇分布面积最大,为 4596.61hm^2,占该镇耕地面积的 85.26%,占一级地的 38%。此外,梁村镇、赵寨子镇、鱼邱湖街道办事处和尹集镇等也有少量零星分布。

表 6-3　　一级地各土地利用类型面积

利用类型	评价单元(个)	面积(hm^2)	占总耕地面积(%)	占一级地面积(%)
水浇地	1266	12099.01	19.39	100

(二)主要属性分析

一级地土壤类型以潮土类中的潮土亚类为主。土壤表层质地为轻壤和中壤,土体构型以壤均质、壤质黏心和壤质黏腰为主,无明显障碍层次。微地貌以缓平坡地、河滩高地和河间浅平洼地为主,土层深厚,土壤理化性状良好,无盐渍化现象,可耕性强。地下水矿化度大部分为 0.5~2g/L,为弱矿化水,农田水利设施较为完善,灌排条件好,灌溉保证率均在 75%以上。一级地耕层土壤养分含量见表 6-4。

表 6-4 一级地耕层土壤主要养分含量

项目	平均值	范围值	含量水平
有机质(g/kg)	16.8	12.2～34.4	偏高
有效磷(mg/kg)	35.3	8.2～124.8	偏高
速效钾(mg/kg)	131	54～220	较丰富
缓效钾(mg/kg)	716	598～920	中等偏低
碱解氮(mg/kg)	94.6	59.3～163.3	中等偏高
交换性钙(mg/kg)	14070	7100～25200	中等偏低
交换性镁(mg/kg)	670	370～1070	中等
有效硫(mg/kg)	74.3	17.2～234	较丰富
有效锌(mg/kg)	1.1	0.61～2.25	丰富
有效硼(mg/kg)	0.82	0.1～1.45	丰富中等
有效铜(mg/kg)	1.25	0.66～2.49	丰富中等
有效锰(mg/kg)	6.32	0.97～13.17	中等
有效钼(mg/kg)	0.17	0.03～0.5	中等
有效铁(mg/kg)	9.85	1.46～18.7	中等

(三)存在问题

一是土壤质地以轻壤和中壤为主,有少量的砂壤,质地偏轻,水稳性团粒结构含量少,保温、保水性能不够理想;二是土壤养分不均衡,存在缺钾、缺硼现象;三是土壤肥力与高产、高效农业的需求有一定的差距;四是大量施用化学肥料(特别是氮肥和磷肥),各种营养元素比例失调,造成肥力降低;五是耕层变浅,土体结构破坏。

(四)改良利用措施

一级地是全县综合性能最好的耕地,各项评价指标均属良好型。土层厚,排灌性好,易于耕作,养分含量高,保肥、保水性好,适宜各种作物生长。利用方向是发展高产、优质、高效农业,如无公害蔬菜基地、日光温室、反季节瓜果栽培以及优质高产小麦等。为此,应采取以下改良措施:

1.结合科技入户、配方施肥等工程,加大宣传力度,转变观念,提高认识,加大农业投入,提升农业综合生产能力。

2.增施有机肥和农家肥,大力推行小麦、玉米秸秆还田,增加土壤有机质含量。

3.实施平衡施肥,适量增施钾肥,补施锌、硼等微肥,加强小麦、玉米除草剂的技术指导,严格使用量,防止土壤污染,提高耕地质量;加大检测力度,确保农业灌溉、施肥、用药安全,搞好无公害生产。

4.鼓励农民深耕改土,隔 2～3 年深耕一次,深度在 20cm 以上,消除土壤板结和障碍层次。

二、二级地

(一)面积与分布

二级地综合评价指数为0.87～0.91,耕地面积为10170.9hm²,占全县总耕地面积的16.3%,全部为水浇地(见表6-5)。调查近三年实际的粮食产量生产能力,统一折算成小麦、玉米一年两作,则年平均产量为15150kg/hm²(即1010kg/667m²)。

表6-5　　二级地各土地利用类型面积

利用类型	评价单元(个)	面积(hm²)	占总耕地面积(%)	占二级地面积(%)
水浇地	1149	10170.9	16.3	100

二级耕地主要分布在梁村镇、赵寨子镇、杨屯镇和姜店镇,其中以梁村镇和赵寨子镇分布面积最大,分别为1664.75hm² 和1563.86hm²,分别占二级地面积的16.37%和15.38%,共占二级地面积的31.75%。固河镇、琉寺镇、清平镇、尹集镇和鱼邱湖街道办事处等镇也有少量零星分布。

(二)主要属性分析

二级地土壤类型以潮土类中的潮土亚类为主。土壤表层质地以轻壤和中壤为主,有少量沙壤。土体构型以壤均质、壤质黏心、壤质黏腰为主,部分地区为壤质沙心、壤质沙底和沙壤均质。微地貌以缓平坡地、河滩高地和河间浅平洼地为主,含有少量背河槽状洼地。土层深厚,土壤理化性状良好,基本无盐渍化现象,可耕性强。地下水矿化度大部分为0.5～2g/L,为弱矿化度水,农田水利设施较为完善,灌排条件较好,灌溉保证率在75%以上。二级地养分含量见表6-6。

表6-6　　二级地主要养分含量

项　目	平均值	范围值	含量水平
有机质(g/kg)	14.2	10.6～31.7	中等偏高
有效磷(mg/kg)	30.7	10.4～123.9	中等偏高
速效钾(mg/kg)	113	35～225	中等
缓效钾(mg/kg)	725	628～848	中等偏低
碱解氮(mg/kg)	90	48～183	中等偏低
交换性钙(mg/kg)	13360	7230～24910	中等
交换性镁(mg/kg)	630	340～1070	中等
有效硫(mg/kg)	67.69	16.84～250.93	较丰富
有效锌(mg/kg)	1.09	0.27～2.14	中等丰富
有效硼(mg/kg)	0.82	0.1～1.7	中等丰富
有效铜(mg/kg)	1.15	0.5～2.18	较丰富

续表

项　目	平均值	范围值	含量水平
有效锰(mg/kg)	7.44	0.75～17.22	中等
有效钼(mg/kg)	0.17	0.02～0.56	中等
有效铁(mg/kg)	9.22	1.15～26.97	中等丰富

(三)存在问题

一是部分地区土体构型夹沙或沙均质,保肥、保水能力差,存在漏水、漏肥情况;二是梁村镇地下水矿化度偏高,有盐渍化危害,姜店镇和杨屯镇也有盐渍化威胁;三是土壤养分不均衡,其中速效钾、碱解氮和缓效钾含量偏低;四是大量施用化肥(特别是磷酸二铵和尿素),有机肥、钾肥和复合肥或复混肥施用量不足,导致土壤肥力降低。

(四)改良利用措施

二级地以种植小麦、玉米为主,综合性状良好,生产性能较好,养分含量中等偏上,耕地限制因素比较单一,稍加改良产量可明显增加。

1.增施有机肥料,推广小麦、玉米秸秆还田,培肥地力,改良土体构型。

2.与农田基础建设相结合,兴修水利,尽量不利用矿化度较大的地下水灌溉农田,杜绝大水漫灌等不科学的灌溉方式。

3.增施氮肥、钾肥,补施锌肥、硼肥等微肥,使耕地养分均衡增加。

4.鼓励农民深耕改土,隔2～3年深耕一次,深度在20cm以上,消除土壤板结和障碍层次。

三、三级地

(一)面积与分布

三级地综合评价指数为0.84～0.87,耕地面积9809hm^2,占全县总耕地面积的15.72%,全部为水浇地(见表6-7)。调查近三年实际的粮食产量生产能力,统一折算成小麦、玉米一年两作,则年平均产量为14250kg/hm^2(即950$kg/667m^2$)。

表6-7　三级地各土地利用类型面积

利用类型	评价单元(个)	面积(hm^2)	占总耕地面积(%)	占三级地面积(%)
水浇地	1140	9809	15.72	100

三级耕地主要分布在梁村镇、姜店镇、赵寨子镇、固河镇和卅里铺镇,其中以梁村镇和姜店镇所占面积最大,分别为1811.02hm^2和1533.23hm^2,共占三级地面积的34.09%。尹集镇、杨屯镇、鱼邱湖街道办事处、清平镇和人和街道办事处等有少量零星分布。

(二)主要属性分析

三级地土壤主要为潮土和褐土化潮土,含有少量盐化潮土和冲积固定风沙土。耕层质地以轻壤和中壤为主,伴有少量的沙壤和沙土。土体构型主要为壤均质、壤质黏腰、壤质黏心、壤质黏底、壤质沙心、壤质沙腰和壤质沙底。微地貌类型为古河床高地、河滩高地、河间浅平洼地、缓平坡地和背河槽状洼地。土壤理化性质较好，农田基础设施良好，灌排能力较好，灌溉保证率在50%以上。地下水矿化度多为2～5g/L，有轻度和中度盐渍化现象。三级地养分含量见表6-8。

表6-8　三级地主要养分含量

项　目	平均值	范围值	含量水平
有机质(g/kg)	13.4	8.3～26.3	中等偏高
有效磷(mg/kg)	29.2	9.5～88.5	中等偏高
速效钾(mg/kg)	112	33～311	中等
缓效钾(mg/kg)	726	102～878	中等偏低
碱解氮(mg/kg)	88	40～281	中等偏低
交换性钙(mg/kg)	12710	8520～24800	中等
交换性镁(mg/kg)	610	360～1060	中等
有效硫(mg/kg)	68.17	17.31～257.76	较丰富
有效锌(mg/kg)	1.07	0.49～2.94	中等偏高
有效硼(mg/kg)	0.84	0.09～1.75	中等
有效铜(mg/kg)	1.14	0.59～2.25	中等丰富
有效锰(mg/kg)	7.44	0.6～14.32	中等
有效钼(mg/kg)	0.17	0.02～0.52	中等
有效铁(mg/kg)	9.34	1.32～19.9	中等

(三)存在问题

一是部分耕地质地为沙壤或沙土，容易造成养分的流失，同时少部分耕地土壤偏黏，透水、透气性差，不利于作物的生长；二是地下水矿化度偏高，有盐碱化威胁，影响作物的正常生长；三是养分含量中等偏低，变幅大，且分布不平衡。

(四)改良利用措施

1.增施有机肥料，一方面可以培肥地力，另一方面可以改善土壤中偏沙的状况，有条件的提倡进行粮棉轮作，搞好小麦、玉米秸秆还田，逐步提高土壤有机质含量。

2.增施钾肥，棉田要补施硼肥。

3.合理耕作与灌溉，逐步消除土壤盐渍化，保障作物的正常生长；兴修水利，不用矿化度较大的地下水灌溉农田。

四、四级地

(一)面积与分布

四级地综合评价指数为0.8～0.84，耕地面积为15643.23hm^2，占全县总耕地面积的25.07%，全部为水浇地(见表6-9)。调查近三年实际的粮食产量生产能力，统一折算成小麦、玉米一年两作，则年平均产量为 13500kg/hm²(即 900kg/667m²)。

表 6-9　　四级地各土地利用类型面积

利用类型	评价单元(个)	面积(hm²)	占总耕地面积(%)	占四级地面积(%)
水浇地	1737	15643.23	25.07	100

四级地主要分布在梁村镇、尹集镇、清平镇、固河镇、卅里铺镇、赵寨子镇、汇鑫街道办事处和姜店镇，其中以梁村镇和尹集镇分布面积最大，分别为 2796.74hm² 和 2428.88hm²，占四级地面积的 17.88%和 15.53%。鱼邱湖街道办事处、人和街道办事处、杨屯镇和经济技术开发区等有少量零星分布。

（二）主要属性分析

四级地土壤有潮土、褐土化潮土、盐化潮土和冲积固定风沙土，表层质地为沙土、沙壤和轻壤。土体构型主要为壤均质、沙均质、壤质黏心、壤质黏腰、壤质沙心和壤质沙底，土体构型中夹沙层次比较明显。微地貌类型主要为缓平坡地和背河槽状洼地，还有少量古河床高地、沙质河槽地和河滩高地。土壤中明显存在轻度和中度盐渍化现象，地下水矿化度主要为 2～5g/L。农田基础设施较好，灌排能力良好，灌溉保证率在 50%以上。四级地养分含量见表 6-10。

表 6-10　　四级地主要养分含量

项　目	平均值	范围值	含量水平
有机质(g/kg)	12.2	5.8～28.3	中等偏低
有效磷(mg/kg)	24.2	6.8～103.1	中等
速效钾(mg/kg)	107	28～303	中等偏低
缓效钾(mg/kg)	727	176～867	中等偏低
碱解氮(mg/kg)	83	37～255	偏低
交换性钙(mg/kg)	12090	7170～21070	中等
交换性镁(mg/kg)	580	350～1020	中等
有效硫(mg/kg)	61.76	17.2～292.21	中等、丰富
有效锌(mg/kg)	1.03	0.41～2.83	中等、丰富
有效硼(mg/kg)	0.78	0.09～1.74	中等
有效铜(mg/kg)	1.09	0.5～2.19	较丰富
有效锰(mg/kg)	6.92	0.65～13.47	中等
有效钼(mg/kg)	0.15	0.02～0.54	中等、缺乏
有效铁(mg/kg)	9.03	1.37～18.55	中等

(三)存在问题

一是土体构型中有较多的壤质沙心和沙均质,存在漏水、漏肥现象,同时还有少量的壤质黏腰或壤质黏心,土壤通透性较差,对作物生长不利;二是土壤轻度盐渍化较为明显,影响作物的生长;三是部分镇地下水矿化度偏高;四是土壤养分含量基本处于全县平均含量水平,有效磷和速效钾含量偏低。

(四)改良利用措施

1.增施有机肥,隔2～3年深耕一次,从而改良土壤表层质地和土体构型,提高土壤的物理化学性能。

2.利用弱矿化水、淡水资源,合理灌溉,避免大水漫灌。

3.加强农田基础设施的完善和维护管理,提高灌溉保证率。

4.增施或补施钾肥和磷肥,进一步提高作物产量。

五、五级地

(一)面积与分布

五级地综合评价指数为0.76～0.8,耕地面积为11237.92hm²,占全县总耕地面积的18.01%,全部为水浇地(见表6-11)。调查近三年实际的粮食产量生产能力,统一折算成小麦、玉米一年两作,则年平均产量为12150kg/hm²(即810kg/667m²)。

表6-11　　五级地各耕地用地类型面积

利用类型	评价单元(个)	面积(hm²)	占总耕地面积(%)	占五级地面积(%)
水浇地	1231	11237.92	18.01	100

五级地主要分布在尹集镇、汇鑫街道办事处、清平镇、固河镇和赵寨子镇,其中尹集镇分布面积最大,为2072.21hm²,占该镇耕地面积的33.14%,卅里铺镇、梁村镇、人和街道办事处、鱼邱湖街道办事处、杨屯镇和姜店镇等镇有少量或零星分布。

(二)主要属性分析

五级地土壤类型主要为冲积固定风沙土和盐化潮土。土壤表层质地以轻壤、沙壤、沙土为主。土体构型主要为壤均质、沙均质、壤质黏心、壤质黏腰、壤质沙心和壤质沙腰。土壤中存在明显的夹沙层次。微地貌类型主要为古河床高地、河滩高地和沙质河槽地。灌溉保证率在40%以上。地下水矿化度主要为0.5～2g/L,为弱度矿化水,同时有部分大于2g/L的中度和强度矿化水,地表有不同程度的返盐现象。土壤有效磷和速效钾含量偏低(见表6-12)。

表6-12　　五级地主要养分含量

项　目	平均值	范围值	含量水平
有机质(g/kg)	10.6	5.5～16.2	偏低
有效磷(mg/kg)	21.2	6.1～114.1	中等偏低
速效钾(mg/kg)	97	16～255	偏低

续表

项　目	平均值	范围值	含量水平
缓效钾(mg/kg)	720	386～877	中等偏低
碱解氮(mg/kg)	76	23～158	偏低
交换性钙(mg/kg)	11680	7150～20850	中等
交换性镁(mg/kg)	560	330～830	中等偏低
有效硫(mg/kg)	60.3	17.98～306.05	中等
有效锌(mg/kg)	1.01	0.4～2.27	中等丰富
有效硼(mg/kg)	0.76	0.08～1.57	中等
有效铜(mg/kg)	1.07	0.54～2.11	较丰富
有效锰(mg/kg)	6.44	0.55～14.16	中等
有效钼(mg/kg)	0.16	0.03～0.51	中等缺乏
有效铁(mg/kg)	8.84	0.9～18.58	中等

(三)存在主要问题

一是土壤构型中存在夹沙层或沙均质,理化性状不良,土壤保水、保肥能力差,影响作物生长;二是土壤盐渍化较为明显,地下水矿化度偏高;三是灌溉保证率偏低,需要进一步提高;四是土壤养分含量整体有待提高,对作物产量影响较大。

(四)改良利用措施

1.多施用有机肥,搞好秸秆还田,提高土壤肥力。

2.搞好农田基本建设,改善灌溉条件,提高灌溉保证率。

3.在作物生长期增施各种主要养分,促进作物的稳产和增产。

4.调整种植业结构,改善生态环境。

5.完善排水系统,对地势低洼的盐碱地块,通过挖排水沟,雨后及时排出地面积水,带走部分土壤盐分,也可通过排水降低地下水位。

六、六级地

(一)面积与分布

六级地综合评价指数低于0.76,耕地面积仅为3438.14hm^2,占总耕地面积的5.51%,全部为水浇地(见表6-13)。调查近三年实际的粮食产量生产能力,统一折算成小麦、玉米一年两作,则年平均产量为11250kg/hm^2(即750kg/667m^2)。

表 6-13 六级地各耕地用地类型面积

利用类型	评价单元(个)	面积(hm^2)	占总耕地面积(%)	占六级地面积(%)
水浇地	392	3438.14	5.51	100

六级地主要分布在卅里铺镇、清平镇、固河镇和汇鑫街道办事处，其中卅里铺镇面积最大，尹集镇、赵寨子镇、梁村镇、杨屯镇和姜店镇等镇也有零星分布。

(二)主要属性分析

六级地土壤类型主要是褐土化潮土、冲积固定风沙土和潮盐土。土壤表层质地以沙土和沙壤为主，有少量轻壤和中壤土。土体构型主要为沙均质、壤均质、壤质黏腰、壤质黏心、壤质沙腰和壤质沙心。微地貌类型有古河床高地、沙质河槽地、河滩高地和背河槽状洼地。地下水以 2～5g/L 的矿化度水为主，有少部分存在中度和重度盐碱化现象。灌溉保证率在 55%以上。土壤养分中有机质、有效磷和速效钾含量较低(见表 6-14)。

表 6-14 六级地主要养分含量

项　目	平均值	范围值	含量水平
有机质(g/kg)	8.7	3.6～13.8	缺乏
有效磷(mg/kg)	20	5.7～50.3	中等偏低
速效钾(mg/kg)	80	17～279	偏低
缓效钾(mg/kg)	709	505～862	中等偏低
碱解氮(mg/kg)	73	19.9～206	偏低
交换性钙(mg/kg)	11210	7690～16400	中等偏低
交换性镁(mg/kg)	520	350～740	中等偏低
有效硫(mg/kg)	59.01	19.03～222.69	中等
有效锌(mg/kg)	0.91	0.44～1.68	中等
有效硼(mg/kg)	0.68	0.09～1.41	中等
有效铜(mg/kg)	0.96	0.41～1.71	中等
有效锰(mg/kg)	5.71	0.58～11.81	中等、缺乏
有效钼(mg/kg)	0.16	0.05～0.49	中等、缺乏
有效铁(mg/kg)	8.39	4.09～17.9	中等

(三)存在的主要问题

一是土壤以沙壤或沙土为主，保水、保肥能力较差，影响作物生长；二是农田的灌溉水平较低，部分无灌溉条件，难以满足大田作物生长的需要；三是地下水位较高，土壤存在盐碱化威胁；四是土壤养分普遍较低，制约作物的生长和发育。

(四)改良利用措施

1. 加强对农田基础设施的建设和维护，提高灌溉保证率。

2.利用地下水资源合理灌溉，避免盐分在土壤表层的大量积累，加剧土壤盐渍化。

3.增施无机和有机肥料，改善土壤贫瘠的状况。

4.多施用有机肥，培肥地力，改善土壤的理化性质。

5.完善排水系统，对地势低洼的盐碱地块，通过挖排水沟，雨后可及时排出地面积水，带走部分土壤盐分，也可通过排水降低地下水位。

6.种植耐盐碱的作物，地膜覆盖。

第二篇　耕地改良与利用对策

第七章　耕地资源合理利用与改良

第一节　耕地改良利用分区原则与分区系统

耕地是农业生产和农业可持续发展的重要基础。耕地维持着作物生产力、影响着环境的质量和动植物甚至人类的健康。自 1983～1985 年第二次土壤普查以来，随着农村经营体制、耕作制度、作物品种、种植结构、产量水平和肥料施用等方面的显著变化，耕地利用状况也发生了明显改变。近年来，虽然对部分耕地实施了地力监测，但至今对区域中低产耕地状况及其障碍因素等缺乏系统性、实用性的调查分析，使耕地利用与改良难以适应新形势下农业生产发展的要求。因此，开展区域耕地地力调查评价，摸清区域中低产耕地状况及其障碍因素，有的放矢地开展中低产耕地的科学改良利用，挖掘区域耕地的生产潜力，对于高唐县耕地资源的可持续利用具有十分重要的意义。

一、耕地改良利用分区的原则

耕地改良利用分区的基本原则是：从耕地自然条件出发，主导性、综合性、实用性和可操作性相结合，按照因地制宜、因土适用、合理利用和配置耕地资源，充分发挥各类耕地的生产潜力，坚持用地与养地相结合、近期与长远相结合的原则进行。以土壤组合类型、肥力水平、改良方向和主要改良措施的一致性为主要依据，同时考虑地貌、气候、水文和生态等条件以及植被类型，参照历史与现状等因素综合考虑进行分区。

二、耕地改良利用分区系统

根据耕地改良利用原则，将影响耕地利用的各类限制因素归纳为耕地自然环境要素、耕地土壤养分要素和耕地土壤物理要素，将全县耕地改良利用划分为 3 个改良利用类型区，即：耕地自然环境条件改良利用区、耕地土壤培肥改良利用区、耕地土体整治改良利用区，并分别用大写字母 E、N 和 P 表示。各改良利用类型区内，再根据相应的限制性主导因子，续分为相应的改良利用亚类。

第二节 耕地改良利用分区方法

一、耕地改良利用分区因子的确定

耕地改良利用分区因子是指参与评定改良利用分区类型的耕地诸属性。由于影响的因素很多，根据耕地地力评价，遵循主导因素原则、差异性原则、稳定性原则、敏感性原则，进行了限制性主导因素的选取。考虑与耕地地力评价中评价因素的一致性，各土壤养分的丰缺状况及其相关要素的变异情况，选取耕地土壤有机质含量、耕地土壤有效磷含量、耕地土壤速效钾含量、耕地土壤有效锌含量和耕地土壤有效硼含量因素作为耕地土壤养分状况的限制性主导因子；选取灌溉保证率、盐渍化水平作为耕地自然环境状况的限制性主导因子；选取耕层质地条件和土体构型条件作为耕地土壤物理状况的限制性主导因子。

二、耕地改良利用分区标准

依据农业部《全国中低产田类型划分与改良技术规范》，根据山东省各县区耕地地力评价资料，综合分析目前全省各耕地改良利用因素的现状水平，同时针对影响高唐县耕地利用水平的主要因素，邀请具有土壤管理经验的相关专家进行分析，制定了耕地改良利用各主导因子的分区及其耕地改良利用类型的确定标准，具体分级标准见表 7-1。

表 7-1 耕地改良利用主导因子分区标准

耕地改良利用区划	限制因子	代号	分区标准
耕地土壤培肥改良利用区(N)	有机质(o,g/kg)	No	＜12
	有效磷(p,mg/kg)	Np	＜15
	速效钾(k,mg/kg)	Nk	＜100
	有效锌(zn,mg/kg)	Nzn	＜0.5
	有效硼(b,mg/kg)	Nb	＜0.5
耕地自然环境条件改良利用区(E)	灌溉保证(i,%)	Ei	灌溉保障率低于 50%
	盐渍化(s)	Es	盐渍化程度轻度以上
耕地土体整治改良利用区(P)	耕层质地(t)	Pt	沙土、沙壤
	土体构型(c)	Pc	土体中有障碍层次

三、耕地改良利用分区方法

在 GIS 支持下，利用耕地地力评价单元图，根据耕地改良利用各主导因子分区标准在其相应的属性库中进行检索分析，确定各单元相应的耕地改良利用类型，通过图面编辑生成耕地改良利用分区图，并统计各类型面积比例。

第三节 耕地改良利用分区专题图的生成

一、耕地土壤培肥改良利用分区图的生成

根据耕地土壤养分限制因素分区标准把高唐县耕地有机质分为两类，即有机质改良利用区和有机质非改良利用区，有机质改良利用区以代号 No 标注；同样，有效磷改良利用区用代号 Np 标注，速效钾改良利用区用代号 Nk 标注，有效锌改良利用区用符号 Nzn 标注，有效硼改良利用区用代号 Nb 表示，编辑生成耕地土壤培肥改良利用分区图（见图 7-1）。

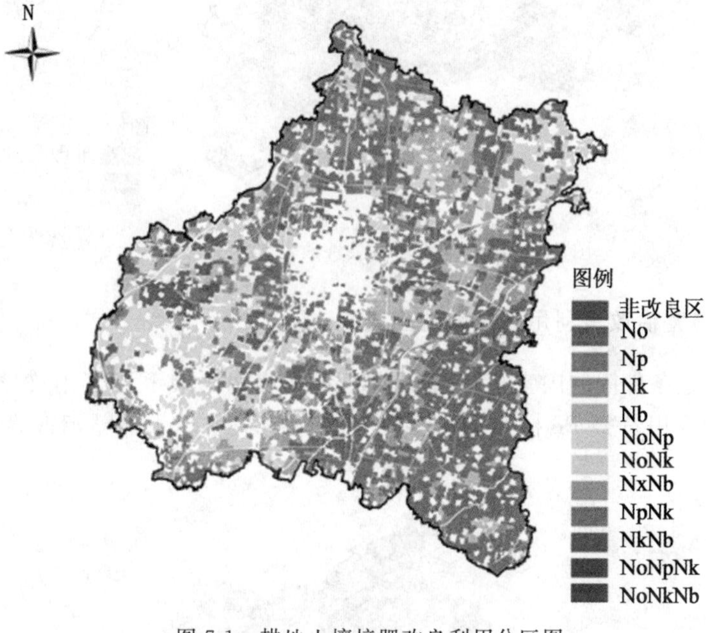

图 7-1　耕地土壤培肥改良利用分区图

二、耕地自然环境条件改良利用分区图的生成

根据耕地自然环境条件限制因素分区标准进行高唐县耕地改良利用分区。灌溉保证条件分为灌溉保证条件改良利用区和灌溉保证条件非改良利用区，改良利用区用代号 Ei 标注；盐渍化程度分为盐渍化改良利用区和非改良利用区，盐渍化改良利用区以代号 Es 标注。在 GIS 下检索生成耕地自然环境条件改良利用分区图（见图 7-2）。

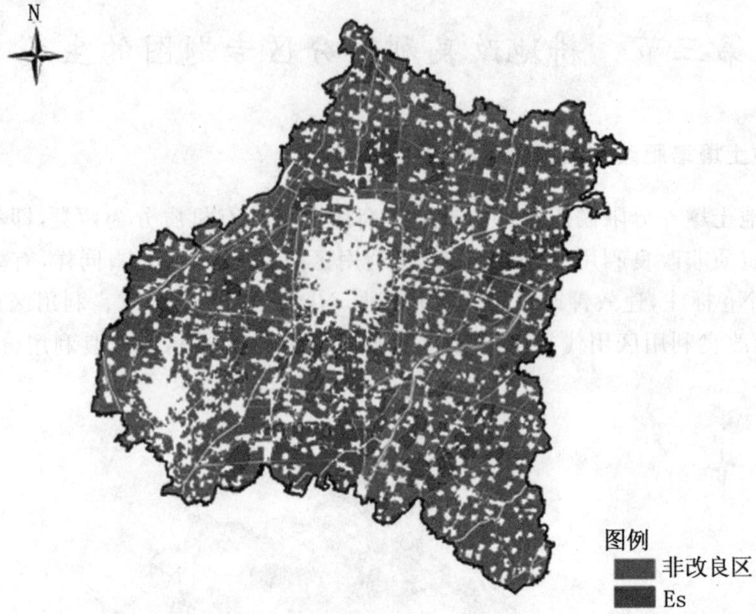

图 7-2　耕地自然环境条件改良利用分区图

三、耕地土体整治改良利用分区图的生成

根据耕地土地条件限制因素分区标准，耕层质地条件改良利用区用符号 Pt 标注，土体构型改良利用区用符号 Pc 标注。在 GIS 下检索生成耕地土体整治改良利用分区图(见图 7-3)。

图 7-3　耕地土体整治改良利用分区图

第四节 耕地改良利用分区结果分析

一、耕地土壤培肥改良利用分区面积统计及问题分析

高唐县耕地土壤培肥改良利用区各改良利用类型面积见表 7-2。

表 7-2 高唐县耕地土壤培肥改良利用分区面积统计表

改良利用分区	(有机质)No	(有效磷)Np	(速效钾)Nk	(有效硼)Nb	NoNp	NoNk
面积 (hm^2)	6924.62	1187.44	7265.26	3420.75	1421.49	11202.74
百分比(%)	11.1	1.9	11.64	5.48	2.28	17.95
改良利用分区	NoNb	NpNk	NkNb	NoNpNk	NoNkNb	非改良区
面积 (hm^2)	953.41	769.98	1324.48	2545.8	1132.16	24249.87
百分比(%)	1.53	1.23	2.12	4.08	1.81	38.86

由图 7-1 和表 7-2 可以看出，高唐县土壤养分状况较差，非改良区耕地面积为 24249.87hm^2，从西北部到东南部，面积最大，占耕地总面积的 38.86%。需要培肥改良的土地在县域内成片或集中分布。其中缺乏有机质的耕地面积为 24180.22hm^2，占耕地总面积的 38.75%；缺少磷肥的耕地面积为5924.71hm^2，占耕地总面积的 9.49%；缺乏钾肥的耕地面积为 24240.42hm^2，占耕地总面积的 38.83%；缺乏硼肥的耕地面积为 6830.8hm^2，占耕地总面积的 10.94%。缺乏两种养分的耕地面积为 15672.1hm^2，占耕地总面积的25.11%；缺乏三种养分的耕地面积为 3677.96hm^2，占耕地总面积的 5.89%。从各类型面积比例看出，高唐县耕地土壤培肥改良的主要方向为有针对性地增施有机肥料和钾肥。

二、耕地自然环境条件改良利用分区面积统计及问题分析

高唐县耕地自然环境条件改良利用区各改良利用类型面积见表 7-3。

表 7-3 高唐县耕地自然环境条件改良利用分区面积统计表

改良利用分区	Es	非改良区
面积 (hm^2)	9040.52	53357.48
百分比(%)	14.49	85.51

由图 7-2 和表 7-3 可以看出，高唐县耕地自然环境条件较好，地形平坦，灌溉条件较好，不需改良的耕地面积达到 53357.48hm^2，占耕地总面积的85.51%。需要改良的面积仅占总面积的 14.49%，在高唐县境内成片分布。高唐县耕地自然环境条件改良利用的主要方向为改善灌溉方式，防止土壤的次生盐渍化。

三、耕地土体整治改良利用分区面积统计及问题分析

高唐县耕地土体整治改良利用区各改良利用类型面积见表7-4。

表 7-4 高唐县耕地土体整治改良利用分区面积统计表

改良利用分区	Pt	Pc	PtPc	非改良区
面积（hm^2）	3779.98	1842.44	18847.6	37638.12
百分比(%)	6.06	2.95	30.21	60.32

由图 7-3 和表 7-4 可以看出，高唐县耕层土壤质地一般，主要是高唐县地处黄河下游冲积平原，部分地区耕层以沙土或沙壤为主。需要改良的耕地也主要集中在沙质土壤或含有夹沙层的土壤。质地需要改良的耕地面积为 22627.58hm^2，占耕地总面积的36.27%。土体构型需要改良的耕地面积为 20690.04hm^2，占耕地总面积的 33.16%。所以，高唐县土体整治的重点应是着力改善土壤偏沙的特点，宜采取秸秆还田、增施有机肥料、深耕等措施，改良偏沙的土壤表层质地及不良的土体结构，这将是高唐县耕地土体整治改良的主要方向。

第五节 耕地改良利用对策及措施

一、增加经济投入，加大耕地保护力度

农业是既要承担自然风险又有市场风险的弱质产业，保护农业是国民经济发展中面临的重大问题。由于调控体制不健全，受比较利益驱使，各层次资金投入重点向非农业倾斜，资金投入不足已成为农业生产发展的主要制约因素。要达到农业增产的途径就要增加耕地投入，加强中低产田改造，不断提高耕地的质量，从而提高耕地利用的经济效益。高唐县宜进一步加强对耕地改良利用的投入，通过对耕地的改良逐步消除制约耕地生产力的限制因素，培肥地力，改善农业生产条件和农田生态环境。

二、平衡施肥，用养结合，增施有机肥料，培肥地力

长期以来，高唐县在耕地开发利用上重利用、轻培肥，重化肥、轻有机肥，虽然全县化肥的施用量逐年增加，但有机肥投入量却逐年减少，且投入的化肥以氮肥、磷肥为主。引起土壤养分，特别是有机质含量的下降和矿质养分的失衡，导致耕地肥力下降。因此，要持续提高中低产耕地的基础地力，为农作物生长创造高产基础，必须将用土与养土妥善结合起来，广辟有机肥源，重视有机肥的施用。同时应利用中低产耕地调查评价成果，科学指导化肥的调配，采用科学优化平衡施肥，重视合理增施有机肥、钾肥及微肥，不断培肥地力，实现中低产耕地资源的持续利用。

三、加强水利建设，改善灌溉条件，注重盐碱地的改良

水是作物生长的必要条件，灌排条件与耕地的基础地力有着密切的关系，因而可以通

过采取以下措施来实现自然降水的空间聚集，改善区域农田的土壤水分状况，推广节水灌溉技术，改善和扩大灌溉面积。

1. 健全灌溉工程，改善灌区输水、配水设备，加强灌溉作业管理，改进地面灌溉技术，采用增产、增值的节水灌溉方法和灌溉技术。加强水利建设，修筑田埂，防止水土冲刷；安排好水利规划，修好水渠，防止渗漏，加强管理，提高引灌水的利用率。

2. 人工富集天然降水，建造大、中、小型蓄水池、塘等蓄水体系，将集纳雨水、拦截径流和蓄水有效结合起来，在作物需水的关键时期进行灌溉，解决作物的需求和降水错位的矛盾，以充分发挥水分的增产效果。

3. 改善土壤结构，增加土壤的蓄水能力，通过对土壤增施有机物料（如施用有机肥、秸秆还田等）和应用土壤改良剂，改良土壤结构，增强土壤结构的稳定性，提高土壤对降水的入渗速率和持水量。

四、采用农业措施改良土壤质地，改善土体结构

高唐县耕地土壤限制性因素主要为耕层土壤沙化，可以采用以肥改沙的方法，一方面增加土壤中养分含量，另一方面增加土壤中的有机胶体，对改良土壤沙化和提高土壤肥力有显著的作用。此外选择适宜性的作物种植，既能改善土壤性质又能获得较好的经济效益。因此，因地制宜地发展当地名优产品，是适应自然、提高经济效益的有效措施。

五、集约化利用耕地资源，发展生态型可持续农业，改善生态环境

耕地生态环境质量的高低是保证农作物持续稳产、高产、优质、高效的重要前提。根据高唐县资源优势以及生态环境的特点，因地制宜地利用耕地资源，通过合理轮作、科学间套种等措施，增加复种指数，努力提高耕地资源的利用率；注重多物种、多层次、多时序、多种产业的有机结合，农、林、牧、副、渔并举，建立生态型可持续农业系统，达到经济、生态和社会效益的高度统一。此外，应重新审视耕地承包到户政策所致的耕地经营权分散在新形势下出现的不利于耕地资源规模集约经营的缺点，努力探讨建立“公司＋农户”或各种专业化合作组织等耕地规模集约经营模式，提高全县耕地资源的集约经营和经济效益。

第八章　耕地资源合理利用

第一节　耕地资源的现状与特征

一、总量严重不足

近几年，随着经济建设的快速发展，高唐县城市化进程也在大步伐推进，城市建设、工业企业用地、交通建设、水利设施占地不断增加，城乡居民住房条件不断改善，住宅建设全面展开，使耕地面积逐年减少，农业生产可利用面积逐年萎缩，农业生产发展空间受到制约。随着社会的不断发展，各项建设不可避免地仍要占用耕地，人地矛盾将更加突出。

二、土地资源配置不合理

当前虽然耕地十分紧张，但仍存在土地资源利用不够充分的问题。一是耕地改作他用，浪费了耕地资源。二是建设用地批而不用、批而不建以及废弃闲置等圈地荒废现象时有发生，农村老宅基长期闲置问题严重，浪费了宝贵的土地资源。

三、耕地质量不高

一是土壤肥力水平较低，养分不均衡，土壤产出能力较差。在农业生产中肥料用量不合理，施肥技术不科学，只注重施用化学肥料，忽视了有机肥料；只注重施用氮、磷肥料，忽视了钾肥及微量元素肥料，破坏了土壤结构和土壤养分平衡，影响了土壤肥力的提高。二是耕地障碍因素较多，影响种植业生产。三是耕地综合生产能力差，农田基础设施等影响农业持续发展的限制因素多，后劲严重不足。

四、耕地资源污染

目前，高唐县部分耕地存在一定程度的污染，这是农业稳定发展中不可忽视的重要限制因素。造成耕地土壤污染的原因主要有两个方面：一是农业本身的污染，随着现代农业的进一步发展，农药、化肥、农膜的使用进一步增加，许多不降解和难降解的有机化学物质通过土壤的堆积累积起来，造成巨大污染。二是工业废水的污染。耕地污染导致环境的退化，必须采取有力措施从根本上来解决污染问题。

第二节 耕地合理利用的对策

一、提高土地利用率，发挥土地的生产潜能

在土地供给有限、人地矛盾突出的情况下，城市化建设和发展必须遵循科学规划、合理布局的原则，优化用地结构，实现可持续发展。

节约集约，转变土地利用方式。重大基础设施建设和基础产业布局要科学规划、合理布局，避免重复建设，浪费土地资源。应按照节约集约的原则，优化用地结构，压缩占地规模，控制城市盲目扩张，合理安排基础设施建设。

挖掘土地潜力，拓展城市建设用地新空间。鼓励通过整理、复垦和开发补充耕地，提高现有建设用地利用率，优先开发利用城市建设用地中空闲、空置和批而未建的土地。

在保护耕地数量的同时，特别要保护耕地质量。保护耕地质量不仅为确保粮食安全提供了资源基础，还直接关系到所在地区的经济增长、社会稳定和生态建设。因此，基建占地力求避开富含有机质的高肥力土壤，田间取土、平整土地也应注意保留多年培肥熟化的耕层表土。

加大种植制度改革和种植业结构调整力度，推广间作套种、立体种植及一年两收、两年三作等高产高效、轮作换茬模式。

二、合理配置耕地资源，优化农业产业结构

依靠科技，提升农业资源循环利用水平。根据作物不同生育时期对肥料种类及用量的不同需求，结合土壤营养状况，研究有机肥和化肥的施用方法，做到既改善土壤质地，又节约肥料资源，还保护生态环境。要研究更加科学的有机肥和化肥的平衡技术，优化良性循环的农田生态系统。

三、防治耕地污染、保护耕地环境

耕地是土地的精华，是数量和质量的统一。质量的下降和数量的减少对农业生产的危害实质上是相同的。而耕地质量下降主要表现为耕地污染、重金属的污染、污水灌溉等废弃物造成的大面积农田土壤污染、农药污染等，都是生态环境退化的重要原因。因此，必须采取相应对策来遏制环境污染的发展。

（一）大力提高人口素质，加强生态、环境及科技知识的普及

多年来，为满足人口迅速增长的需要，对土地资源采取掠夺式的开发经营，打破了人与环境的平衡关系。为提高农业产量，盲目、大量地施用化肥、农药，造成了生态环境的恶化。因此，必须大力提高人口素质，加强生态、环境及科技知识的普及教育。

（二）加强法制观念，对土地资源进行合理利用和保护

认真学习有关土地、水、环境等方面开发、利用和保护的法律、法规，依照法律、法规，合理开发、利用和保护资源环境。一是加强法制观念，遏制企业对环境的污染破坏，坚决关停污染严重的企业。二是增施有机肥，以改良土壤，活化土壤微生物，有效增加土壤的

吸收容量和缓冲能力，增大对污染物的吸附和降解能力。三是发展农作物病虫害的生物防治，做到既提高农作物的产量和品质，又避免了环境的污染。

（三）积极引进农业高新技术，发展生态农业

在高唐县，重点做了以下几个方面的工作：一是加大推广生态农业技术，包括生物肥料、缓控释肥料等新型肥料，有机肥料、可降解农膜等新材料技术，配方施肥技术、废弃物沼气处理技术、秸秆综合利用技术等新技术。二是优良作物品种的选育，农作物品种的好坏直接影响着农作物的产量和品质。因此，选育农作物的优良品种，是提高单位面积产量的有效措施。三是大力发展生态农业，建立生态环境预警系统，积极创建绿色食品、有机食品的示范基地和品牌。只有从具体的技术问题入手，才能实现经济的健康发展、资源的合理利用及生态环境的有效保护。

（四）实施平衡施肥，提升地力

长期定位试验证明，合理的氮、磷、钾配合比例对协调土壤供肥能力和作物产量的关系有很重要的意义；合理的氮肥、磷肥、钾肥的利用率有很重要的理论和现实意义；合理的氮肥、磷肥配合比例也有利于减少施肥对环境的污染。另外，通过秸秆还田、以高产田秸秆培肥低产田、改善有机肥料还田程序等措施增加土壤有机质含量，也是提升地力的有效方式。

第三篇　耕地培肥与可持续利用

第九章　测土配方施肥指标体系的建立

测土配方施肥是以肥料田间试验和土壤测试为基础，根据作物需肥规律、土壤供肥性能和肥料效应，在合理施用有机肥料基础上，提出氮、磷、钾及中微量元素等肥料的施用品种、数量、施肥时期和施用方法的一套施肥技术体系。

测土配方施肥包括土样采集检测、确定肥料配方、配方肥生产、配方肥供应、施肥技术指导5个环节。其中，确定科学合理的肥料配方是关键，确定肥料配方又要以测土配方施肥的技术指标体系作为技术支撑，所以说测土配方施肥的技术核心是建立施肥指标体系。因此，必须通过大量的试验建立和完善不同作物的测土配方施肥指标体系。

第一节　肥料田间试验方案设计

一、肥料田间试验实施的基本情况

高唐县测土配方施肥试验主要采用“3414”完全试验设计、“3414”不完全试验设计以及田间校正试验。

“3414”是指氮、磷、钾3个因素，4个水平，14个处理。该方案设计吸收了回归最优设计中处理少、效率高的优点，是这次测土配方施肥推荐使用的田间试验方案。4个水平的含义：“0水平”指不施肥，“2水平”指当地最佳施肥量的近似值，“1水平”为“2水平”×0.5，“3水平”为“2水平”×1.5(该水平为过量施肥水平)，见表9-1。该方案除了可应用14个处理进行氮、磷、钾三元二次效应方程的拟合以外，还可进行氮、磷、钾中任意二元或一元效应方程的拟合。例如，进行氮、磷二元效应方程拟合时，可选用处理2～7、11、12，可求得以K_2水平为基础的氮、磷二元二次效应方程。

表 9-1　　"3414"试验方案处理

试验编号	处理	N	P	K
1	$N_0P_0K_0$	0	0	0
2	$N_0P_2K_2$	0	2	2
3	$N_1P_2K_2$	1	2	2
4	$N_2P_0K_2$	2	0	2
5	$N_2P_1K_2$	2	1	2
6	$N_2P_2K_2$	2	2	2
7	$N_2P_3K_2$	2	3	2
8	$N_2P_2K_0$	2	2	0
9	$N_2P_2K_1$	2	2	1
10	$N_2P_2K_3$	2	2	3
11	$N_3P_2K_2$	3	2	2
12	$N_1P_1K_2$	1	1	2
13	$N_1P_2K_1$	1	2	1
14	$N_2P_1K_1$	2	1	1

自2007年以来，高唐县已经在小麦、玉米、棉花、花生和白菜等作物上完成了"3414"田间试验25处、肥效对比试验37处。

二、建立测土配方施肥指标体系的准备工作

1."3414"试验中第二个水平的确立。采用"3414"试验，其第二个水平的确定非常重要。高唐县在确定试验的"2水平"时，参考了近年来的田间试验结果，根据试验田获得的目标产量确定设计了第二个水平。

2.基、追肥施用比例。根据农户施肥情况调查，90%的农户的小麦磷肥、钾肥基本上全作为基肥施用，氮肥底、追各占50%的比例来分配；玉米普遍采用省时省工的"一炮轰"，只有近20%的农户有施用种肥的习惯；棉花施肥时，近80%的农户磷肥、钾肥全用作基肥，氮肥基、追各占一半；有20%的农户磷肥、氮肥、钾肥基、追各占一半。

近年来，高唐县耕地的土壤肥力和栽培制度已经发生了较大的变化，要使测土配方施肥试验能够指导大田生产，对传统的基肥和追肥比例进行修整是十分必要的。为此，针对基肥和追肥比例问题安排了试验进行确定。

3.重复的设置。由于"3414"完全试验占用耕地面积较大，安排重复比较困难，因此，"3414"试验没设重复。"3414"部分实施试验(一般为6个处理)设置三次重复。肥效校验试验每个处理面积在333.3m^2以上，不设重复。

4.试验地块的选择。在试验地块的选择上，注意了随机性和代表性。按照高、中、低产田大体上各占1/3的比例，选择平坦、整齐、肥力均匀、具有代表性的不同肥力水平的地

块，同时兼顾了交通便利和农户的科技水平，达到了既保证试验的准确性和代表性，同时又使试验起到了典型示范的作用。

5.基础采样。肥料试验的基础采样是试验成功的基础。所有试验都采集基础土样，每个试验点都抽取5～10个混合土壤样品，化验试验地块土壤养分含量，包括有机质、碱解氮、有效磷和速效钾。

第二节 土壤丰缺指标、施肥参数和最佳施肥量的确定

通过对"3414"试验结果资料进行统计分析，可以得出肥料利用率、土壤养分校正系数、作物养分需要量、土壤养分丰缺指标等施肥参数。

一、丰缺指标的获取

1.计算各试验中缺氮、磷、钾的相对产量。根据缺素区产量与试验设计中的最佳施肥水平下的产量计算相对产量，对"3414"试验而言：

缺氮的相对产量=[处理2($N_0P_2K_2$)产量/处理6($N_2P_2K_2$)产量]×100%

缺磷的相对产量=[处理4($N_2P_0K_2$)产量/处理6($N_2P_2K_2$)产量]×100%

缺钾的相对产量=[处理8($N_2P_2K_0$)产量/处理6($N_2P_2K_2$)产量]×100%

2.将每处试验的相对产量与土壤养分测定值配对。

3.选择回归模型，对配对数据进行回归分析，建立两者的函数关系。常用模型$y=a+b\times\ln x$或$y=x/(ax+b)$，模型选定通常以相关系数大小为依据。

4.利用函数计算相对产量分别为50%、70%、90%、95%时对应的土壤养分值。

5.依据土壤养分的分级评价标准(见表9-2)，建立土壤养分丰缺指标。

表9-2 土壤养分的分级评价标准

相对产量(%)	<50	50～70	70～90	90～95	>95
评价	极低	低	中	高	极高

二、试验参数的计算方法

1.目标产量。可采用平均单产法来确定。平均单产法利用施肥区前三年平均单产和年递增率为基础确定目标产量。其计算公式是：

目标产量(kg/hm^2)=(1+递增率)×前3年平均单产

高唐县作物产量的递增率确定为8%。

2.作物需肥量。通过对正常成熟的农作物全株养分的分析，测定各种作物100kg经济产量所需养分量，乘以目标产量即可获得作物需肥量。其计算公式是：

作物目标产量所需养分量(kg)=(目标产量/100)×100kg经济产量所需养分量

3.肥料利用率。其计算公式是：

肥料利用率(%)=[(施肥区作物吸收的养分量－不施肥区农作物吸收的养分量)/肥料养分量]×100%

4.土壤养分供给量。其计算公式是：

土壤养分供给量(kg)＝土壤养分测定值×0.15×校正系数

土壤养分测定值以 mg/kg 表示，0.15 为该养分在每亩 150 吨耕层土中换算成 $kg/667m^2$ 的系数(下同)。【注：亩耕层土壤重量＝$666.7m^2$×0.2m(耕层厚度)×土壤容重】

校正系数(%)＝缺素区作物地上部分吸收该元素量/该元素土壤测定值

5.土壤养分利用系数。其计算公式是：

土壤养分利用系数＝(不施肥区农作物养分吸收量/土壤养分测定值)×0.15

6.地力产量贡献率。其计算公式是：

地力产量贡献率(%)＝(无肥区产量/习惯施肥区产量)×100%

7.肥料产量贡献率。其计算公式是：

肥料产量贡献率(%)＝[(施肥区产量－无肥区产量)/施肥区产量]×100%

8.平衡施肥潜在增产率。其计算公式是：

平衡施肥潜在增产率(%)＝[(平衡施肥处理产量－习惯施肥区产量)/习惯施肥区产量]×100%

9.平衡施肥的纯效益。其计算公式是：

平衡施肥的产出增加值＝(平衡施肥处理产量－习惯施肥对照产量)×农产品单位价格

平衡施肥的纯效益增加值＝平衡施肥产出增加值＋平衡施肥的肥料节本值

计算施肥参数时，按试验地地力水平将各试验点归类，分别计算高、中、低肥力所有试验地块施肥参数的平均值。

三、适宜施肥量分析

不同生产条件下的适宜施肥量主要以“3414”试验结果资料的回归分析来获取。主要目的是建立产量与施肥量之间的二次回归方程，然后通过方程确定最大施肥量与最佳施肥量，根据施肥量预测产量。运用“3414”完全实施方案的 14 个处理，建立 N、P、K 三个因素与产量的三元二次效应方程，部分实施方案(或选择完全施肥方案的部分处理)可建立某一个或某两个因素与产量的一元二次或二元二次效应方程。

1.三元二次肥料效应回归分析

标准的“3414”试验的三元二次方程：

$y=b_0+b_1x_1+b_2x_2+b_3x_3+b_4x_1^2+b_5x_2^2+b_6x_3^2+b_7x_1x_2+b_8x_1x_3+b_9x_2x_3$

最高施肥量自变量 $x_j(j=1,2,3)$ 的边际效应等于 0。

$b_1+2b_4x_1+b_7x_2+b_8x_3=0$

$b_2+2b_5x_2+b_7x_1+b_9x_2=0$

$b_5+2b_6x_3+b_8x_1+b_9x_3=0$

求解上述方程组，获得最高施肥量 x_1,x_2,x_3。

最佳施肥量自变量 $x_j(j=1,2,3)$ 的边际效应等于肥料价格与产品价格比。

$b_1+2b_4x_1+b_7x_2+b_8x_3=\mathrm{P}x_1/\mathrm{P}y$

$b_2+2b_5x_2+b_7x_1+b_9x_2=\mathrm{P}x_2/\mathrm{P}y$

$b_5+2b_6x_3+b_8x_1+b_9x_3=\mathrm{P}x_3/\mathrm{P}y$

求解上述方程组，获得最佳施肥量 x_1，x_2，x_3。

本书试验数据统计分析计算采用现成的计算机软件来完成，包括利用中国肥料信息网等网络工具进行运算和利用Excel进行计算。

2.不同生产条件下的适宜施肥量分析

(1)计算不同产量水平下的最佳施肥量。将试验地块按高、中、低产量水平分类。统计计算每一产量水平所有试验地块最佳施肥量的变幅和平均值。

(2)计算不同土壤养分等级情况下的最佳施肥量。将试验地块按土壤养分等级分类。统计计算每一土壤养分等级内所有试验地块最佳施肥量的变幅和平均值。

土壤养分等级分级标准：按作物的丰缺指标分析结果分级。

第三节 小麦测土配方施肥指标体系

一、小麦主要施肥参数的分析计算

1.小麦100kg籽粒需氮量。小麦100kg籽粒需氮量参数的取得，主要是结合试验田植株全量养分(全氮、全磷、全钾)分析进行的。

一般生产100kg小麦籽粒需肥量为N(3.1±1.1)kg，P_2O_5(1.1±0.3)kg，K_2O(3.2±0.6)kg，三者比例约为2.8∶1∶3；随着产量水平的提高，小麦对氮、磷、钾的吸收总量相应增加，但随着产量水平的进一步提高，对氮的吸收量相对减少，对钾的吸收量相对增加，磷的吸收量基本稳定。

2.土壤养分利用系数。通过对高唐县肥效小区试验的土壤养分利用系数的汇总分析，小麦在土壤碱解氮50～100mg/kg、有效磷10～40mg/kg、速效钾60～110mg/kg条件下，土壤养分平均利用系数为：土壤碱解氮51.4%、有效磷52.1%、速效钾50.6%。

3.肥料利用率。通过对肥效小区试验点肥料的利用率的汇总分析，在土壤碱解氮50～100mg/kg、有效磷10～40mg/kg、速效钾60～110mg/kg条件下，高唐县肥料平均利用率为：氮肥29.6%、磷肥15.7%、钾肥40.8%。

二、小麦的最佳施肥量分析

1.磷肥最佳施用量。根据小麦试验计算出最佳施肥量。将试验地块按土壤磷素的丰缺指标和小麦不同产量水平分类汇总，统计出土壤磷素不同含量水平下最佳施肥量的平均值(见表9-3)和小麦不同产量水平(指试验中缺磷素处理区)最佳施肥量的平均值(见表9-4)。

表9-3 小麦不同磷素含量水平磷的最佳施肥量

分级标准	极低	低	中	较高	高
相对产量(%)	<50	50～75	75～90	90～95	>95
土壤磷素含量(mg/kg)	<10	10～20	20～40	40～50	>50
施肥量(kg/667m²)	5.6	6.2	6.5	4.8	3.1

表 9-4　　小麦不同产量水平磷的最佳施肥量

产量水平	低产	中产	高产
产量(kg/667m²)	<400	400～500	>500
施肥量(kg/667m²)	4.8	6	4.3

2. 钾肥最佳施用量。根据小麦试验计算出最佳施肥量。将试验地块按土壤钾素的丰缺指标和小麦不同产量水平分类汇总，统计出土壤钾素不同含量水平下最佳施肥量的平均值(见表 9-5)和小麦不同产量水平(指试验中缺钾素处理区)最佳施肥量的平均值(见表 9-6)。

表 9-5　　小麦不同钾素含量水平钾的最佳施肥量

分级标准	极低	低	中	较高	高
相对产量(%)	<50	50～75	75～90	90～95	>95
土壤钾素含量(mg/kg)	<50	50～80	80～120	120～150	>150
施肥量(kg/667m²)	3.8	4	4.5	3.8	2.4

表 9-6　　小麦不同产量水平钾的最佳施肥量

产量水平	低产	中产	高产
产量(kg/667m²)	<400	400～500	>500
施肥量(kg/667m²)	6	4.5	3.4

三、小麦测土配方施肥指标

1. 以产量确定氮素化肥施用量。由于氮素不易在土壤中积累，所以氮肥的用量以产量的高低来确定。根据小麦 100kg 籽粒需氮量计算不同产量水平下小麦整个生育期的需氮量，在作物所需的氮素中，土壤可提供 30%，有机肥可提供 20%左右，约有一半的氮素来自化肥，再根据肥料利用率计算所需的纯氮量(见表 9-7)。

表 9-7　　小麦不同产量水平氮的推荐施肥量

产量水平	低产	中产	高产
产量(kg/667m²)	<400	400～500	>500
施肥量(kg/667m²)	13.5～28.4	28.4～35.5	>35.5

2. 土壤磷素丰缺指标及磷肥推荐用量。高唐县小麦有效磷含量等级划分与土壤氮素一样，划分为 5 个等级，即极高、高、中、低、极低。处于供磷极低等级的麦田，相对产量低于 50%，土壤有效磷含量低于 10mg/kg，磷肥推荐用量为 10～12 kg/667m²；处于供磷中等级的麦田，相对产量为 75%～90%，土壤有效磷含量为 20～40mg/kg，磷肥推荐用量为 6～8kg/667m²(见表 9-8)。

表 9-8　　土壤有效磷丰缺指标及磷肥推荐用量

肥力等级	相对产量（%）	有效磷含量(mg/kg)	磷肥推荐用量($kg/667m^2$)
极高	>95	>50	1～3
高	90～95	40～50	4～6
中	75～90	20～40	6～8
低	50～75	10～20	8～10
极低	<50	<10	10～12

3.土壤钾素丰缺指标及钾肥推荐用量。同样，高唐县小麦速效钾含量等级划分为5个等级。处于供钾极低等级的麦田，相对产量低于50%，土壤速效钾含量低于50mg/kg，钾肥推荐用量为12～14$kg/667m^2$；处于供钾中等级的麦田，相对产量为75%～90%，土壤速效钾含量为80～120mg/kg，钾肥推荐用量为8～12$kg/667m^2$（见表9-9）。

表 9-9　　土壤速效钾丰缺指标及钾肥推荐用量

肥力等级	相对产量(%)	速效钾含量(mg/kg)	钾肥推荐用量($kg/667m^2$)
极高	>95	>150	1～2
高	90～95	120～150	2～4
中	75～90	80～120	5～8
低	50～75	50～80	8～12
极低	<50	<50	12～14

第四节　玉米测土配方施肥指标体系

一、玉米主要施肥参数的分析计算

1.玉米100kg籽粒需氮量。玉米100kg籽粒需氮量参数的取得，主要是结合试验田植株全量养分(全氮、全磷、全钾)分析进行的。

一般生产100kg玉米籽粒需肥量为N 2.5～4kg，P_2O_5 1.1～1.5kg，K_2O 3.2～5.5kg，三者比例约为1∶0.4∶1.3。

2.土壤养分利用系数。通过对高唐县肥效小区试验的土壤养分利用系数的汇总分析，玉米在土壤碱解氮50～100mg/kg、有效磷10～40mg/kg、速效钾60～110mg/kg条件下，土壤养分平均利用系数为：土壤碱解氮59.6%、有效磷76.2%、速效钾50.5%。

3.肥料利用率。通过对肥效小区试验地块肥料的利用率的汇总分析，在土壤碱解氮50～100mg/kg、有效磷10～40mg/kg、速效钾60～110mg/kg条件下栽培玉米，肥料平均利用率为：氮肥为28.9%、磷肥为26.7%、钾肥为43.2%。

二、玉米的最佳施肥量分析

1.磷肥最佳施用量。根据玉米试验计算出最佳施肥量。将试验地块按土壤磷素的丰缺指标和玉米不同产量水平分类汇总，统计出土壤磷素不同含量水平下最佳施肥量的平均值（见表9-10）和玉米不同产量水平（指试验中缺磷素处理区）最佳施肥量的平均值（见表9-11）。

表 9-10 玉米不同磷素含量水平磷的最佳施肥量

分级标准	极低	低	中	较高	高
相对产量（%）	<50	50～75	75～90	90～95	>95
土壤磷素含量（mg/kg）	<14	14～23	23～32	32～39	>39
施肥量（$kg/667m^2$）	5.9	6.3	7.6	5.1	3.8

表 9-11 玉米不同产量水平磷的最佳施肥量

产量水平	低产	中产	高产
产量（$kg/667m^2$）	<450	450～550	>550
施肥量（$kg/667m^2$）	6.4	6.8	5

2.钾肥最佳施用量。根据玉米试验计算出最佳施肥量。将试验地块按土壤钾素的丰缺指标和玉米不同产量水平分类汇总，统计出土壤钾素不同含量水平下最佳施肥量的平均值（见表9-12）和玉米不同产量水平（指试验中缺钾素处理区）最佳施肥量的平均值（见表9-13）。

表 9-12 玉米不同钾素含量水平钾的最佳施肥量

分级标准	极低	低	中	较高	高
相对产量（%）	<50	50～75	75～90	90～95	>95
土壤钾素含量（mg/kg）	<50	50～80	80～120	120～135	>135
施肥量（$kg/667m^2$）	3.7	4.5	5.3	2.8	1.5

表 9-13 玉米不同产量水平钾的最佳施肥量

产量水平	低产	中产	高产
产量（$kg/667m^2$）	<450	450～550	>550
施肥量（$kg/667m^2$）	6	4.5	3.2

三、玉米测土配方施肥指标

1.以产量确定氮素化肥施用量。由于氮素不易在土壤中积累，所以氮肥的用量以产量的高低来确定。根据玉米100kg籽粒需氮量计算不同产量水平下玉米整个生育期的需氮量,在作物所需的氮素中,土壤可提供30%,有机肥可提供20%左右,约有一半的氮素来自化肥,再根据肥料利用率计算所需的纯氮量(见表9-14)。

表 9-14　　玉米不同产量水平氮的推荐施肥量

产量水平	低产	中产	高产
产量(kg/667m²)	<450	450～550	>550
施肥量(kg/667m²)	18.7～31.1	22.8～38.1	>38.1

2.土壤磷素丰缺指标及磷肥推荐用量。高唐县玉米有效磷含量等级划分与土壤氮素一样,划分为5个等级,即极高、高、中、低、极低。处于供磷极低等级的玉米田,相对产量低于50%,土壤有效磷含量低于14mg/kg,磷肥推荐用量为10～12kg/667m²;处于供磷低等级的玉米田,相对产量为50%～75%,土壤有效磷含量为14～23mg/kg,磷肥推荐用量为8～10kg/667m²;处于供磷中等级的玉米田,相对产量为75%～90%,土壤有效磷含量为23～32mg/kg,磷肥推荐用量为6～8kg/667m²;处于供磷高等级的玉米田,相对产量为90%～95%,土壤有效磷含量为32～39mg/kg,磷肥推荐用量为4～6kg/667m²;处于供磷极高等级的玉米田,相对产量高于95%,土壤有效磷含量高于39mg/kg,磷肥推荐用量为1～3 kg/667m²(见表9-15)。

表 9-15　　土壤有效磷丰缺指标及磷肥推荐用量

肥力等级	相对产量(%)	有效磷含量(mg/kg)	磷肥推荐用量(kg/667m²)
极高	>95	>39	1～3
高	90～95	32～39	4～6
中	75～90	23～32	6～8
低	50～75	14～23	8～10
极低	<50	<14	10～12

3.土壤钾素丰缺指标及钾肥推荐用量。同样,高唐县玉米速效钾含量等级划分为5个等级。处于供钾极低等级的玉米田,相对产量低于50%,土壤速效钾含量低于50mg/kg,钾肥推荐用量为12～15kg/667m²;处于供钾低等级的玉米田,相对产量为50%～75%,土壤速效钾含量为50～80mg/kg,钾肥推荐用量为8～12kg/667m²;处于供钾中等级的玉米田,相对产量为75%～90%,土壤速效钾含量为80～120mg/kg,钾肥推荐用量为4～8kg/667m²;处于供钾高等级的玉米田,相对产量为90%～95%,土壤速效钾含量为120～135mg/kg,钾肥推荐用量为2～4 kg/667m²;处于供钾极高等级的玉米田,相对产量高于95%,土壤速效钾含量高于135mg/kg,钾肥推荐用量为1～2kg/667m²(见表9-16)。

表 9-16 土壤速效钾丰缺指标及钾肥推荐用量

肥力等级	相对产量(%)	速效钾含量(mg/kg)	钾肥推荐用量(kg/667m²)
极高	>95	>135	1～2
高	90～95	120～135	2～4
中	75～90	80～120	4～8
低	50～75	50～80	8～12
极低	<50	<50	12～15

第五节 棉花测土配方施肥指标体系

一、棉花主要施肥参数的计算

1. 棉花 100kg 籽棉需氮量。棉花 100kg 籽棉需氮量参数的取得，主要是结合试验田植株全量养分(全氮、全磷、全钾)分析进行的。

一般生产 100kg 棉花籽粒需肥量为 N 2.4～4kg，P_2O_5 0.8～1.5kg，K_2O 1.6～4kg，三者比例约为 1∶0.48∶0.79。

2. 土壤养分利用系数。通过对高唐县肥效小区试验的土壤养分利用系数的汇总分析，棉花在土壤碱解氮 50～100mg/kg、有效磷 10～40mg/kg、速效钾 60～110mg/kg 条件下，土壤养分平均利用系数为：土壤碱解氮 61.2%、有效磷 68.5%、速效钾 59.2%。

3. 肥料利用率。通过对肥效小区试验点肥料的利用率的汇总分析，在土壤碱解氮 50～100mg/kg、有效磷 10～40mg/kg、速效钾 60～110mg/kg 条件下栽培棉花，肥料平均利用率为：氮肥为 31.2%、磷肥为 19.7%、钾肥为 42.9%。

二、棉花的最佳施肥量分析

1. 磷肥最佳施用量。根据棉花试验计算出最佳施肥量。将试验地块按土壤磷素的丰缺指标和棉花不同产量水平分类汇总，统计出土壤磷素不同含量水平下最佳施肥量的平均值(见表 9-17)和棉花不同产量水平(指试验中缺磷素处理区)最佳施肥量的平均值(见表 9-18)。

表 9-17 棉花不同磷素含量水平的最佳施肥量

分级标准	极低	低	中	较高	高
相对产量(%)	<50	50～75	75～90	90～95	>95
土壤磷素含量(mg/kg)	<10	10～17	17～34	34～40	>40
施肥量(kg/667m²)	6	6.2	7.1	4.6	3.5

表 9-18 棉花不同产量水平磷肥的最佳施肥量

产量水平	低产	中产	高产
产量(kg/667m²)	<200	200～250	>250
施肥量(kg/667m²)	6.7	5.4	4.1

2.钾肥最佳施用量。根据棉花试验计算出最佳施肥量。将试验地块按土壤钾素的丰缺指标和棉花不同产量水平分类汇总,统计出土壤钾素不同含量水平下最佳施肥量的平均值(见表 9-19)和棉花不同产量水平(指试验中缺钾素处理区)最佳施肥量的平均值(见表 9-20)。

表 9-19 棉花不同钾素含量水平钾的最佳施肥量

分级标准	极低	低	中	较高	高
相对产量(%)	<50	50～75	75～90	90～95	>95
土壤钾素含量(mg/kg)	<50	50～80	80～120	120～150	>150
施肥量(kg/667m²)	4.8	4.5	4	3.4	2.5

表 9-20 棉花不同产量水平钾的最佳施肥量

产量水平	低产	中产	高产
产量(kg/667m²)	<200	200～250	>250
施肥量(kg/667m²)	6.5	5.7	3.6

三、棉花测土配方施肥丰缺指标

1.以产量确定氮素化肥施用量。由于氮素不易在土壤中积累,所以氮肥的用量以产量的高低来确定。根据棉花 100kg 籽棉需氮量计算不同产量水平下棉花整个生育期的需氮量,在作物所需的氮素中,土壤可提供 30%,有机肥可提供 20%左右,约有一半的氮素来自化肥,再根据肥料利用率计算所需的纯氮量(见表 9-21)。

表 9-21 棉花不同产量水平氮的推荐施肥量

产量水平	低产	中产	高产
产量(kg/667m²)	<200	200～250	>250
施肥量(kg/667m²)	7.7～12.8	9.6～16	>16

2.土壤磷素丰缺指标及磷肥推荐用量。高唐县棉花有效磷含量等级划分与土壤氮素一样,划分为 5 个等级,即极高、高、中、低、极低。处于供磷极低等级的棉田,相对产量低于 50%,土壤有效磷含量低于 10mg/kg,磷肥推荐用量为 10～12 kg/667m²;处于供磷低等级的棉田,相对产量为 50%～75%,土壤有效磷含量为 10～17mg/kg,磷肥推荐用量为

8～10kg/667m²;处于供磷中等级的棉田,相对产量为75%～90%,土壤有效磷含量为17～34mg/kg,磷肥推荐用量为6～8kg/667m²;处于供磷高等级的棉田,相对产量为90%～95%,土壤有效磷含量为34～40mg/kg,磷肥推荐用量为4～6kg/667m²;处于供磷极高等级的棉田,相对产量高于95%,土壤有效磷含量高于40mg/kg,磷肥推荐用量为1～3kg/667m²(见表9-22)。

表 9-22　　土壤有效磷丰缺指标及磷肥推荐用量

肥力等级	相对产量(%)	有效磷含量(mg/kg)	磷肥推荐用量(kg/667m²)
极高	>95	>40	1～3
高	90～95	34～40	4～6
中	75～90	17～34	6～8
低	50～75	10～17	8～10
极低	<50	<10	10～12

3.土壤钾素丰缺指标及钾肥推荐用量。同样,高唐县棉花速效钾含量等级划分为5个等级。处于供钾极低等级的棉田,相对产量低于50%,土壤速效钾含量低于50mg/kg,钾肥推荐用量为12～15kg/667m²;处于供钾低等级的棉田,相对产量为50%～75%,土壤速效钾含量为50～80mg/kg,钾肥推荐用量为8～12kg/667m²;处于供钾中等级的棉田,相对产量为75%～90%,土壤速效钾含量为80～120mg/kg,钾肥推荐用量为4～8kg/667m²;处于供钾高等级的棉田,相对产量为90%～95%,土壤速效钾含量为120～150mg/kg,钾肥推荐用量为2～4kg/667m²;处于供钾极高等级的棉田,相对产量高于95%,土壤速效钾含量高于150mg/kg,钾肥推荐用量为1～2kg/667m²(见表9-23)。

表 9-23　　土壤速效钾丰缺指标及钾肥推荐用量

肥力等级	相对产量(%)	速效钾含量(mg/kg)	钾肥推荐用量(kg/667m²)
极高	>95	>150	1～2
高	90～95	120～150	2～4
中	75～90	80～120	4～8
低	50～75	50～80	8～12
极低	<50	<50	12～15

第六节　花生测土配方施肥指标体系

一、花生主要施肥参数的计算

1.花生100kg荚果需氮量。花生100kg荚果需氮量参数的取得,主要结合试验田植株全量养分(全氮、全磷、全钾)分析进行的。

每生产100kg荚果，需要氮2.5～2.7kg、磷1.1～1.4kg、钾3.2～3.8kg，三者比例为1∶0.46∶1.35

2.土壤养分利用系数。通过对高唐县肥效小区试验的土壤养分利用系数的汇总分析，花生在土壤碱解氮50～100mg/kg、有效磷10～40mg/kg、速效钾60～110mg/kg条件下，土壤养分平均利用系数为：土壤碱解氮59.6%、有效磷76.2%、速效钾50.5%。

3.肥料利用率。通过对肥效小区试验点肥料的利用率的汇总分析，在土壤碱解氮50～100mg/kg、有效磷10～40mg/kg、速效钾60～110mg/kg条件下栽培花生，肥料平均利用率为：氮肥为28.9%、磷肥为26.7%、钾肥为43.2%。

二、花生的最佳施肥量分析

1.磷肥最佳施用量。根据花生试验计算出最佳施肥量。将试验地块按土壤磷素的丰缺指标和花生不同产量水平分类汇总，统计出土壤磷素不同含量水平下最佳施肥量的平均值（见表9-24）和花生不同产量水平（指试验中缺磷素处理区）最佳施肥量的平均值（见表9-25）。

表9-24　花生不同磷素含量水平磷的最佳施肥量

分级标准	极低	低	中	较高	高
相对产量（%）	＜50	50～75	75～90	90～95	＞95
土壤磷素含量（mg/kg）	＜10	10～17	17～34	34～40	＞40
施肥量（kg/667m²）	6	6.5	7.7	4.3	3.5

表9-25　花生不同产量水平磷的最佳施肥量

产量水平	低产	中产	高产
产量（kg/667m²）	＜250	250～400	＞400
施肥量（kg/667m²）	6.9	5.6	4.2

2.钾肥最佳施用量。根据花生试验计算出最佳施肥量。将试验地块按土壤钾素的丰缺指标和花生不同产量水平分类汇总，统计出土壤钾素不同含量水平下最佳施肥量的平均值（见表9-26）和花生不同产量水平（指试验中缺钾素处理区）最佳施肥量的平均值（见表9-27）。

表9-26　花生不同钾素含量水平钾的最佳施肥量

分级标准	极低	低	中	较高	高
相对产量（%）	＜50	50～75	75～90	90～95	＞95
土壤钾素含量（mg/kg）	＜50	50～75	75～120	120～140	＞140
施肥量（kg/667m²）	4.8	4.6	4	3.2	2.5

表 9-27 花生不同产量水平钾的最佳施肥量

产量水平	低产	中产	高产
产量(kg/667m²)	＜250	250～400	＞400
施肥量(kg/667m²)	6.5	5.8	3.8

三、花生测土配方施肥丰缺指标

1.以产量确定氮素化肥施用量。由于氮素不易在土壤中积累，所以氮肥的用量以产量的高低来确定。根据花生100kg荚果需氮量计算不同产量水平下花生整个生育期的需氮量，在作物所需的氮素中，土壤可提供30%，有机肥可提供20%左右，约有一半的氮素来自化肥，再根据肥料利用率计算所需的纯氮量(见表9-28)。

表 9-28 花生不同产量水平氮的推荐施肥量

产量水平	低产	中产	高产
产量(kg/667m²)	＜250	250～400	＞400
施肥量(kg/667m²)	10.8～11.7	17.3～18.7	＞18.7

2.土壤磷素丰缺指标及磷肥推荐用量。高唐县花生有效磷含量等级划分与土壤氮素一样，划分为5个等级，即极高、高、中、低、极低。处于供磷极低等级的花生田，相对产量低于50%，土壤有效磷含量低于10mg/kg，磷肥推荐用量为10～12kg/667m²；处于供磷低等级的棉田，相对产量为50%～75%，土壤有效磷含量为10～17mg/kg，磷肥推荐用量为8～10kg/667m²；处于供磷中等级的花生田，相对产量为75%～90%，土壤有效磷含量为17～34mg/kg，磷肥推荐用量为6～8kg/667m²；处于供磷高等级的花生田，相对产量为90%～95%，土壤有效磷含量为34～40mg/kg，磷肥推荐用量为4～6 kg/667m²；处于供磷极高等级的花生田，相对产量高于95%，土壤有效磷含量高于40mg/kg，磷肥推荐用量为1～3kg/667m²(见表9-29)。

表 9-29 土壤有效磷丰缺指标及磷肥推荐用量

肥力等级	相对产量(%)	有效磷含量(mg/kg)	磷肥推荐用量(kg/667m²)
极高	＞95	＞40	1～3
高	90～95	34～40	4～6
中	75～90	17～34	6～8
低	50～75	10～17	8～10
极低	＜50	＜10	10～12

3.土壤钾素丰缺指标及钾肥推荐用量。同样，高唐县花生速效钾含量等级划分为5个等级。处于供钾极低等级的花生田，相对产量低于50%，土壤速效钾含量低于50mg/kg，钾肥推荐用量为12～15kg/667m²；处于供钾低等级的花生田，相对产量为50%～75%，土壤速

效钾含量为 50～75mg/kg，钾肥推荐用量为 8～12kg/667m²；处于供钾中等级的花生田，相对产量为 75%～90%，土壤速效钾含量为 75～120mg/kg，钾肥推荐用量为 4～8kg/667m²；处于供钾高等级的花生田，相对产量为 90%～95%，土壤速效钾含量为 120～140mg/kg，钾肥推荐用量为 2～4kg/667m²；处于供钾极高等级的花生田，相对产量高于 95%，土壤速效钾含量高于 140mg/kg，钾肥推荐用量为 1～2kg/667m²（见表 9-30）。

表 9-30 土壤速效钾丰缺指标及钾肥推荐用量

肥力等级	相对产量(%)	速效钾含量(mg/kg)	钾肥推荐用量(kg/667m²)
极高	>95	>140	1～2
高	90～95	120～140	2～4
中	75～90	75～120	4～8
低	50～75	50～75	8～12
极低	<50	<50	12～15

第七节 农田土壤养分分级指标体系

一、大田土壤养分分级指标

综合前面几节所述，针对高唐县小麦、玉米、棉花和花生田土壤碱解氮、有效磷、速效钾的丰缺指标，提出了高唐县农田种植粮食和棉花的养分评价指标（见表 9-31）。

表 9-31 高唐县大田土壤养分分级指标

项 目	缺乏	低	中	丰富
有机质(g/kg)	<8	8～12	12～20	>20
碱解氮(mg/kg)	<50	50～80	80～110	>110
有效磷(mg/kg)	<10	10～20	20～40	>40
速效钾(mg/kg)	<80	80～120	120～150	>150

二、果菜土壤养分分级指标（见表 9-32 和表 9-33）

表 9-32 设施菜地土壤养分分级指标

项 目	养分分级标准			
	低	中	高	极高
有机质(g/kg)	≤13.5	13.5～20	20～25	>25
碱解氮(mg/kg)	≤150	150～250	250～300	>300
有效磷(mg/kg)	≤70	70～120	120～150	>150
速效钾(mg/kg)	≤200	200～300	300～400	>400

表 9-33 露地菜园及果园土壤养分分级指标

项目	养分分级标准			
	低	中	高	极高
有机质(果园)(g/kg)	8～10	10～15	15～20	>20
有机质(菜地)(g/kg)	≤13.5	13.5～20	20～25	>25
碱解氮(mg/kg)	≤60	60～120	120～150	>150
有效磷(mg/kg)	≤30	30～45	45～60	>60
速效钾(mg/kg)	≤120	120～150	150～200	>200

三、土壤微量元素分级指标

根据营养元素同等重要性和不可替代性原理，微量元素与大量元素同等重要。一般情况下，作物需要的微量元素主要来自于土壤，微量元素的种类主要有铁、锰、铜、硼、锌和钼。高唐县土壤所含的微量元素极不平衡(硼、锌、钼临界值分别为 0.5mg/kg、1mg/kg、0.15mg/kg)(见表 9-34)。

表 9-34 土壤微量元素养分评价指标

项目	缺乏	低	中	丰富
有效硼(mg/kg)	<0.5	1～0.5	2～1	>2
有效锌(mg/kg)	<1	2～1	3～2	>3
有效钼(mg/kg)	<0.15	0.25～0.2	0.2～0.15	>0.25
有效铁(mg/kg)	<5	20～10	10～5	>20
有效锰(mg/kg)	<5	30～15	15～5	>30
有效铜(mg/kg)	<0.5	2～1	1～0.5	>2

不同作物对微量元素的吸收量虽有差异，但整体差别不大。所以，该农田微量元素地力评价指标不仅适用于小麦、玉米、棉花和花生等粮油作物，也可在蔬菜和果树种植中借鉴参考。

第十章　肥料配方设计与技术应用

确定科学合理的肥料配方是测土配方施肥工作的重要环节，也是测土配方施肥技术的具体体现。将田间土壤样品测定的大量数据进行优化，按照不同地区养分分布的特点和作物对养分的吸收规律，设计出适宜区域作物的肥料配方，并结合测土配方施肥技术指导体系进行区域配肥，将配方肥应用到农田是测土配方施肥的最终目的。近年来，随着计算机技术和信息技术的快速发展与广泛应用，施肥配方趋向系列化、多样化，灵活性、适用性、可操作性更强，区域配肥和推荐施肥技术发挥的作用更大。

第一节　肥料配方设计的基本环节

在运用全球卫星定位系统(GPS)进行土壤采样与测试的基础上，综合考虑行政规划、土壤类型、土壤质地、气象条件、种植结构、作物需肥规律等因素，借助信息技术生成区域性土壤养分空间变异图和县域施肥分区，优化设计不同分区的肥料配方。

一、GPS定位指导下的土壤样品采集

土壤样品采集要使用GPS定位，采样点的空间分布应相对均匀，先在土地利用现状图上大致确定采样位置，然后在标记位置附近采集多点混合土样。

1.区域土壤采样点的确定。将本县的土壤图与土地利用现状图叠加，形成评价单元以及工作草图。根据规程要求的采样点密度，结合高唐县实际，确定采样点总数量。再根据各评价单元的个数以及面积大小、种植制度、种植作物种类、产量水平等因素的不同，确定布点数量和点位，并在图上标注采样编号。各评价单元的采样点数和点位确定后，根据土种、种植制度、产量水平统计各因素点位数。

2.田间采样。采样点位确定后，采样是否具有代表性也是确定分析结果的关键因素之一。利用GPS记录采样点的经纬度。土样采集深度：大田作物为0～20cm，菜田为0～25cm，果园为0～40cm。

二、土壤测试与土壤养分空间数据库的建立

土壤养分含量的测定按照山东省土壤测定技术规范的标准步骤进行，一个点的测定数据的差异会导致这片区域土壤养分图出现偏差。为了保证数据的准确性，每个测试批次都测标准样品、空白。为了保证数据录入的准确性，安排专人负责。

土壤样品及时处理化验后，将土壤养分测试数据和空间位置建立对应关系，形成空间

数据库。

三、分区配方制定与施肥推荐

根据土壤养分空间分布特点，结合作物养分需求规律，生成县域施肥分区图和分区域的肥料配方。设计配方时，掌握以下技术原则：

1. 区域氮素总量控制与分期调控。将一定区域范围内作物全生育期氮肥施用总量控制在一个合理的范围内，可以在这个范围的基础上，根据作物氮素吸收规律，对不同生育期的氮肥用量进行分配。一是通过长期定位试验和多年、多点的分散肥料试验的汇总，确定在一定区域范围内作物平均施氮量和分期追施量。二是通过作物目标产量和氮素吸收总量确定一定区域内氮素施用总量。

2. 区域磷、钾恒量监控。与土壤氮素变异特征不同，土壤磷、钾具有连续变异的特点，这一变异的大小和方向由磷肥、钾肥的相对恒定用量和作物需求量之间的动态平衡决定。因此，可以根据一定区域范围内土壤有效磷、速效钾的测试值和作物多年施肥反应，将作物耕层土壤有效磷、速效钾水平构建或保持在一个适宜的水平上，该水平既可以满足高产优质作物对磷、钾供应的需求，又避免过量投入造成的资源浪费。具体来讲，当土壤有效磷、速效钾的含量处于低水平时，区域磷、钾管理的目标除增加作物产量外，还应提高土壤有效磷、速效钾水平，故磷、钾肥用量要投入大于产出；当土壤有效磷、速效钾含量处于适宜水平时，区域磷、钾管理的目标应增加作物产量，维持土壤有效磷、速效钾水平，故磷、钾肥用量投入等于产出；当作物根层土壤有效磷、速效钾处于较高水平，区域磷、钾管理的目标应控制磷、钾用量，逐年降低土壤有效磷钾含量，直至适宜水平，故磷、钾肥用量投入小于产出。

在农业生产中，磷肥一般作为基肥一次性施入，磷、钾分期调控主要考虑轮作周期内磷、钾分配比例。在区域磷、钾分期调控中不能仅仅考虑小麦或玉米当季作物，而应将小麦—玉米轮作周期的磷、钾通盘考虑、统一运筹。小麦对磷敏感，可 2/3 左右的磷肥用在小麦上，1/3 左右的磷肥用在玉米上；钾则相反，可将 40%左右的钾肥用在小麦上，60%左右的钾肥用在玉米上。

3. 区域中微量元素的因缺补施。微量元素施肥原则与大量元素不同，在确定了土壤丰缺临界值的基础上，一般微肥用量相对固定。因此，可以通过土壤测试或田间缺素试验确定区域土壤的微量元素缺乏程度。

第二节　区域施肥配方设计

一、肥料配方设计的基本流程

在确定施肥区域后，根据施肥区养分丰缺指标，考虑农民的施肥习惯，制定区域内的推荐施肥方案和肥料配方，再经过肥料配方田间对比试验的验证，才能最终确定肥料配方，应用到农业生产中去，基本流程如图 10-1 所示。

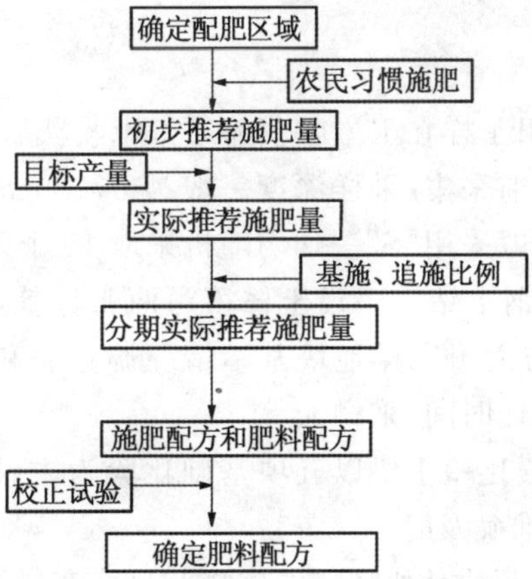

图 10-1 区域施肥配方设计基本流程

下面以小麦为例，对高唐县测土配方施肥中区域施肥配方的设计方法、步骤进行具体说明。

小麦区域配方设计：根据高唐县土壤养分含量和适宜施肥量的情况看，土壤磷、钾建议各分为两个等级。分级标准为：

土壤有效磷：中低指低于 30mg/kg，高指不低于 30 mg/kg。

土壤速效钾：中低指低于 120mg/kg，高指不低于 120mg/kg。

按照以上分级标准，小麦配方肥推荐时，氮肥的推荐主要采用以产定氮法：

$$N=0.025\times 目标产量(kg)+4.0$$

磷、钾肥的推荐则根据土壤养分状况综合分析结果，分别拟定不同配方，即中低磷、中低钾类型区，中低磷、高钾类型区，高磷、中低钾类型区，高磷、高钾类型区四种类型。图 10-2 是小麦施肥配方的流程图。

初步推荐施肥量→N：16，P_2O_5：3.0～3.5，K_2O：6～7.5

↓

农民习惯施肥量→N：14～20，P_2O_5：6～12，K_2O：0～5

↓

推荐施肥量 —目标产量 500kg→ N：16，P_2O_5：5，K_2O：7.5

↓

基肥施肥量→N：8，P_2O_5：5，K_2O：7.5

↓

基肥比例→N：P_2O_5：K_2O＝1：0.62：0.94

↓

45％配方肥→N：P_2O_5：K_2O＝17.5：10.9：16.6

↓

45％配方修订→N：P_2O_5：K_2O＝18：12：15

图 10-2 小麦施肥配方设计流程

二、配方肥确定的步骤

第一步，采集土样。粮田土样在玉米收获前或玉米收获后施肥前进行采集，棉田在棉花收获后或次年春天施肥之前采集，采样深度一般为0～20cm，如果种植作物根系较长，可以适当增加采样深度。一般采用“S”法均匀随机采取15个采样点，充分混合后，四分法留取1kg。采样工具用不锈钢土钻。一袋土样填写两张标签，内外各具一张。标签主要内容为：样品野外编号（要与大田采样地块基本情况调查表和农户施肥情况调查表相一致）、采样深度、采样地点、采样时间、采样人等。

第二步，土壤化验。土壤化验主要以五项基础化验为主，即碱解氮、有效磷、速效钾、有机质和pH。土壤化验要准确及时。

第三步，确定配方。农户提供地块种植的作物及目标产量。农业科技人员根据一定产量指标的农作物需肥量、土壤的供肥量以及不同肥料的当季利用率，选定肥料配比和施肥量。这个肥料配方应按测试地块落实到农户。按户、按作物开方，以方便农户按方购肥。

第四步，按方购肥。农户根据配方购买肥料。

第五步，科学用肥。配方肥作为种肥一次性施入时，要掌握好施肥深度，控制好肥料与种子的距离，尽可能有效满足作物苗期和生长发育中后期对肥料的需要。用作追肥的肥料，更要看天、看地、看作物，掌握追肥时机，提倡深施，提高肥料利用率。

第六步，田间监测。平衡施肥是一个动态管理的过程。使用配方肥料之后，观察农作物生长发育，看收成结果，作为调整修订平衡施肥配方的重要依据。

第七步，修订配方。平衡施肥测土一般每一年进行一次。按照测土得来的数据和田间监测的情况，由农业专家共同分析研究，修改确定肥料配方，使平衡施肥的技术措施更切合实际，更具科学性。

三、配方肥种类

根据高唐县土壤养分状况和主要种植作物的需肥规律及特点，提出并优化了小麦、玉米、棉花和花生的主要肥料配方，供农民选购肥料时参考（见表10-1）。

表10-1　小麦、玉米、棉花和花生肥料配方

适宜作物	配方(N-P_2O_5-K_2O)	总含量(%)	推荐施用范围
小麦	18-17-10	45	中低磷、高钾区
	16-10-16	42	高磷、中低钾区
	18-12-15	45	高磷、中低钾区
	26-12-7(控释型)	45	一般类型区
	30-0-8或30-0-10	38、40	追肥
玉米	26-5-9	40	高磷区
	26-6-8(控释型)	40	一般类型区
	26-12-7	45	中低磷区

续表

适宜作物	配方($N-P_2O_5-K_2O$)	总含量(%)	推荐施用范围
棉花	16-10-16	42	高磷、中低钾区
	12-18-15	45	中低磷、中低钾区
	15-15-10	40	中低磷、高钾区
花生	12-18-15	45	中低磷、中低钾区
	15-15-10	40	中低磷、高钾区

第三节 测土配方施肥技术应用

高唐县自2007年实施测土配方施肥项目以来，取得了显著的效果，主要体现在施肥结构发生了变化，土壤养分向相对协调的方向发展，大大提高了农业生产的社会效益、经济效益和生态效益。

一、施肥结构发生了明显变化

国家测土配方施肥项目的实施，已引起了全社会的积极响应，农民对测土配方施肥技术的认知程度显著增强。农民传统的施肥习惯正在改变，肥料投入结构不合理、不依地力、不分作物盲目施肥、单一施肥或过量施肥的习惯正逐步得到改变，施肥技术正在由"经验型"向"精准型"转变。

经过连续四年对高唐县200多个农户进行的小麦、玉米、棉花和花生的施肥情况进行跟踪调查，可以看出，随着测土配方施肥工作的开展，投入农田的肥料结构出现了变化，总体上磷肥用量下降，而商品有机肥、复合肥、配方肥和微肥用量有不同程度的增加，肥料结构正在趋于合理，平均增减情况见表10-2。

表10-2 肥料施用量变化情况

作物	有机肥增减量($kg/667m^2$)	N增减量($kg/667m^2$)	P_2O_5增减量($kg/667m^2$)	K_2O增减量($kg/667m^2$)	微肥增减量($kg/667m^2$)
小麦	201	−2.4	−3.28	0.67	0.18
玉米	0	4.28	−3.19	2.33	0.13
棉花	274	1.78	−2.17	0.82	0.24

二、土壤养分不断协调

高唐县自2007年建立了20个县级耕地地力监测点，连续四年对土壤中的有机质、有效磷、速效钾和碱解氮含量进行了监测。可以看出，随着测土配方施肥工作的不断深入，土壤养分状况已经开始发生变化，平均增减情况见表10-3。

表 10-3 耕地土壤养分变化情况

成 分	有机质		碱解氮		有效磷		速效钾	
项目	增减值 (g/kg)	增加率 (%)	增减值 (mg/kg)	增加率 (%)	增减值 (mg/kg)	增加率 (%)	增减值 (mg/kg)	增加率 (%)
变化量	+1.1	+8.9	−11.2	−11.9	−2	−8.77	+2.8	+3.27

三、效益显著

1.经济效益。高唐县自2007年测土配方施肥项目实施以来，累计推广应用测土配方施肥技术面积达165654hm^2，其中小麦、玉米为124131.5hm^2，棉花为41522.5hm^2。

采用配方施肥技术后，小麦叶枯病、全蚀病明显比习惯施肥降低，灌浆期延长，千粒重增加；玉米褐斑病、茎腐病发病轻，玉米穗粒数和千粒重增加。小麦、玉米的配方施肥与习惯施肥相比，产量平均增加23.2kg/667m^2，平均增收55.65元/667m^2，平均节本19.89元/667m^2，节本增收75.54元/667m^2。

采取配方施肥技术后，棉田的抗枯萎病能力强，后期不早衰，秋桃多，与习惯施肥相比平均每株多1.5个，且单铃重增加。根据走访调查及测产结果，同等地块施用配方肥棉花平均增产11.6kg/667m^2，按籽棉6.5元/kg计算，增收75.4元/667m^2，减少肥料投入14.9元/667m^{2}左右，效益增加90.3元/667m^2。

以蔬菜为主的其他作物增产124kg/667m^2，减少肥料投入38.9元/667m^2，效益增加100.9元/667m^2。

2.社会效益。通过项目的实施，广大农民真正在田间地头享受到了全方位的免费检测和技术指导服务，享受到了测土配方施肥技术应用的成果。随着中央对“三农”工作力度的不断加大，国内许多知名肥料生产企业、经营单位寻求围绕“三农”拓宽发展空间的结合点。测土配方施肥项目搭建了肥料生产企业、农业技术推广部门、肥料经营单位与农民群众之间的对接平台。在这个平台上，多方对接并融为一体，形成了强大合力。经过投标筛选的配方肥定点生产企业，一方面严格控制产品质量，进行技术改造，更新企业发展理念，另一方面又因产品质量优、价格廉而赢得了政府、农业技术推广部门、肥料经营单位、农民群众的赞誉，无形资产及效益大幅度增加。农民群众是测土配方施肥的最大受益者，不仅得到了现实的利益，更重要的是施肥、购肥观念发生了深刻变化。随着配方肥的研制和推广，更多的肥料企业和农资经营户主动要求参与测土配方施肥工程，遏制了哄抬物价和以假充好现象的发生，净化了农资市场，农民真正用上了放心肥。测土配方施肥已跨越了纯技术的内涵，成为全社会共同参与的施肥技术革命。

3.生态效益。测土配方施肥项目的实施，大大降低了高唐县农田持续高量的氮、磷投入，农田土壤氮、磷养分盈余量大幅度下降，氮、磷养分流失到环境中的程度得到降低，减弱了对生态环境的影响，极大地减轻了农业面源污染问题。

第十一章　测土配方施肥概论

第一节　测土配方施肥基础知识

一、测土配方施肥的意义

测土配方施肥以土壤测试和肥料田间试验为基础，根据作物需肥规律、土壤供肥性能和肥料效应，在合理施用有机肥料的基础上，提出氮、磷、钾及中、微量元素等肥料的施用数量、施肥时期和施用方法。通俗地讲，就是在农业科技人员指导下科学施用配方肥。测土配方施肥技术的核心是调节和解决作物需肥与土壤供肥之间的矛盾。同时有针对性地补充作物所需的营养元素，作物缺什么元素就补充什么元素，需要多少补多少，实现各种养分平衡供应，满足作物的需要，达到提高肥料利用率和减少肥料用量、提高作物产量、改善农产品品质、节支增收的目的。

肥料并不是施得越多越好，施肥过多，既浪费肥料，又增加成本，还降低作物品质和造成农业环境污染。测土配方施肥就是针对这些问题提出的。在农作物需要的营养成分中，氮、磷、钾对作物的生长及产量高低影响很大，所以成为作物营养的三要素。但是不同作物对养分需要的量不相同，具有选择性吸收的特点。如甜菜、马铃薯等作物为了促进地下块根的积累合成，对磷、钾需要量较大，氮次之；大豆等豆科作物对磷的需要量比一般作物多，因为磷能促进根瘤的生长繁殖，提高根瘤固氮能力；而叶类蔬菜对氮的需要量比任何作物都大。因此，不同作物要选择不同的肥料施用。

有机肥与化肥的相互作用。有机肥是含有氮、磷、钾和微量元素的完全肥料，在培肥改土方面有着化肥不可替代的作用。有机肥料不仅能为农作物提供全面营养，促进生长，而且有机肥进入土壤后经过分解与合成，形成土壤有机胶体，它与土壤无机胶体复合促使在土壤中形成良好的土壤团粒结构，增强土壤的保水、保肥、供肥能力。有机肥与化肥配合施用，可使化肥利用率大大提高，同时化肥用量可相应减少。

二、测土配方施肥与传统施肥的区别

传统施肥是以肥料三要素为基础实施的施肥措施。它只是一种定型的施肥方法，缺点是施肥具有一定的盲目性。测土配方施肥是将土壤、肥料和种植作物有机结合起来，采用取土、化验、制定配方和施肥措施，是一种定量的施肥方法。它的优点是可改善土壤生态环境，科学合理培肥地力，并且节约施肥成本，是一种改良土壤的重要措施。

三、测土配方施肥技术的主要作用

一是促进农民施肥观念和方法的改变。测土配方施肥的开展,可以改变农民那种"施肥越多越好"、"粪大水勤,不用问人"的盲目施肥做法。在施肥方法上,由撒施、表施向深施和因土、因作物的需要施肥转变,减少盲目性,提高科学性。

二是节本增收效果明显。

三是提高耕地质量。测土配方施肥是在合理施用有机肥的基础上进行的。在开展测土配方施肥工作中,各级农业部门要积极引导农民积农家肥,实施秸秆还田等技术,提高有机肥的利用水平,使土壤养分结构更加协调,耕地质量明显提高。

四是提高科学施肥水平。测土配方施肥采取"测土到田、配方到厂、供肥到点、指导到户",为农民提供一条龙服务,有效地满足不同区域、不同种植规模科学施肥的要求。

五是减少农业面源污染。测土配方施肥可以改变过量施肥和施肥比例不合理的状况,减少养分的流失,促进作物秸秆、畜禽粪便等资源的合理利用,减轻化学物质和有机废弃物对水体和农田的污染。

四、测土配方施肥技术提高肥效的原因

测土配方施肥考虑到作物、土壤、肥料体系的相互关系,是一项科学性强的综合性的施肥技术。测土配方施肥能提高化肥使用效率的道理在于:

(一)测土配方施肥可以确定最经济的化肥施用量

由于肥料报酬递减率的客观存在,对某一作物品种的肥料投入量有一定的限度。在缺肥的中低产地区,施用肥料的增产幅度大,而在高产地区,施用肥料的技术要求则比较严格,肥料的过量投入,不论是哪类地区,都会导致肥效下降,以致减产。因此,确定最佳的肥料用量是配方施肥的核心。

(二)测土配方施肥可以有针对性地补充限制当地产量提高的短缺营养元素

测土配方施肥通过针对性地补充限制当地产量提高的短缺营养元素,协调作物生长所需的营养元素之间的比例,纠正过去单一施肥的倾向,使各养分之间相互促进,达到增产、增收的目的,这是测土配方施肥提高化肥施用效率的主要依据。

(三)测土配方施肥解决了作物施肥与土壤供肥之间的矛盾

作物生长不仅消耗了土壤养分,也消耗了土壤有机质。因此,正确处理好有机肥、化肥投入与作物产出,用地与养地之间的关系,是提高作物产量和改善农产品品质、维持和提高土壤肥力的重要依据。

(四)测土配方施肥是一项综合性的技术体系

测土配方施肥虽然以确定不同养分的施肥总量为主要内容,但为了发挥肥料的最大施肥效率,施肥必须与选用良种、肥水管理、耕作制度、气候变化等影响肥效的因素相结合,形成一套完整的施肥技术体系。

五、测土配方施肥技术的原理

施肥能提高作物产量和品质,有利于培肥地力。但如果施肥不合理,造成的负面影响

也是多方面的，如经济效益降低，对作物、土壤、环境、人类健康都会带来不良后果。从19世纪起，某些施肥学说正确地反映了施肥实践中客观存在的事实，所以至今仍然是指导施肥的基本原理。

（一）养分归还学说

这一学说是19世纪德国杰出的化学家李比希提出的，也称"养分补偿学说"。其主要内容是：作物从土壤带走养分，土壤中的养分将越来越少，因此，要恢复地力就应该向土壤施加养分，归还从土壤中拿走的全部东西，不然产量就会下降。

向土壤投入作物吸收的养分，其实质是为了农业生产，必须以施肥的方式补充作物从土壤中吸取的养分。

（二）最小养分律

最小养分律也称"木桶理论"。作物的生长发育需要吸收各种养分，但是决定作物产量的却是土壤中那个相对含量最少的有效养分。无视这个限制因素，即使继续增加其他营养成分也难以提高植物产量，称作"最小养分律"。木桶盛水的高低，取决于最低的那一块木板。要提高木桶的盛水量，首先要加高最低的那块木板。最小养分律不仅适用于大量元素，也适用于微量元素。

1.最小养分不是指土壤中绝对含量最小的养分，而是指按作物对各种养分的需要而言，土壤中相对含量最小的那种养分。

2.最小养分是影响作物增产在养分上的限制因素，要提高产量就必须补充这种养分。

3.最小养分不是固定不变的，它是随着作物产量水平和肥料供应数量而变化的。一种最小养分通过施肥而得到满足后，另一种养分元素就可能成为新的最小养分。

（三）报酬递减律

报酬递减律假定其他生产要素相对稳定的条件下，在施肥上，某种养分的效果，以其在土壤中越不足时效果越大，但若逐渐增加该种养分的施用量，那么，每单位养分的增产量就逐渐减少。所以，获得最高产量的施肥量不一定是最佳施肥量，因经济效益下降使得增产不增收。

应防止以成倍的肥料投入去换取微小的增产，以追求最高产量。

（四）因子综合作用律

肥料仅是作物增产的综合因子（水分、养料、光照、温度、前茬作物、耕作）中的一个重要因子。各种因子之间是相互联系的，它们的共同作用决定作物产量。因此，合理施肥，充分发挥肥料的增产作用，必须与其他农业措施密切结合。

第二节 作物营养与缺素症状

作物营养是施肥的理论基础。作物在生长发育过程中，不断地从外界环境吸收矿质养分，以维护自身生命活动的需要。了解作物必需的营养元素，明确作物不同生长阶段的营养特性，有利于进行合理施肥。

一、作物生长所必需的营养元素

作物必需的营养元素共有16种，即碳、氢、氧、氮、磷、钾、钙、镁、硫、铁、锰、铜、锌、硼、钼、氯。非必需营养元素中一些特定的元素，对特定植物的生长发育有益，或为某些种类植物所必需，这些元素称为“有益元素”，如硅、钠、钴、硒、镍。前6种营养元素即碳、氢、氧、氮、磷、钾，作物需要量大，称为“大量元素”。氮、磷、钾作物需要较多，而土壤中可提供的有效含量较少，常常需要施肥来补充，被称为“作物营养三要素”或“肥料三要素”。钙、镁、硫一般称为“中量元素”。铁、锰、铜、锌、硼、钼、氯作物要求量极小，而土壤中含量极低，称为“微量营养元素”。

二、作物营养的阶段性

作物营养的阶段性是指作物的不同生长阶段对养分的种类、数量和比例的要求。作物在不同的生长时期中，若能及时满足两个极其重要的时期，即作物养分临界期和作物养分最大效率期对养分的需求，就能显著提高作物的产量。

(一)作物养分临界期

作物在生长发育过程中，有一时期对某种养分的需求绝对数量不多，但很敏感，需求迫切，这种养分缺少或过多，对作物生长和产量都会造成很大影响，即使以后补施也很难挽回，这个时期叫做作物养分临界期。

多数作物磷的养分临界期出现在幼苗期，故磷肥多作基肥使用。多数作物氮的养分临界期出现在由营养生长向生殖生长的过渡期，故氮素化肥多用作追肥施用。

(二)作物养分最大效率期

此时期是作物对某种养分需要量最多、吸收速度最快的时期，此时施肥产生的肥效最大，增产速率最高，此阶段追肥效果最好。比如，小麦氮素最大效率期在拔节期至抽穗期，玉米氮素最大效率期在喇叭口至抽雄初期，棉花氮、磷最大效率期均在花铃期。

三、作物吸收养分的途径

(一)根部营养

植物根系从营养环境中吸收养分的过程叫做植物的根部营养，根部营养是作物吸收养分的最主要途径。

植物根系吸收的矿物质养分主要是离子态的，其中包括阳离子 NH_4^+、K^+ 和阴离子 SO_4^{2-}、NO_3^- 等。

根系是植物吸收养分和水分的重要器官，根系吸收养分的活跃部位主要在根尖幼嫩部分的某一特定区域，而并非整个根系。

影响植物根系吸收养分的外界环境条件主要有光照、温度、水分、土壤酸碱度、养分浓度、离子间的相互作用等。

(二)叶部营养

植物通过叶片(或茎)吸收养分的营养方式叫做植物的根外营养。叶部营养是补充根部营养不足的一种手段。植物叶部可以吸收有机及无机态养分，叶部吸收养分的机理与根部类似。另外，叶部还吸收 CO_2，通过光合作用固定 CO_2，还通过呼吸作用释放 O_2。

植物的叶部营养有以下特点：(1)防止养分在土壤中的固定；(2)叶部营养能及时满足植物对养分的需要；(3)叶部营养能直接促进植物内的代谢作用；(4)叶部营养只能作为根部营养的补充，不能完全取代根部营养。

四、作物缺素症状

作物正常生长发育需要吸收各种必需的营养元素，如果作物生长期间严重缺乏某些营养元素，往往会破坏体内正常物质代谢，使根、茎、叶等营养器官，或花、果实等生殖器官显现出特殊的病态。这种由于营养失调所引起的生理病态，通常称为"缺素症"。

作物缺素症状是作物内部营养失调的外部反映，因此，可以从作物外部形态上直接观察，同时，它在一定程度上反映了土壤中某些养分的亏缺情况。主要作物缺乏某些元素的典型症状见表 11-1。

表 11-1 主要作物缺素症状

缺素＼作物	小麦	玉米	棉花	花生
缺氮症状	植株生长不良，茎秆矮小，下部叶片狭小而硬，叶片无斑点，叶色黄化，根少，分蘖少	幼苗矮化、瘦弱、叶丛黄绿，叶片从叶尖开始变黄，沿叶片中脉发展，形成一个"V"形黄化部分，致全株黄化，后下部叶尖枯死且边缘黄绿色，缺氮严重的或关键期缺氮，果穗小，顶部籽粒不充实，蛋白质含量低	先是下部老叶变黄绿色，严重缺氮则全株叶片变黄色，再转红色至棕色干枯，顶端生长停止，植株矮小，枝条稀少细弱，花铃也很少，下部老叶早落	叶片浅黄，叶片小，影响果针形成及荚果发育。茎部发红，根瘤少，植株生长不良，分枝少
缺磷症状	根系发育受抑制，下部叶片无光泽，叶片无斑点。严重缺磷时，叶色发紫，光合作用减弱，叶片狭窄，旗叶呈暗红色	嫩株敏感，植株矮化，叶尖、叶缘失绿呈紫红色，后叶端枯死或变成暗紫褐色，根系不发达，雌穗受粉受阻，籽粒不充实，果穗少或歪曲	植株矮小，茎秆细脆，叶片小而且叶色暗绿，早落叶，开花结铃稀少，种子不饱满，纤维少而且品质低劣	叶色暗绿，茎秆细瘦，颜色发紫，根瘤少，花少，荚果发育不良

续表

缺素＼作物	小麦	玉米	棉花	花生
缺钾症状	植株生长延迟，茎秆细小而柔弱，易倒伏，下部叶尖、叶缘金黄色，叶间有黄色斑点，自下而上叶片黄化，叶尖焦枯，老叶尖端及边缘逐渐焦黄	下部叶片的叶尖、叶缘呈黄色或似火红焦枯，后期植株易倒伏，果穗小，顶部发育不良	长势弱，植株矮小，参差不齐；当缺钾且氮肥较多时，表现为叶片焦枯干卷，提早脱落，有的还导致红（黄）叶枯病。从单株来看，症状由叶缘到中央，由叶尖到叶基。表现为下部果枝发育很差，结铃少而小，中部果枝略开展，果节仍较少，与正常的宝塔株型对比明显。棉花中下部叶片则表现为叶尖叶缘黄化焦枯，叶片皱缩，有的形成“鸡爪形”	初叶色稍变暗，接着叶尖现黄斑，后叶缘出现浅棕色黑斑。致叶缘组织焦枯，叶脉仍保持绿色，叶片易失水卷曲，荚果少或畸形
缺锌症状	上部新叶中出现小叶，叶缘扭曲或皱折，叶脉两侧由绿变黄直至发白，边缘出现黄、白、绿相间的条纹	严重的幼苗出土后在2周内显症，叶片具浅白条纹，后中脉两侧出现1个白化宽带组织区，且中脉和边缘仍为绿色，有时叶缘、叶鞘呈褐色或红色	大多从第一片真叶开始出现症状，叶脉失绿，呈“青铜色”并有坏死小点，叶片增厚，发脆，叶缘上卷。严重缺锌则植株矮小，节间变短，呈丛生状，生育期推迟	
缺铁症状		上部叶片叶脉间出现浅绿色至白色或全叶变色		叶肉失绿，严重的叶脉也褪绿

续表

缺素 \ 作物	小麦	玉米	棉花	花生
缺硫症状	通常幼叶叶色发黄，叶脉间失绿黄化；而老叶仍为绿色。年幼分蘖趋向于直立	植株矮化、叶丛发黄，成熟期延迟，与缺氮症状相似	棉花缺硫的症状与缺氮近似，但以顶部叶片变黄更明显，叶面常现紫红或棕色病块。植株变小，全株呈淡绿或黄绿色，生长迟缓	一般顶部叶片先黄化（或失绿），而缺氮时多先从老叶开始黄化或上下同时黄化
缺硼症状	植株矮小，上部新叶叶色暗绿或呈紫色，叶片变小，稍硬，顶芽枯死，穗发育差，不易抽头，穗常呈畸形，穗未授粉、灌浆，颖壳张开呈“亮穗”	嫩叶叶脉间出现不规则白色斑点，各斑点可融合成白色条纹；严重的节间伸长受抑或不能抽雄及吐丝	子叶肥厚，叶色深绿，严重时生长停止，不发真叶。现蕾期发病则叶柄变长，基部叶柄出现环带，色深绿而肥大，下部叶萎垂，现蕾少，果枝粗短，叶柄上出现绿色环节。花铃期发病则蕾铃稀少而小，多数花蕾失绿，苞叶张开，严重时脱落或结瘦小棉铃，无产量	延迟开花进程，荚果发育受抑，造成籽仁“空心”，影响品质
缺锰症状	新叶黄化，软弱，叶面上有棕黄色条斑，老叶上多有棕褐色不规则斑点，倒二叶上常有烫伤状坏死，叶下折，中上部叶片近叶基部脉间褪绿黄化，棕褐色斑成条，称“褐线黄萎”		顶芽坏死，植株矮小多分枝，幼叶失绿变黄，叶脉及其附近保持绿色，叶脉清晰	早期叶脉间呈灰黄色，到生长后期时，缺绿部分即呈青铜色，叶脉仍然保持绿色

第三节　小麦测土配方施肥及配套技术

一、小麦的需肥规律

小麦是高唐县的主要粮食作物，常年播种面积在 39560hm^2 以上，总产量为 246103 吨，总产量占粮食产量的 50%以上。小麦正常生长发育需氮、磷、钾等多种元素。在氮、磷、钾三要素中，相对需氮、钾较多，需磷较少。小麦生育期长达 240 天左右，一般生产 100kg 小麦籽粒需肥量 N(3.1±1.1)kg、P_2O_5(1.1±0.3)kg、K_2O(3.2±0.6)kg，三者比例约为 2.8∶1∶3。随着产量水平提高，小麦对氮、磷、钾的吸收总量相应增加，再提高时，对氮的吸收量相对减少，钾相对增加，磷基本稳定。

小麦不同生育期对氮、磷、钾养分的吸收率不同。氮的吸收有两个高峰，一个是从分蘖到越冬，这一时期的吸氮量占总吸收量的 20%～30%，是群体发展较快的时期；另一个是从拔节到孕穗，这一时期吸氮量占总吸收量的 30%～40%，是吸氮量最多的时期。对磷、钾的吸收，一般随小麦生长的推移而逐渐增多，拔节后吸收率急剧增长，40%以上的磷、钾养分是在孕穗以后吸收的。

二、小麦对土壤的要求

壤土最好，沙质土壤、黏质土壤都不利于小麦生长发育。土壤的酸碱度和含盐量对小麦影响也很大。小麦正常生长适宜的酸碱度为 6～7，一般在 6～8.5 范围内均可生长。不同生育期耐盐率为：苗期 2g/kg，拔节期 3g/kg，抽穗期 4g/kg。

三、施肥时期及方法

根据小麦的生育期、营养特点和高唐县的实际情况，每增加 10kg 小麦，建议每亩增施纯 N 0.25kg、P_2O_5 0.1kg、K_2O 0.3kg。小麦分蘖多，苗情好，长势旺盛，在拔节期第一次追肥；弱苗麦田在返青期第一次追肥。

整地前撒施农家肥 1000kg/667m^2 或商品有机肥 200～400kg/667m^2(常年秸秆还田地块可减少用量)，整地前撒施配方肥 40 kg/667m^2 或播种时施用种肥(配方肥)30～40 kg/667m^2，随播种耧沟施。第一次追肥：起身期或拔节期追施配方肥(30-0-5)30～40 kg/667m^2 或尿素 20～30 kg/667m^2，三类麦田在返青期追施；第二次追肥：开花期追施尿素 7.5～10 kg/667m^2；追肥方法一般为撒施，追肥后要及时灌水。在灌浆期叶面喷施 600～800 倍尿素和磷酸二氢钾溶液 2～3 次。

四、高唐县常用小麦品种简介

(一)济麦 22

特性：半冬性，幼苗半匍匐，中早熟，株高 75cm 左右，株型紧凑，叶片较小上冲，抗寒性好，抽穗后茎叶蜡质明显，长相清秀，茎秆弹性好，抗倒伏，抗干热风，熟相好；分蘖力强，成穗率高；穗长方形，长芒，白壳，白粒，籽粒硬质饱满；中抗至中感条锈病，中抗白粉病，感叶锈病、赤霉病和纹枯病。

栽培技术要点:适期播种,合理密植,适宜播期为10月5日～10月15日,适宜基本苗为120000～150000/667m²,施足基肥,重施拔节肥,防治好病虫害。

(二)泰农18

特性:冬性,幼苗半匍匐,越冬性好,分蘖力中等,成穗率较高;株高75cm,株型较紧凑,植株茎秆弹性好,抗倒伏;穗长方形,白粒;落黄性好,中熟;中抗条锈、白粉病、赤霉病等病害,抗干热风,抗倒性好。

栽培技术要点:适宜播期为10月5日～10月10日,高肥水地块一般基本苗为150000～180000/667m²,成穗350000/667m²以上。

(三)聊麦18

特性:半冬性,叶色浓绿,幼苗匍匐。生育期241天,较晚熟;株高70.8cm,株型紧凑,较抗倒伏,熟相较好;最大分蘖为793000/667m²,有效穗为33.1万穗/667m²,分蘖成穗率为41.7%,分蘖能力一般;穗长方形,长芒、白壳、白粒,硬质,籽粒较饱满。中感至感条锈病,感叶锈病、白粉病、纹枯病和秆锈病。

栽培技术要点:精细整地,施足基肥。适宜播期为10月5日～10月15日,基本苗为150000～160000/667m²。春季重施拔节肥,后期及时防治病虫害,适时收获。

(四)济麦19

特性:冬性,幼苗半匍匐,叶片深绿色,株型较紧凑,分蘖力强,成穗率较高,抗倒伏中等,中抗叶锈病,感条锈病,抗白粉病。

栽培技术要点:适播期为10月2日～10月10日。高产地块需水肥后移,酌情采取化控措施壮秆防倒。

(五)山农17

特性:半冬性,晚熟。幼苗近匍匐,分蘖力强,成穗率中等。株高81cm左右,株型稍松散,旗叶上冲,茎秆细软,弹性一般。穗层整齐度一般,穗长,小穗排列较稀,顶部小穗不育明显,小穗上位小花结实性差。穗纺锤形,长芒,白壳,白粒。抗寒性好,较耐后期高温,熟相好。中抗赤霉病,高感条锈病、叶锈病、白粉病、纹枯病。

栽培技术要点:适宜播种期为10月上旬,适宜基本苗为100000～120000苗/667m²。高肥水地块注意控制播量,适当晚浇返青期、拔节期水,防止倒伏。注意防治条锈病、叶锈病、白粉病、蚜虫等病虫害。

五、小麦发生冻害的补救措施及预防措施

(一)补救措施

小麦遭受冻害后,应抓好以促为主的田间管理,力争把冻害损失减至最低限度。

1.追施肥料。麦苗遭冻后,根据受害程度,只要分蘖节不死,应及时浇水和追施速效肥料,使麦苗恢复生长,产生新生分蘖。冻害严重且底肥不足的,要追施尿素10kg/667m²。

2.中耕保墒。及时中耕,蓄水提温,能有效增加分蘖数,弥补主茎损失。“麦锄三遍草,病少虫少长得好。”冬锄与春锄,既可以消灭杂草,使水、肥得以集中利用,减少病虫发

生，还能消除土壤板结，疏松土壤，增强土层通气性，提高地温，蓄水保墒，要锄早、锄小，并尽量避免伤根。锄草应结合追肥进行，做到以土埋肥、以土壅根。

（二）预防措施

1. 浇水防寒。在土壤水分不足的情况下，霜冻来临的前两天浇水，可稳定地温，减少麦苗冻害，并能促进小麦产生新生分蘖。要正确把握冬灌的时间、次数和灌水量。冬季浇尿也是一项传统增产措施，人尿不仅为麦苗生长提供氮素，而且还能增水润土。有积雪覆盖时勿浇，以免加重冻害，盐碱地小麦也不要浇尿。

2. 镇压和喷施矮壮素。对于群体过大、过旺，年前拔节的麦田，土壤解冻后，要在晴天抓紧镇压，以控制小麦地上部分的生长，并喷施矮壮素，以保护小麦的分蘖节和幼穗，有利于早分蘖、多分蘖，壮苗过冬，提高成穗率；苗稀苗弱或盐碱地等，一般不宜镇压。

3. 熏烟造雾。在霜冻到来时，可用潮湿柴草在麦田周围点燃，制造烟雾，减少麦田热量向外辐射，能有效减轻冻害。

六、抑制小麦旺苗的方法

在小麦出苗阶段，由于播种量大、基本苗多或氮肥用量较多、越冬前后气温偏高等原因，往往会出现冬前旺苗徒长和群体过大现象，这类麦田的麦苗单株分蘖多，叶宽大而薄，叶色发淡变黄，年前群体分蘖数过高，不利于麦苗安全越冬和健壮生长，对这类麦田应采取以下四项措施，控制旺长，确保小麦安全越冬。

1. 适时镇压，应在小麦 6 叶期开始到 12 月 10 日这段时间进行镇压。镇压可沉实土壤，压碎坷垃，有提温保墒的作用。镇压可用石磙，或人顺麦行踩也行。镇压后的麦苗匍匐生长，茎节、叶片、叶鞘缩短，麦苗整齐，能壮秆防倒。

2. 冬前对于旺长的麦苗进行中耕，能控上促下，防止徒长，使茎秆全部节间变短、加粗，有利于防止倒伏。中耕深度一般在 5～7cm，挫伤部分根系控制徒长。

3. 控制肥水，对旺苗徒长的麦田，原则上应控制肥水。土壤肥沃、底肥充足的地块，冬前可少追或不追肥。对早播脱肥的麦田，冬前需补施。

4. 化学控制，在拔节前一周每亩喷施 15％的多效唑 40g。

七、高唐县小麦的主要虫害

高唐县麦田发生的主要害虫有地下虫（金针虫、蝼蛄）、红蜘蛛、蚜虫、麦叶蜂和吸浆虫等。

（一）蚜虫

高唐县小麦蚜虫为常发性害虫，常年发生面积为 30000hm^2，发生级别为 2 级，遇到干旱年份发生严重。防治小麦蚜虫一定注意早防、打透，第一次用 40％氧化乐果乳液 800 倍液或 5％氰戊菊酯 2000 倍液喷雾，第二次用 3％啶虫脒或 10％吡虫啉可湿性粉剂 2000 倍液喷雾。

（二）红蜘蛛

高唐县常年发生面积约为 13333hm^2，发生级别为 1 级。在小麦返青后，选发生重的麦田进行调查，当每米单行有虫 200 头以上时应进行药剂防治。可选用阿维菌素类农药、

20%哒螨灵1000～1500倍或40%氧化乐果800倍液喷雾。

(三)地下害虫(金针虫)

高唐县常年发生面积约为16667hm²,发生级别为1级。近几年来,随着农药使用量的减少,大部分麦田金针虫危害普遍呈上升趋势,特别是有机质含量少的疏松沙质土壤发生较重。高唐县的金针虫主要有沟金针虫和细胸金针虫两种。

防治前要调查虫情,每点取0.25m²,挖虫深度为:春季(4月中旬)3～17cm,秋季20cm,如果平均每平方米有虫3～5头,要及时防治。

1.农业防治。

浇水压虫。当麦田发生金针虫时,适时浇水,可减少金针虫的数量。合理密植与施肥,能促进小麦健壮生长,减轻危害程度。

2.药剂防治。

(1)毒土防治。小麦返青后发现有金针虫,每亩用5%毒死蜱颗粒剂3～5kg,在麦垄旁开沟,并顺沟均匀施入地下。

(2)浇药水。小麦返青后发现有金针虫,可用50%辛硫磷1000～1500倍液浇灌。

毒粪、毒肥防治。每亩用3%辛硫磷颗粒3～5kg拌干粪100kg,结合施肥施入土中,或呋喃丹1.5～2kg拌入化肥中,随播种施入地下,效果较好。

到小麦生长后期,用50%辛硫磷0.5kg加水60～75kg灌根,可有效预防金针虫。

八、高唐县小麦的主要病害

(一)赤霉病

常年发生面积为2000hm²,发生级别为1级。小麦赤霉病主要危害小麦穗部,苗期侵染引起苗腐,中后期侵染引起秆腐和穗腐,尤以穗腐危害性最大。赤霉病在小麦扬花至灌浆期都能侵染危害,尤其是扬花期侵染危害最重。凡是抽穗扬花期遇3天以上连续阴雨天气,病害就有可能严重发生。

防治方法:狠抓药剂防治,抓好抽穗扬花期的药剂预防。药剂可选用80%多菌灵80g/667m² 或70%甲基硫菌灵80g兑水30kg喷雾。

(二)纹枯病

常年发生面积为13333hm²,发生级别为1级。小麦纹枯病主要发生在叶鞘和茎秆上,幼苗发病初期,在地表或近地表的叶上产生淡黄色小斑点,随后呈典型的黄褐色菱形或眼点状病斑,后期病株基部茎节腐烂,病苗枯死。小麦拔节后在基部叶鞘上形成中间灰色、边缘棕褐色的云纹状病斑,病斑融合后,茎基部呈云纹花秆状,并继续沿叶鞘向上部扩展,最后病株枯死,形成枯株白穗。

1.农业防治措施:适期晚播,可减少冬前侵染,减少病害越冬基数,一般推迟播期5～10天;增施有机肥,配合施用氮磷钾复合肥。

2.药剂拌种:15%粉锈宁(三唑酮)粉剂,按种子量的0.3%,或20%戊唑醇按种子量的0.5%拌种可兼治全蚀病。播种时若土壤干燥,上述药剂易出现抑制出苗现象,可在拌种时1kg种子加1.5mg赤霉素,消除药剂影响。

3.拔节期前药物防治:每亩用5%井冈霉素水剂75g兑水50kg或20%三唑酮乳油

80g 兑水 60kg，每隔 7～10 天喷施一次，连喷两次。

（三）全蚀病

在高唐县为零星发生，常年发生面积为 5333hm²，发生级别为 1 级。全蚀病又称小麦立枯病、黑脚病，是一种根部病害，只侵染麦根和茎基部 1～2 节。苗期病株矮小，下部黄叶多，种子根和地中茎变成灰黑色，严重时造成麦苗连片枯死。拔节期小麦病苗返青迟缓、分蘖少，病株根部大部分变黑，在茎基部及叶鞘内侧出现较明显灰黑色菌丝层。

1. 增施腐熟有机肥，提倡施用酵素菌沤制的堆肥，采用配方施肥技术，增加土壤根系微生物拮抗作用。

2. 药剂防治，提倡用种子重量 0.2％的 20％戊唑醇拌种，防效 90％左右。也可用 15％三唑醇 30g 拌 100kg 种子。小麦播种后 20～30 天，每亩使用 15％三唑酮（粉锈宁）可湿性粉剂 150～200g 兑水 60kg，顺垄喷洒，翌年返青期再喷一次，可有效控制全蚀病，并可兼治白粉病和锈病。

3. 提倡施用多得稀土纯营养剂，每亩用 50g，兑水 20～30kg 于生长期或孕穗期开始喷洒，隔 10～15 天 1 次，连续喷 2～3 次。

九、高唐县麦田的主要杂草

高唐县常年发生面积为 20000hm²，发生级别为 1 级。高唐县麦田杂草常见种类有播娘蒿、荠菜、猪殃殃、繁缕、婆婆纳、藜、雀麦、节节麦、看麦娘等。

在小麦冬前期或小麦返青期，对于节节麦、雀麦发生较重的地块，在节节麦、雀麦 3～4 片叶到分蘖期，可用 3％甲基二磺隆油悬剂 25～30mL/667m² ＋助剂 10g/667m²；70％氟唑磺隆水分散粒剂 4～5g/667m² ＋助剂 10g/667m²，兑水 25～30kg，茎叶喷雾处理，可以达到较好的除草效果。甲基二磺隆对小麦安全性较差，施药过晚、施药不匀、施药量过大易发生药害。对阔叶杂草发生危害重的麦田，可选用 10％的苯磺隆或 20％氯氟吡氧乙酸。

第四节　玉米测土配方施肥及配套技术

一、玉米的需肥规律

玉米正常生长发育需氮、磷、钾、锌等多种元素。玉米是高产作物，需肥量大，每生产 100kg 玉米籽粒需要氮 2.5～2.7kg、磷 1.1～1.4kg、钾 3.2～3.8kg，三者比例大体为 1∶0.36∶0.85。不同品种、不同产量水平及栽培方式有差异。

玉米不同生育阶段，对养分的吸收数量和比例变化很大。玉米苗期植株小，生长慢，对养分吸收的数量少、速度慢，吸收量不超过 10％；拔节、孕穗到抽穗开花期，是玉米营养生长和生殖生长同时并进的阶段，生长速度快，吸收养分的数量也多，吸收量为 40％～60％，是吸肥的关键时期；开花授粉以后，吸收数量虽多，但吸收速度逐渐减慢。

二、施肥时期及方法

夏玉米从拔节期到穗期是施肥的关键时期，对增加产量非常重要。

如果目标产量＞600 kg/667m²，第一次追肥时肥料量增加10～15 kg/667m²。

方案(一)：播种时施用种肥(配方肥)15～20 kg/667m²，第一次追肥在大喇叭口期沟施配方肥20～30 kg/667m²，第二次追肥在吐丝期，施尿素10～15 kg/667m²，在苗期喷施叶面肥硫酸锌1000倍液2～3次。

方案(二)：播种时施用种肥(配方肥)15～20 kg/667m²，第一次追肥在大喇叭口期沟施控释型配方肥40 kg/667m²，在苗期喷施叶面肥硫酸锌1000倍液2～3次，可省去一次追肥。

方案(三)：播种时施用种肥(控释肥)40 kg/667m²，最好在吐丝期施尿素10～15kg/667m²，在苗期喷施叶面肥硫酸锌1000倍液2～3次，可省去二次追肥。

方案(四)：缓控释肥料的施用。缓控释肥是一种根据作物不同生长阶段对营养需求而释放养分的新型肥料，具有控制肥料养分释放、肥效周期长等特征，可减轻农民劳动强度、提高肥料利用率、降低生产成本和提高作物产量。过多施用的肥料量超过土壤的保持能力时，就会流入周围的水中，形成农业面源污染，造成水体富营养化，导致藻类滋生，继而破坏水环境。据统计，我国每年因不合理施肥造成1000多万吨的氮素流失到农田之外，直接经济损失约300亿元。过量的肥料还会渗入20m以内的浅层地下水中，使得地下水硝酸盐含量增加。因此，应发展具有较高肥效和利用率的缓控释肥料，减少速效化肥的施用量，有效保护生态环境。

近年来，高唐县缓控释肥料施用量逐年增加，特别是在玉米上应用面积增长较快。不过要注意以下两个问题：一是烧苗问题，由于缓控释肥料总养分含量较高，有些控释肥只是对氮肥进行了缓控释放处理，如果肥料与种子隔离不好，会发生烧种、烧苗现象。二是后期脱肥问题，缓控释肥在玉米上作为种肥或定苗后的提苗肥，应及早施用，以防因肥效慢造成玉米前期脱肥。生育后期也要注意观察玉米长势，如果发生叶片发黄等脱肥现象，要及时追施速效氮肥。

三、高唐县常用玉米品种介绍

(一)浚单20

特征特性：幼苗叶鞘紫色，叶缘绿色。苗期长势强，株型紧凑、清秀，夏播生育期为95天左右，属中早熟品种；株高250cm左右，穗位高100cm左右，穗长20cm左右，穗行数16行，穗粗5.2cm；果穗筒型；结实性好，灌浆快，活秆成熟，根系发达，抗病、抗倒，黄粒、白轴、轴细，抗矮花叶病、粗缩病、大小斑病、青枯病、黑粉病。

栽培技术要点：夏播适宜播期为6月初至6月20日前，适宜种植密度为3500～4500株/667m²，一般肥力地为3500～3800株/667m²，高肥水地为3800～4500株/667m²，种植方式可采用等行距或宽窄行种植，等行距种植株距为25～32cm，行距为60cm；宽窄行株距为25～32cm，宽行行距为80cm，窄行行距为40cm。

(二)淄玉14

特征特性：株型半紧凑，夏播生育期为102天，株高279cm，穗位115cm，倒伏率为0.2%，倒折率为1.7%，较抗倒伏。果穗圆锥形，白轴、黄粒、马齿型。感小斑病、大斑病、弯孢菌叶斑病和茎腐病，感瘤黑粉病，抗矮花叶病。在锈病重发区慎用。

栽培技术要点:适宜密度为4000～4500株/667m²。

(三)郑单958

特征特性:幼苗叶鞘紫色,叶色淡绿,叶片上冲,穗上叶叶尖下披,株型紧凑,耐密性好。夏播生育期为103天左右,株高250cm左右,穗位111cm左右,果穗筒形,穗轴白色,籽粒黄色,偏马齿型,大斑病为0.1级,小斑病为0.6级,粗缩病为0.6%,青枯病为0.2%,抗病性较好。

栽培要点:5月下旬麦垄点种或6月上旬麦收后足墒直播;密度为3500株/667m²,中上等水肥地为4000株/667m²,高水肥地为4500株/667m²为宜;苗期发育较慢,注意增施磷、钾肥提苗,重施拔节肥;大喇叭口期防治玉米螟。

(四)隆平206

特征特性:株型半紧凑,全株叶片数为19～20片,幼苗叶鞘紫色,花丝粉红色,花药黄色。引种试验结果:夏播生育期为108天,株高271cm,穗位113cm,倒伏率为0.8%,倒折率为3.1%。果穗筒形,穗行数平均为15.2行,白轴、黄粒、半马齿型,出籽率为88.7%。抗小斑病,中抗大斑病和弯孢霉叶斑病,感茎腐病,高感瘤黑粉病,高抗矮花叶病。

栽培技术要点:适宜密度为3800～4000株/667m²,其他管理措施同一般大田。

(五)登海605

特征特性:在黄淮海地区出苗至成熟101天,需有效积温2550℃左右。幼苗叶鞘紫色,叶片绿色,叶缘绿带紫色,花药黄绿色,颖壳浅紫色。株型紧凑,株高259cm,穗位99cm,成株叶片数为19～20片。花丝浅紫色,果穗长筒型,穗长18cm,穗行数为16～18行,穗轴红色,籽粒黄色、马齿型。高抗茎腐病,中抗玉米螟,感大斑病、小斑病、矮花叶病和弯孢菌叶斑病,高感瘤黑粉病、褐斑病和锈病。

栽培技术要点:在中等肥力以上地块栽培,适宜密度为4000～4500株/667m²,注意防治瘤黑粉病,褐斑病、锈病重发区慎用。

四、高唐县玉米的主要虫害

主要害虫有玉米螟、玉米蓟马、玉米叶螨、二点委夜蛾、地下害虫金针虫等。

(一)玉米螟

玉米螟一般在高唐县发生三代,常年发生面积为26933hm²,发生级别为2级。

1.越冬期防治。冬季或早春虫蛹羽化之前处理玉米秸秆、穗轴、根茬,杀灭越冬幼虫,减少虫源。

2.抽雄前防治。玉米心叶初见排孔、幼龄幼虫群集心叶而未蛀入茎秆之前,采用1.5%的辛硫磷颗粒剂或呋喃丹颗粒剂,直接丢放于喇叭口内均可收到较好的防治效果。

3.穗期防治。花丝蔫须后,剪掉花丝,可用50%或80%的敌敌畏乳剂600～800倍液,或用90%的敌百虫800～1000倍液,或75%的辛硫磷乳剂1000倍液,滴于雌穗顶部,效果较好。

(二)玉米蓟马

常年发生面积为26667hm²,发生级别为2级。

危害症状:蓟马主要危害玉米叶片,受害后玉米叶片在边缘上出现断续的银灰色小斑条，严重的会造成叶片干枯。同时会释放出黏液，致使心叶不能展开，随着玉米的生长，玉米心叶形成“鞭状”，如不及时采取措施，就会造成减产，甚至绝收。

1.农业防治。合理密植，适时浇灌，及时清除杂草，有效减轻蓟马危害。

2.药物防治。当蓟马危害严重时应及时喷施药剂进行防治，可使用10%吡虫啉可湿性粉剂2000倍液，或48%毒死蜱1000倍液、30%吡虫啉乳油2500倍液，或5%的高效氯氟氰水乳剂3000倍液喷雾。

3.人工防治。对于已形成“鞭状”的玉米苗，可用锥子从鞭状叶基部扎入，从中间豁开，让心叶恢复正常生长。

(三)玉米叶螨

常年发生面积为10000hm^2，发生级别为1级。

1.一年中危害时间长。春暖后越冬虫恢复活动，开始点片发生，危害小麦或杂草。玉米幼苗出土后，转移到玉米上危害。先危害下部叶片，逐渐向上部叶片转移。当被害叶片失绿干枯后，又转移到其他绿色叶片上危害。玉米接近成熟叶片变黄，又转移到附近其他绿色作物或杂草上危害，直到10月中旬后在田边杂草根际土缝中越冬。7～8月是危害盛期，这时如干旱少雨，虫口数量会急剧上升，会迅速由点片扩散到全田。如雨量大或是水浇地，虫量上升慢，密度低，可起到抑制作用。

2.防治方法。

(1)清除田间、地头、沟渠边上的杂草；减少虫源。

(2)药剂防治。可用40%乐果乳油或20%三氯杀螨醇乳油、50%马拉硫磷乳油1000～1500倍液喷雾。三氯杀螨醇杀卵效果较好，但对成虫效果较慢；乐果对成虫效果好，但杀卵作用小，残效期短，因而选用药品时要根据虫情来确定。

五、高唐县玉米的主要病害

主要病害有玉米褐斑病、玉米叶斑病、粗缩病、玉米瘤黑粉病和玉米茎腐病等。

(一)玉米褐斑病

常年发生面积为26667hm^2，发生级别为2级。

1.农业措施。

(1)玉米收获后彻底清除病残体组织，并深翻土壤。

(2)施足底肥，适时追肥。播种时提倡施用种肥，最好是玉米配方肥，增强玉米抗病性。

2.药剂防治。

(1)积极预防。在玉米4～5片叶期，用15%的粉锈宁可湿性粉剂1000倍液喷雾，可预防玉米褐斑病的发生。

(2)及时防治。玉米发病时，用15%的粉锈宁可湿性粉剂1000倍液叶面喷雾，喷药要均匀周到，保护好上部叶片，尤其是雌穗以上的叶片都要喷到。为了提高防治效果，可在药液中适当加些天丰素、磷酸二氢钾、尿素等，促进玉米健壮，提高玉米抗病能力。

(二)玉米叶斑病

常年发生面积为26933hm^2，发生级别为3级。玉米叶斑病可分为玉米大斑病和小斑病，是高唐县这几年的主要玉米病害。

症状：主要危害叶片，有时也发生在叶鞘和老叶上，病斑多先由中下部叶片发生，逐渐向上蔓延，严重时叶片迅速干枯，使植株青干早死，影响灌浆，减产可达15%～30%，大斑病病斑边缘界限不明显，呈青灰色梭形大斑。有时几个病斑连在一起，成不规则形，可长达数10cm。潮湿时病斑长出大量黑色霉状物即病原菌的分生孢子。小斑病的病斑小而多，一般长度不超过1cm，宽度只限于两叶脉之间，近椭圆形，边缘较明显。赤褐色中央近黄褐色，有时可见2～3圈同心轮纹，潮湿时也可产生少量灰黑色霉。

防治方法：65%代森锌500倍液喷雾，50%多菌灵、70%甲基硫菌灵等500～800倍液喷雾。

（三）玉米粗缩病

常年发生面积为600hm^2，发生程度低。

玉米粗缩病目前尚无特效药剂防治，一旦发病对产量影响极大，控制的关键在于治虫防病，截断病毒传播途径，把传毒介体消灭在传播之前。具体措施有以下五个方面：

1.除草。小麦收获后、玉米播种前精耕细作，清除杂草，以减少虫源和毒源。

2.采用内吸性杀虫剂拌种或包衣。用60%吡虫啉悬浮种衣剂0.4%～0.6%，或40%甲基异柳磷按种子量的0.2%拌种或包衣。

3.合理安排种植方式和播期。适期晚播是预防粗缩病的有效措施，避免玉米苗期与小麦共生，减少灰飞虱的传毒机率。

4.适当晚定苗。间苗、定苗要掌握在病株显症后的玉米5～6叶以后。

5.药剂防治。麦蚜、灰飞虱兼治的药剂可每亩用10%吡虫啉10g喷雾防治。

（四）玉米瘤黑粉病

常年发生面积为13333hm^2，发生级别为2级。

1.农业防治。病田实行2～3年轮作。施用充分腐熟的堆肥、厩肥，防止病原菌冬孢子随粪肥传病。玉米收获后及时清除田间病残体，秋季深翻。适期播种，合理密植。加强肥水管理，均衡施肥，避免偏施氮肥，防止植株贪青徒长；缺乏磷、钾肥的土壤应及时补充，适当施用含锌、含硼的微肥。抽雄前后适时灌溉，防止干旱。加强玉米螟等害虫的防治，减少虫伤口；在病瘤未成熟破裂前，尽早摘除并深埋销毁。

2.药剂防治。对带菌种子，可用杀菌剂处理。例如，用50%福美双可湿性粉剂，按种子重量0.2%的药量拌种；或25%三唑酮可湿性粉剂，按种子重量0.3%的用药量拌种；或20%戊唑醇湿拌种剂用10g药，兑少量水成糊状，拌玉米种子3～3.5kg等。

（五）玉米茎腐病

玉米茎腐病属细菌性病害，高唐县近两年开始发生，面积为13333hm^2，发生级别低于1级。病株率一般为10%～20%，严重地块高达50%以上，其发病症状为：玉米10多片叶时，叶鞘上初现水浸状腐烂，病组织开始软化，散发出臭味，叶鞘上病斑不规则，边缘浅红褐色，病健组织交界处，水渍状尤为明显，湿度大时病斑向上、向下迅速扩展，严重时持续3～4天，病部以上倒折，溢出黄褐色病臭菌液。

防治方法：25%井岗蜡芽菌1000倍液或农用链霉素2000倍液喷雾。

六、高唐县玉米田的主要杂草

高唐县玉米田常见杂草有马唐、牛筋草、狗尾草、苋菜和马齿苋等。

防治方法：玉米播后苗前喷施60%的乙莠水和莠去津每亩用150～200mL混合封闭喷雾或苗后定向喷雾可选用20%的百草枯，每亩施200mL。

第五节 棉花测土配方施肥及配套技术

一、棉花的需肥规律

据试验，每生产100kg皮棉约从土壤中吸收氮素13.35kg、磷4.65kg、钾13.35kg。高唐县试验结果，亩产100kg皮棉从土壤中吸收氮15kg、磷6kg、钾10～15kg，上述结果均比较接近。棉花不同生育期吸收养分的数量是不同的。据研究，苗期吸收N、P、K的数量分别占一生吸收量的5%、3%、3%左右；从现蕾到始花期，N、P、K吸收量分别占一生吸收量的11%、7%、9%左右；从初花到盛花期，N、P、K的吸收量分别占一生吸收量的56%、24%、42%左右；吐絮以后，对N、P、K的吸收量分别占一生吸收量的5%、14%、11%左右。由上可看出，棉花一生中各生育期的需肥规律是：吸肥高峰期在花铃期，氮吸收高峰在前（始花期至盛花期），磷、钾吸收高峰在后（盛花期至吐絮期）。

二、施肥时期与方法

高唐县根据棉花的生育期、营养特点和本县的实际情况，总结出两种施肥方案。棉花肥料配方（$N-P_2O_5-K_2O$）：16-10-16、12-18-15、15-15-10。

棉花目标产量（籽棉）≤250kg/667m²，如果目标产量（籽棉）＞300kg/667m²，第一次追肥时，增加肥料量10～15 kg/667m²。

方案（一）：整地前撒施农家肥1000kg/667m²或商品有机肥200～400kg/667m²，播种时施用种肥（配方肥）20kg/667m²，第一次追肥在盛花期沟施配方肥30kg/667m²，第二次追肥在立秋前大行沟施或雨后地表撒施尿素7.5～10 kg/667m²。在生长后期叶面喷施600～800倍尿素和磷酸二氢钾溶液2～3次。

方案（二）：有机质含量高的地块，整地前撒施配方肥30～40kg/667m²，第一次追肥在盛花期沟施配方肥30kg/667m²，第二次追肥在立秋前大行沟施或雨后地表撒施尿素7.5～10 kg/667m²。在生长后期叶面喷施600～800倍尿素和磷酸二氢钾溶液2～3次。

微量元素的施用：微量元素缺乏地块可用硼肥作基肥或根外追肥，基肥为0.5～1kg/667m²，根外追肥为0.2%的硼砂溶液。锌肥作基肥或根外追肥，基肥为1～1.5kg/667m²，根外追肥为0.1%～0.2%的硫酸锌溶液。

三、高唐县常用棉花品种简介

（一）鲁棉研28

特征特性：生育期为130天左右，株型较松散，株高90.4cm，茎秆坚韧，茸毛中密，叶片中等大小、深绿色,全株有腺体,腺体中密,果枝始节位 6.8 节,单株结铃 15.7 个,铃圆形,铃尖微突,铃壳薄,吐絮畅而集中。出苗势一般,整个生育期生长发育稳健,中后期叶功能较强,不早衰,高抗枯萎病,耐黄萎病,抗棉铃虫。

栽培技术要点:地膜直播为 4 月 15～4 月 20 日,密度为 2800～3200 株/667m^2。多施有机肥,注意氮、磷、钾肥的配比,尤其要注意增施钾肥,重施花铃肥;一般情况下蕾期、初花期和盛花期各化控 1 次。

(二)晋棉 38

特征特性:生育期为 130 天左右,开花结铃较集中,坐桃节位较低,铃近圆形、较大。综合抗性好,高抗棉铃虫,高抗枯萎病,耐黄萎病。后期叶功能强,不早衰,青枝绿叶吐白絮。

栽培要点:密度为 3000～4000 株/667m^2,旱薄地以 3500～4000 株/667m^2 为宜。施足底肥,地膜覆盖,适期播种,一般水浇地留苗 3000～3500 株/667m^2。

四、棉花栽培技术

(一)地膜覆盖的作用

增温保墒、全苗早发(由于地膜覆盖引起棉田土壤温度、水分及理化性状的变化,对棉花出苗及生长发育有明显的影响)、抑制返盐(盐碱地盖膜后,由于物理阻隔,可阻挡地面垂直蒸发,迫使土壤水分横向蒸发或向薄膜的垄土上移动,这样就大大减少了土壤耕层内,特别是根系周围的盐分)、早熟增产。

(二)地膜覆盖栽培技术

1.整地。一般棉田最好进行冬耕冬灌、蓄水保墒、熟化土壤。实行春灌造墒,不宜过晚,灌后要浅耕耙耢,疏松土层。黏土要冬耕冬灌,早春顶凌耙地,不翻二犁。盐碱地不冬耕,早春起碱后翻耕、开沟,播前大水压盐,沟底施肥,深翻耙耢平整。

2.地膜覆盖方式。主要有平盖和起垄盖两种。平盖就是在播种行上平地覆盖,优点是操作简单,省工,易保墒,适宜于盐碱地和旱作棉田;缺点是低洼处膜面易积水或积土,影响薄膜透光。起垄盖增温效果较好,膜面不积水,便于利用垄沟浇水,而且盖膜紧贴地面,可防大风揭膜和杂草滋生,适用于水浇高产田和黏土地。

3.播种期。一般可在 5cm 露地地温稳定通过 12℃时播种,盐碱地适当晚播。

4.播种方式。先播后盖优点是适于机械操作,便于播种,保温好,遇雨土壤不易板结;缺点是放苗不及时,容易烫伤棉苗。先播后盖的棉田,播种后要留有种子沟,以防止烫苗。盖膜时要将地膜拉紧,不留空隙,两边埋深压实,并每隔 2～3m 在膜上压一堆土,防止播后遇风揭膜,减少杂草发生。

5.放苗。先播后盖的棉田,播种后要注意及时开孔放苗。放苗是一项时间性强和技术严格的措施,放苗过早,幼苗不能适应外界环境,常出现伤风或焦芽;放苗开孔压土不严,会因透风刮动地膜上下起伏伤苗,并易造成草荒或大风揭膜。放苗的时机:苗子放大不放小,放绿不放黄,避开中午放,阴天突击放,大风或临近降温天气推迟放。一般出苗后 4～7 天放苗,将苗放出膜外,用土将放苗孔封严。

6.揭膜。地膜覆盖的增温保墒作用主要是在棉花苗期、蕾期,开花以后棉株即将封行,加以当时气温升高,其增温效应已逐渐消失,而继续盖膜会影响降雨后土壤蓄水和田间管理。一般棉田可在初花期(约在6月底或7月初)揭去地膜。揭膜时要细心操作,防治损伤棉花,同时要拾净田间的残余薄膜。因为残膜在土壤中不能溶解消失,会造成土壤污染和破坏土壤结构,阻碍作物吸收养分。

7.栽培管理要点。地膜覆盖的棉花由于地温高,墒情适宜,如果盖膜不严或开孔透风,容易引起杂草丛生。防止杂草丛生的有效方法是严格掌握盖膜质量,放苗孔或发现地膜破裂处要用土封严、压实,使地膜与地面紧密相贴,避免破洞透风。由于盖膜棉花发育早,生长快,对肥水需要也比露地棉花早,因此,应适当提早供应肥水,以防早发后出现早衰。揭膜后要进行中耕培土,以便于浇水排水,防止棉花倒伏。苗期、蕾期害虫要注意适时防治。盖膜棉花在盛蕾初花期有生长较快的特点,要适时适量喷施助壮素,以防止徒长,促使株型紧凑,有利于增加结铃,减少烂铃。此外,棉花采用地膜覆盖,在实现早发的基础上,适当摘除早蕾,能增结伏桃,减少烂桃,增加产量。

五、科学化控

据有关部门研究证明,棉花化控可影响棉花30%的产量,但是棉农大部分是盲目化控,所以,推广一项简单易懂的棉花化控技术非常必要,特将多年积累的经验介绍如下:

苗期喷雾。棉花达8~10叶、株高20~30cm时,每亩用98%缩节胺0.5~1g,兑水20~30kg进行喷雾。

蕾期、初花期助壮。棉花主茎10~16叶、株高50~60cm,发现棉花现花时,每亩用98%缩节胺2~3g,兑水15~20kg,均匀喷施在棉株上部,一般可降低株高5~10cm,这是塑造理想的冠状结构、推迟封垄、简化整枝、减少脱落的最好时期。可促使根系下扎,调节水肥,使植株稳壮、早开花。

花铃期增铃。花铃期棉花打顶后一周左右,每亩用98%缩节胺4~6g,兑水20~25kg叶面喷施,可控制上部果枝甩长辫子和抑制赘芽生长,增强根系活力,增加蕾铃,还能防止棉花早衰,保叶、促桃,增效、增产显著。

棉花化控的注意事项:

1.缩节胺用量少,最好先配成母液,然后再按所需浓度配制,避免用药过多或过少。其在棉花上的药效期为15天左右,注意勿使药效期间断。

2.使用缩节胺要与追肥相结合,不要因用药后引起的叶色浓绿而少施肥。最好在田边留下对照行,观察是否缺肥。

3.化控的时间。缩节胺在强光下容易发生氧化分解,降低药效,故应避免在强光和高温下喷洒。在夏季,最好在下午高温后又有一段光照下后喷药较适宜,并要注意天气变化。在田间相对湿度高时喷施,可发挥最大药效。

4.棉叶对缩节胺吸收快而输出慢,喷药后2小时内是快吸收期,可吸收施药总量的一半,2~6小时变慢,6小时之后基本吸够作用量,故一般喷药后6小时内若下雨,需重喷。

5.植物生长调节剂的使用次数和用量,应根据品种、气候、密度、棉株长势及水肥情况灵活掌握。

六、高唐县棉花的主要虫害

(一)棉铃虫

高唐县常年发生面积为38000hm^2,发生级别为2～3级。由于高唐县种植的多为抗虫棉,棉田二、三代一般不用防治,只有发生重的年份用药物防治,可选用5%的甲维盐或10%的氟铃脲。但是抗虫棉在高唐县种植已有10多年的历史了,棉铃虫已产生抗性,所以要注意及时防治。

(二)棉盲蝽象

高唐县常年发生面积为13333hm^2,发生级别为2级。

1.早春防治。越冬卵孵化前(3月以前)清除棉田及周围杂草,或卵孵化后在越冬虫源集中地喷洒5%联苯菊酯1500倍液,以减少越冬虫源。

2.苗期防治。20%啶虫脒和5%阿维菌素2000倍液喷雾可防治蚜虫和红蜘蛛等有害生物。

3.成株期防治。用20%灭多威2000倍液,或5%氟虫清2000倍液喷雾防治。

(三)烟粉虱

高唐县发生面积为13333hm^2,发生级别为3级。

1.农业措施。冬春季清除田边地头杂草,销毁棉粉虱早春存活繁殖的场所。因棉粉虱喜黄色,将黄色黏胶板或塑料膜挂在棉田地边,可吸引粘连成虫致死。

2.化学防治。40%吡虫啉2000倍液,48%毒死蜱1000倍液喷雾防治,由于烟粉虱世代重叠严重,故应间隔3～5天,连续施药2～3次。

(四)棉蓟马

高唐县常年发生面积为10000hm^2,发生级别为2级。

1.农业措施。棉田冬前深耕灌溉,春季清除田内外杂草,减少越冬虫源。棉苗出土后,结合田间定苗,拔除“公棉花”和“多头棉”,带出田外深埋。

2.药剂喷雾。棉苗出土后,用50%辛硫磷1500倍液、5%氟虫清2000倍液喷雾防治,每隔7～10天喷一次,尤其是干旱年份危害更重。

七、高唐县棉花的主要病害

高唐县棉花苗病常年发生面积为6667hm^2,发生级别为1级,主要有立枯病、炭疽病和红腐病、枯黄萎病。

(一)立枯病

棉苗出土前即可发病,造成烂种、烂芽。出苗后发病的部位是与表土层交接的茎基部,先在茎基部产生黄褐色病斑,病斑逐渐扩展,绕茎基部一周,缢缩,呈蜂腰状,苗子萎蔫倒折。拔起病苗可见病部有丝状物缠绕的小土粒(菌丝缠绕),表皮脱落。

(二)炭疽病

棉苗出土前幼芽、幼根变褐色、腐烂。棉苗出土后,与表土层交界的茎基部一侧先出现红褐色小斑点,后逐渐呈梭形凹陷病斑。病斑中央灰白色,边缘红褐色,严重时病斑连接包围茎基部造成死苗,病斑处红褐色,湿度大时,病斑上产生小粒点,表面有粉红色粉状物(孢子团)。此外,幼苗叶缘上可形成椭圆形病斑,后期在棉铃上也可发病(圆形凹陷斑)。

(三)红腐病

发病部位为整个根部。棉苗出土前幼芽变褐色、腐烂,出土后整个根尖端呈褐色,水浸状,略肿胀,后腐烂死苗,病轻的可在根茎部长出新根,但苗弱。

防治方法:由于棉苗病害种类多,常常几种病害混合发生,而且受环境条件和棉苗本身抗病力的影响。因此,应在预防的基础上,重点抓好播种阶段的种子消毒及土壤处理和幼苗阶段的栽培管理和药剂防治等综合措施。

1.播种阶段。

选种、晒种、选优汰劣。此项措施与栽培上的要求是一致的,除具有促进种子后熟、增强生活力外,晒种还可直接杀死部分病原菌,以减少带菌量。

2.出苗后防治。

(1)及时喷药防治。棉花出苗后如遇低温多雨,尤其受寒流影响,应及时喷药防治叶部危害。70%代森锰锌可湿性粉剂500～800倍;50%多菌灵、20%甲基硫菌灵800～1000倍喷药治疗。

(2)加强栽培管理:主要配合栽培管理要求,如适期播种,出苗后及时划锄,散湿增温,提高地温,促壮苗,增强抗病力。

(四)棉花枯黄萎病

常年发生面积为3333hm^2,发生级别为1级。

防治方法:

1.选择抗病品种,如鲁棉研28、晋棉38等。

2.苗期早预防:出苗后隔7～10天喷一遍,50%多菌灵600倍液、20%井岗霉素菌800倍液、5%丙烷脒1000倍液交替轮换使用。

八、高唐县棉田的主要杂草

高唐县棉田常见的杂草有马唐、牛筋草、藜、苋菜和马齿苋等。

防治方法:

1.播后苗前可选用48%二甲戊乐灵每亩施30～50mL(膜下)。

2.苗后可选用20%精喹禾灵每亩40～50mL喷雾,可防治禾本科杂草。

第六节 花生测土配方施肥及配套技术

一、花生的需肥规律

花生正常生长发育需氮、磷、钾、硫、铁、锌等多种元素。花生是高产作物,需肥量大,每生产100kg花生荚果,需要氮2.5～2.7kg、磷1.1～1.4kg、钾3.2～3.8kg。

花生不同生育期对氮、磷、钾养分的吸收量不同。苗期需要的养分数量较少,氮、磷、钾的吸收量仅占一生吸收总量的5%～10%;开花期吸收养分数量急剧增加,氮的吸收占一生吸收总量的17%、磷占22.6%、钾占22.3%;结荚期是花生营养生长和生殖生长最旺盛的时期,有大批荚果形成,也是吸收养分最多的时期,氮的吸收占一生吸收总量的42%、磷占46%、钾占60%;饱果成熟期吸收养分的能力渐渐减弱,氮的吸收占一生总量的28%、磷占22%、钾占7%。

二、施肥时期及方法

根据花生的生育期、营养特点和本县的种植习惯,总结出两种施肥方案。春花生目标产量500kg/667m^{2}以上,第一次追肥时肥料量增加10~15kg/667m^2。

适合我县的花生肥料配方有两种,N-P_2O_5-K_2O为12-18-15或15-15-10。

方案(一):春花生整地前撒施农家肥1000kg/667m^{2}或商品有机肥200~400 kg/667m^2,播种时施用种肥(配方肥)20kg/667m^2,第一次追肥在苗后15~20天,追施尿素5~10kg/667m^2,第二次追肥在花针期沟施配方肥30kg/667m^2,在苗期叶面喷施1000倍含钼、铁、硼微量元素溶液1~2次,另外在花生荚果膨大期叶面喷施1000倍含钼、铁、硼微量元素溶液1~2次。

方案(二):夏花生目标产量在400kg/667m^2,追肥在初花生期沟施配方肥50 kg/667m^2,在苗期叶面喷施1000倍含钼、铁、硼微量元素溶液1~2次,另外在花生荚果膨大期叶面喷施1000倍含钼、铁、硼微量元素溶液1~2次。

三、高唐县常用花生品种简介

(一)花育25号

特征特性:属早熟直立大花生,生育期为129天左右。主茎高46.5cm,株型直立,分枝数为7~8条,叶色绿,结果集中。荚果网纹明显,近普通型,籽仁无裂纹,种皮粉红色,抗旱性强,较抗多种叶部病害和条纹病毒病,该品种后期绿叶保持时间长、不早衰。

栽培技术要点:适宜中等肥力以上土壤种植,春播每亩播9000~11000穴,每穴两粒。在施肥上应施足基肥,确保苗齐、苗壮。

(二)花育22号

特征特性:属疏枝型早熟大花生,株型直立,叶色浓绿,结果集中,生育期为130天左右,抗倒性及抗旱耐涝性中等,主茎高35.6cm,侧枝长40cm,总分枝为9条,单株结果为13.8个。品种属中间型,荚果普通型,果较大,网纹粗,籽仁椭圆形,种皮粉红色,内种皮金黄色。

栽培技术要点:适宜在肥力中等以上排灌方便的沙壤地种植,春播密度为每亩9000~10000墩,夏播为10000~11000墩。

(三)丰花3号

特征特性:属疏枝型早熟大花生,株型直立紧凑,叶色深绿,生长势强,生育期为130天左右,抗病性及抗旱耐涝性中等,适应性广。主茎高42.6cm,侧枝长48.1cm,总分枝为8条,单株结果为14.5个,单株生产力为19.3g。品种属中间型,荚果普通型,籽仁是椭圆形,种皮粉红色,内种皮橘黄色。

栽培技术要点:春播、夏直播覆膜、麦田套种均可,适宜密度为每亩9000~10000穴。施肥以磷肥为主,辅以氮肥。后期注意防治叶斑病。

第七节 苹果施肥技术

一、苹果树的营养特点

(一)苹果树属多年生作物,各时期对养分的需求不同

生长期大致分为幼年期、初果期、盛果期、更新期和衰老期,在不同时期有其特殊的生理特点和营养要求。

1.幼龄期(开花结果以前)需肥量少,但对肥料敏感。要多施有机肥、施足磷肥,促进根系生长,适当配合氮、钾肥。

2.初果期(开花结果后至形成经济产量之前)是营养生长向生殖生长转化的关键时期,施肥需区别对待。若营养生长较强,应以磷肥为主,配合钾肥,少施氮肥。若营养生长未达到结果的要求,培养健壮树势仍是施肥重点,应以磷肥为主,配合氮、钾肥。

3.盛果期(大量结果期)以优质丰产、维持健壮树势,提高果品质量为目标。这个时期应以氮、磷、钾配合施用,并根据树势和结果多少有所侧重。

4.更新衰老期(结果减少,树势衰老的时期)应偏施氮肥,维持树势,延长盛果期。

(二)储藏营养对果树生长有重要影响

储藏营养可以保证植株顺利度过不良时期,保证下一年养分供应,如不足,冬季树体抗逆性必然降低,常出现寒害、冻害,甚至死亡,也会影响第二年正常萌发、开花、坐果、新梢生长等。提高储藏营养的关键时期是果实采收后到落叶前,早施基肥和加强根外补肥是行之有效的技术措施。

(三)营养生长与生殖生长对养分的吸收竞争激烈

在生命周期中,幼树良好的营养生长是开花结果的基础。在有机肥充足的果园可以少施氮肥,多施磷肥,但在贫瘠土壤上要重视施用氮肥,同时要加强根外追肥。当营养生长进行到一定阶段(苹果的标志是树干周长在20cm以上),要及时促进营养生长向生殖生长的转化,土壤施肥以磷、钾为主,少施氮肥;叶面肥早期以氮为主,中后期以磷、钾为主。盛果期果树要氮、磷、钾配合,增加氮、钾用量,以满足果树生长和维持健壮树势的需要。

二、果树施肥技术

(一)果树的施肥原则

第一,用地与养地相结合,有机与无机相结合;第二,改土养根与施肥相结合;第三,平衡施肥;第四,合理施用微量元素肥料和中量元素肥料。

(二)果树年周期营养的施肥时期

以盛果期果树为例,基肥施用时期:秋季果实收获后立即施用基肥,以有机肥为主,配合施用氮、磷、钾化肥,根据长势调节氮、磷、钾的施用比例,注意施用微量元素和中量元素肥料。

早春萌芽前后:追施氮肥,若上年秋季没有施用基肥,可在早春补施。

花芽分化前：花芽分化前追肥对提高产量的效果最明显。

果实膨大期：施肥以磷、钾为主，一般不再施用氮肥。

（三）苹果对矿质营养的需求

苹果对矿质营养元素吸收量的顺序为：钙＞钾＞氮＞镁＞磷。氮、磷、钾是苹果生长必需的，也是构成果实的主要矿质营养，消耗量大，土壤供给不足，需要持续周期性补充。钙和镁主要存在于根茎叶中，果实中含量很少，并且在山东省苹果栽培土壤中，一般情况下钙和镁的含量能满足需要，新建果园不需要或者不需要每年施用钙镁肥料。苹果对氮的需求分为三个时期，第一时期——从萌芽到新梢加速生长为大量需氮期；第二时期——新梢旺长后期到采收前稳定需氮期；第三时期——果实采收后到落叶为氮素储备期。苹果树周年营养对磷的需求平稳，基本无高峰和低谷；对钾的需求量以果实膨大期为最大。

三、常用的施肥方法

1. 环状施肥又叫"轮状施肥"，是在树冠外围稍远处挖一环状沟，沟宽 30～50cm，深 20～40cm，把肥料施入沟中，与土壤混合后覆盖。此法操作简便、用肥经济，适于幼苗使用。但挖沟时易切断水平根，且施肥范围较小，易使根系上浮分布于表土层。

2. 放射状沟施是在树冠下，距主干 1m 以外处，顺水平根生长方向放射状挖 5～8 条施肥沟，宽 30～50cm，深 20～40cm，将肥施入。为减少大根被切断，应内浅外深。可隔年或隔次更换位置，并逐年扩大施肥面积，以扩大根系吸收范围。

3. 条沟施肥，即在树冠外围滴水线内外，挖宽 20～30cm、深 30cm 的条状沟，将肥施入，也可结合深翻进行，每年更换位置。此法适宜于宽行密株栽培的果园采用，较便于机械化。

4. 穴状施肥，即在树冠外围滴水线外，每隔 50cm 左右环状挖穴 3～5 个，直径为 30cm 左右，深 20～30cm。此法多用于追肥，如施液态氮、磷、钾或沼液等，以减小与土壤的接触面，避免被土壤固定。

5. 全园施肥，即在果园树冠已交接、根系已布满全园时，先将肥料撒于地面，再翻入土中，深约 30cm。但因施肥浅，常诱发根系上浮，降低根系抗逆性。若与其他施肥法交替施用，可互补不足，充分发挥肥效。

四、苹果树施肥

（一）幼年期苹果树施肥

新辟果园幼年期苹果树以有机肥为主，未结果幼年期苹果树每亩每年施用有机肥 3000～4000kg。如果土壤养分含量水平在中等范围内，每株年施用 N 0.12～0.35kg。要注意防止施肥过量（特别是 N 过量）造成果树过旺生长，N、P_2O_5、K_2O 比例为 1∶(1.2～1.3)∶1，化肥用量应随树龄逐年增加。因为多数新辟果园土壤钾养分含量不足，在苹果幼年期补充土壤钾是非常必要的。如果是矮化砧木苹果树，应适当减少肥料用量，N、P_2O_5、K_2O 比例保持不变。在老果园土壤上更新果园，应根据土壤肥力高低调节 N、P_2O_5、K_2O的施用量及其比例（N、P_2O_5、K_2O 比例一般掌握在 1∶1∶0.8）。有机肥和化肥可以全年在秋季一次施入。

(二)结果树的施肥

苹果树的结果期可分为初果期和盛果期。

初果期苹果树施肥应保持有机肥施用充足,为满足树冠继续扩大的需要,每亩每年施用N 15～22kg,施肥量随树龄逐年增加,N、P_2O_5、K_2O比例为1∶0.8∶1。

结果树的施肥分为四次,要根据树长势调整每次施肥的N、P_2O_5、K_2O养分比例。树势弱或花芽过多,在秋季和早春要增加氮肥施用量;花芽分化不良,要促进花芽分化,则花芽分化前多施氮肥。四次施肥N、P_2O_5、K_2O大体施用比例如下。

第一次施肥:秋季果实采收后立即施用基肥,全年N的40%、P_2O_5的40%、K_2O的30%,微肥可以与基肥一起施入(微肥一次施用可以持续2～3年有效)。

第二次施肥(次年春季萌芽前):全年N的30%、P_2O_5的10%、K_2O的10%。

第三次施肥(花芽分化前、5月底):全年N的30%、P_2O_5的30%、K_2O的20%。

第四次施肥(果实膨大期、7月初):P_2O_5的20%、K_2O的40%。

(三)微肥的施用

施用微肥有基施(与有机肥混合施用)和根外施肥两种形式。幼树秋季基施50～100g/株硼砂,结果树100～150g/株硼砂;结果树基施硫酸锌100g/株。

在基肥没有施用微肥时,初花期和盛花期喷洒0.3%硼砂溶液2～3次;在盛花期后2～3周,每隔7～10天喷洒0.2%～0.3%硫酸锌溶液1次,共喷3次。

第十二章　耕地地力提升对策

第一节　盐碱地改良利用

高唐县属黄泛平原，历史上因多次受黄河泛滥沉积，各次的水流大小、主流流向、延续期时间长短不同，造成沉积的土粒大小、土层厚薄也不相同，沉积层次极为复杂，土壤分布的大体规律是高沙、洼淤、二坡碱。由于微地貌的变化，引起水文的差异，形成了各种土壤类型，河滩高地多分布褐土化潮土，坡地多分布潮土和盐化潮土，洼地多分布盐化潮土和潮盐土，古河床高地多分布风沙土。

盐化潮土和潮盐土都属于盐碱土类型，其共同特点是土壤质地偏轻，地下水位较高，土壤容重较大，通气孔隙少，毛管作用强，土体中（尤其是 0～20cm 耕层土壤）盐分含量高，影响农作物正常生长发育。根据高唐县 1983 年土壤普查结果，高唐县盐碱以硫酸盐为主，因此，高唐县按含盐量的高低分为轻度盐化潮土、潮盐土、中度盐化潮土、重度盐化潮土，含盐量分别为 2～4g/kg、4～6g/kg、6～10g/kg、10g/kg 以上。

高唐县土壤盐化严重，盐害一直是土壤的一个严重的制约因素。第二次土壤普查时，全县盐碱地面积高达 $19498hm^2$，占土地总面积的 24.51%。尽管经过二十多年的改良利用，盐碱地面积大大减少，但土壤盐分仍是影响高唐县农业生产的一大障碍因素。为了全面准确地掌握目前高唐县盐分含量变化情况，进一步完善高唐县耕地地力评价工作，按照山东省、聊城市土肥站的要求，结合高唐县实际情况，2011 年 3～5 月进行了土壤可溶性盐分的土样采集和测定工作，并与第二次土壤普查结果相比较，形成了高唐县土壤盐分专题报告。

一、盐碱地的形成

高唐县盐碱地的形成原因主要有 5 种。

（一）矿化度因素

地下水矿化度较高，当时盐碱地地下水矿化度平均为 2.18g/L，最高达 9.64g/L，这是盐碱地形成的根本原因。

根据第二次土壤普查情况，潜水矿化度一般为 1～2g/L，低于 0.5g/L 的淡水有 $2109.06hm^2$，占耕地总面积的 3.38%，主要分布在清平镇的扈庄一带及姜店镇桥以北傅。矿化度为 0.5～2g/L 的弱矿化水有 $49232.18hm^2$，占耕地总面积的 78.9%，分布最广。矿化度在 2～5g/L 的矿化水有 $10482.9hm^2$，占耕地总面积的 16.8%，主要分布在尹集镇南部、东部，琉寺镇东部、东南部，人和街道办事处南部，梁村镇东南部，赵寨子北部、南部等。矿化度为5～10g/L的强矿化水有574.06hm²，占耕地总面积的0.92%（见表12-1）。

表12-1 潜水矿化度统计表

潜水类型	矿化度(g/L)	面积(hm²)	占%
淡水	<0.5	2109.06	3.38
弱矿化水	0.5～2	49232.18	78.9
矿化水	2～5	10482.9	16.8
强矿化水	5～10	574.06	0.92
合计		62398.2	100

（二）土壤质地

盐碱地土壤质地多为沙壤和轻壤，土壤质地偏轻，毛管作用强烈，加上大都没有黏土层进行阻隔，地下水位容易上升。

（三）气候因素

高唐县属于暖温带季风气候区，具有显著的季节变化和季风气候特征，属半干旱大陆性气候，蒸发量大，年降雨量平均为541.6mm，年蒸发量平均高达2248.7mm，蒸发量是降雨量的4倍多。春季和晚秋这个矛盾更为突出，由于蒸发量大，盐分随地下水沿毛管上升到耕层土壤。

（四）地貌类型

地势低洼：排水困难容易积水，引起地下水位升高，地下水很容易沿土壤毛管上升到地表，水去盐存，使地表含盐量逐年增多。

缓平坡地：因洼地容易积水，洼地周围的坡地受低处积水的侧压影响，水分上行，迅速在地表蒸发，水去盐存，形成二坡盐碱。

（五）土地不平

在农作物生育期灌水时，地块高处常因浸淹不到或水层薄而先行暴露出土，在阳光照射下地温高，蒸发量大，同时吸收着临近土壤中的水分，而盐同时随水而来，盐分积累增多形成盐斑。在农田低处常因土壤本身含盐、灌溉水中也含有较多盐分，在积水处通过积累也易形成盐斑。

二、盐碱的危害

（一）对土壤理化性状的影响

盐碱地由于土壤内大量盐分的积累，引起一系列土壤物理性状的恶化：土壤板结，通气性差，容重高，地温上升慢，渗透系数低，毛管作用强，土壤中好气性微生物活动性差，养分释放慢，营养元素比例失衡。

（二）引起作物的生理干旱

盐土中含有过多的可溶性盐类，可提高土壤溶液的渗透压，使作物根系及种子发芽时不能从土壤中吸收到足够的水分，甚至会导致水分从根细胞外渗，使作物萎蔫，甚至死亡。

(三)伤害作物组织

土壤含盐量过高,尤其在干旱季节,盐类集聚表土常伤胚轴,其伤害能力以碳酸钠、碳酸钾为最大。在高 pH 下,对作物造成直接伤害。作物体内集聚过多的盐,使蛋白质的合成受到严重阻碍,从而导致含氮的中间代谢物的积聚,造成细胞中害。由于钠离子的竞争,使作物对钾、磷和其他营养元素的吸收减少,磷的转移也会受到抑制,从而影响作物的营养状况。影响作物的气孔关闭。在高浓度盐类作用下,细胞内的淀粉形成受到阻碍,致使气孔不能关闭,因此作物容易干旱枯萎。

三、第二次土壤普查时土壤盐分情况

(一)第二次普查总体情况

第二次土壤普查时,全县共有盐碱地 19498hm²,占土地总面积的24.51%,其中轻度盐碱地为 454hm²,占耕地总面积的 0.57%,中度盐碱地为 8788hm²,占耕地总面积的 11.04%,重度盐碱地为 1833hm²,占耕地总面积的 2.31%,盐碱荒地为 8423hm²,占耕地总面积的 10.58%(见表 12-2)。

表 12-2　　盐碱地盐化程度分级表

土壤类型	盐化程度	含盐量(g/kg)	缺苗情况	面积(hm²)	占耕地面积(%)
	轻度(一)	2～4	一成左右	454	0.57
盐化潮土	中度(二)	4～6	二三成	8788	11.04
	重度(三)	6～10	四五成	1833	2.31
潮盐土	盐荒地	＞10	无农作物	8423	10.58

(二)盐碱地的分布情况

20 世纪 80 年代初,高唐县盐碱地的分布情况可概括为"一条线,两大片"。一条线指北起梁村的郭老庄、王庄,经代楼、东崔、东铺、汇鑫街道办事处北邱至赵寨子东北部、姜店西北部。两大片:一片是清平的东南、赵寨子的南部、姜店的南部和西南部;另一片是姜店东南部、东部,杨屯的西部,琉寺的西北部、西部。

对照地貌图可以看出,盐碱地的分布有以下 3 个特点:大都分布在缓平坡地上,有高沙、洼淤、二坡碱的分布规律;在引黄干渠附近盐碱危害较重,原因是引水抬高了两侧的地下水位,引起返盐;在河间浅平洼地上较为集中,原因是地势低洼,排水困难,容易返盐。

四、2011 年土壤盐分含量情况

每年春季三、四月由于气温回升快,多风,蒸发量大,而且干旱少雨,是返盐的高峰。高唐县于 2011 年 3 月 20 日开始进行室内布点,3 月 24 日～4 月 1 日进行了土壤样品的采集,4 月 10 日开始化验土壤盐分。

(一)布点情况

利用第二次土壤普查的土壤图在盐化潮土和潮盐土上进行了盐分取样点的安排布置。每个盐化潮土和潮盐土图斑至少安排一个取样点,其中小图斑在图斑的中心位置布点，大图斑安排 2～3 个取样点，共安排布点 100 个。特别注重了尽量在第二次土壤普查取样点上进行布点，布点过程中也多次争求各镇农技站的意见，力争做到突出重点、兼顾全面，在原有盐分危害的地块上布点 100 个。

(二)取样情况

1. 取样时间：一般每年的 3～4 月是返盐高峰时期，山东省土壤肥料总站要求 4 月进行盐分取样，但是考虑到高唐盐碱地多数是种植棉花，棉田一般在 3 月底 4 月初开始浇地造墒，灌水后，土壤耕层盐分就会随水下渗，这时再进行取样就会与土壤实际盐分含量情况产生偏差，所以对取样时间进行调整，定在了 3 月 24 日～4 月 1 日进行。

2. 取样方法。

(1)到达取样点所在村庄后，首先找到村干部或有经验的农户了解该村及周边村庄原来土壤盐碱程度、范围、现在的盐分和产量情况。再到采样点进行采样，同时对采用地块基本情况包括方位、经纬度、上茬作物及表层盐分情况的感观印象进行记录。

(2)具体方法：采用 5 点采样方法，每个地块随机选取 5 个有代表性的点，分别进行了两层(0～5cm、5～20cm)取样。

(三)土壤可溶性盐分的测定

1. 测定方法：重量法。

2. 方法原理：土壤样品和水按一定比例混合，振荡后，将土壤中可溶性盐提取到溶液中，然后将溶液进行过滤。吸取一定的浸出液，蒸干除去有机质后，烘干、称量，计算出土壤全盐含量。

3. 操作步骤：称取通过 2mm 筛的风干土样 20g，置于 150mL 塑料瓶中，加入 100mL 除去 CO_2 的蒸馏水(新蒸馏水煮沸 20min 后冷却)，振荡 3min。离心 5min(10000r/min)，吸取清凉浸出液 25mL，置于已知烘干质量的瓷蒸发皿内，于 100℃水浴锅上蒸干(大约 1.5h)。近干时，如发现有黄褐色物质，用滴管沿皿壁周围加入少量 15%双氧水，使残渣浸湿，继续在水浴锅上加热除去有机质，反复处理至残渣发白，蒸干。将蒸发皿放入 100℃～105℃烘箱中烘干 3h，在干燥器中冷却后称重。

4. 盐分含量情况：对 0～5cm、5～20cm 土壤含盐量进行加权平均，得出每个取样点的土壤可溶性盐的含量。

五、土壤盐分的变化趋势及原因分析

(一)2011 年盐碱地调查情况

本次盐碱地盐分取样化验共安排了 100 个点，在第二次土壤普查土壤图上布点。其中，在原盐碱土上安排了 61 个点，重度盐化潮土上安排 9 个点，在中度盐化潮土上安排了 28 个点，轻度盐化潮土上安排了 1 个点，潮土上安排了 1 个点(见表 12-3)。

表 12-3　　100 个取样点土壤盐碱程度变化情况

1983 年 \ 2011 年	潮盐土	重度盐化潮土	中度盐化潮土	轻度盐化潮土	非盐化潮土
61 个潮盐土	12	16	10	12	11
9 个重度盐化潮土	1	2	0	4	2
28 个中度盐化潮土	0	5	4	10	9
1 个轻度盐化潮土	0	0	0	0	1
1 个潮土	0	0	0	0	1
总计	13	23	14	26	24

从表 12-3 化验结果看，100 个取样点中有 86 个盐化级别减少，14 个盐化程度没变，但含盐量减少。如赵寨子前纸村，1983 年含盐量为 14.29g/kg，2011 年为 10.17g/kg，同为潮盐土，但含盐量减少了 4.12g/kg。

2011 年，100 个土样中属于潮盐土范围的有 13 个，平均盐分含量为 14.56g/kg；重度盐化潮土范围的有 23 个，平均盐分含量为 7.42g/kg；中度盐化潮土范围的有 14 个，平均盐分含量为 5.24g/kg；轻度盐化潮土范围的有 26 个，平均盐分含量为 2.98g/kg；潮土范围的有 24 个，平均盐分含量为 1.46g/kg。

（二）盐碱地面积大幅减少

与 1983 年土壤普查时的盐碱地面积调查情况相比，高唐县盐碱地面积已大幅度减少。表 12-4 是盐碱地面积变化表。

表 12-4　　高唐县盐碱地面积变化表

盐碱化程度	1983 年面积(hm^2)	2011 年面积(hm^2)
轻度	454	1781.24
中度	8973.5	1909.83
重度	2499.7	935.62
潮盐土	1249.9	759.81

从表 12-4 可以看出，中度盐化潮土、重度盐碱地和潮盐土比 1983 年面积减少，分别为 7063.67hm^2、490.09hm^2 和 1564.08hm^2，轻度盐碱面积增加，为 1327.24hm^2。

六、盐碱地改良利用措施

改良盐碱地的原则是“水利措施是基础，农业措施是根本，工程措施是保证”。

（一）水利措施

1. 建设水利设施，完善排水系统。对地势低洼的盐碱地块，通过挖排水沟，雨后可及时排出地面积水，带走部分土壤盐分，另外也可通过排水降低地下水位，把地下水位控制到临界深度(小于土壤毛管作用强烈上升高度,从而避免表土积盐的地下水埋深)以下。

2.大水洗盐、压盐。在水源充足、引水方便、排水良好的农田,根据盐溶于水的特性,在播前采取大水洗盐、压盐,把地表盐压在耕层以下,使地表盐分降低,效果非常明显。据调查,盐碱地块棉花在播前10天大水压盐的比未压盐的出苗率高30%。

3.大力发展井灌。高唐县地下水丰实,而且80%的矿化度在2g/L以下。发展井灌不但解决了黄水不足,同时使地下水位降到临界深度以下,阻止了土壤地下水的强烈蒸发运动,起到改盐作用。另外长期井灌改变了土壤盐分运动条件,使表土盐分不断向下层底土移动,整个土体处于脱盐状态,起到了井灌压盐的作用。

(二)工程措施

1.修建台田。对地势低洼、排水困难的地块使用挖土机挖土,把农田抬高,相对降低地下水位,防止表层返盐。

2.刮盐。在重盐碱地块及盐荒地,可采取直接刮去表层盐碱土的方法。

(三)农业措施

1.合理耕作。平整土地,精耕细作。土地不平,高水下流,洼地积水,这是盐碱地形成的一个重要原因。搞好土地平整不但能有效减少次生盐渍化的发生,也有利于灌溉和耕作。同时还要精耕细作,这样不但加厚熟土层,而且能使土壤的大小孔隙比较协调,有利于脱盐,防止地下水上升加重盐碱程度。还要适时耙地,耙地可疏松表土,截断土壤毛细管水向地表输送盐分,起到防止返盐的作用。耙地要适时,要浅春耕、抢伏耕、早秋耕、耕干不耕湿。

2.增施有机肥,培肥地力。有机肥不但能提高土壤肥力,还能增加土壤腐殖酸含量,促进团粒结构形成,改良盐碱地通气、透水性,抑制土壤返盐。另外,有机质在分解过程中产生大量有机酸,可以中和土壤碱性。

3.正确选用化肥。因高浓度复合肥无效成分少、残留少,施用化肥时应选用高浓度复合肥,控制低浓度肥料的施用,另外,化肥用量每次也不能过多,以免加重土壤次生盐渍化。盐碱地应避免施用碱性肥料,如碳酸氢铵、钙镁磷肥等,而应选用中性和酸性肥料。硫酸钾复合肥是一种生理酸性肥料,适合在盐碱地上施用。

4.种植耐盐碱的作物。棉花是木本作物,根系发达,有较强的耐盐碱能力。中度盐碱地甚至是重度盐碱地,播种前经过大水压盐,适当延后播期,再加上地膜覆盖,种植棉花仍能有较好的收成。

5.搞好秸秆还田。秸秆还田改变了原有的土壤结构,降低了盐碱地强烈的毛管作用,能够抑制土壤返盐。

6.地膜覆盖。实行地膜覆盖,可减少土壤水分蒸发,从而降低土壤返盐程度。

七、盐碱地改良新举措

尽管现在高唐县土壤盐碱化程度与第二次土壤普查时相比有了很大改观,但土壤盐渍化对高唐县耕地仍然存在着相当大的危害。

现阶段高唐县防治土壤盐碱化应采取的主要措施有:通过涉及耕地治理改良的农业项目,对盐碱涝洼地进行治理;结合水利项目,进一步完善灌排系统,做好渠道防渗及节水灌溉工程建设；全面推广农作物秸秆还田技术；搞好测土配方施肥，有效控制化肥不合理施用造成的土壤盐分过度积累。

第二节 搞好作物秸秆还田 提升耕地地力水平

秸秆是作物根、茎、叶的总称。农作物秸秆指农作物收获果实、籽粒后所有剩余部分。光合作用产生的营养物质有一半以上储存在秸秆里。一般农作物秸秆产量是籽粒产量的1～1.5倍。高唐县每年大约产生各种农作物秸秆682822吨，这些农作物秸秆利用的好是一笔非常可观的资源，利用不好就会造成环境污染。

高唐县农民对农作物秸秆利用有悠久的历史，只是由于从前农业生产水平低，产量低，秸秆数量少，秸秆除少量用于垫圈、喂养牲畜，部分用于堆沤肥以外，大部分都作为燃料烧掉了。随着高唐县农业生产发展，自20世纪80年代以来，粮食产量大幅度提高，秸秆数量也相应增多，但随着经济情况的改善，农村生活中烧煤和使用液化气成为主流，用秸秆烧火做饭的越来越少，农村这两种形势的变化造成了农作物秸秆的大量富裕。进入21世纪以来，高唐县农业机械化水平不断提高，先是小麦联合收割机的普及使麦秸直接还田成为可能，随后玉米的机械化收割又推动了玉米秸秆直接还田的普及。目前，高唐县秸秆直接还田量占到了各种农作物秸秆总量的66 %，秸秆的其他利用形式主要是用作饲料，实现秸秆过腹还田，还有一部分作为工业原料，生产纸浆、糠醛等工业产品，或作为能源进行生物发电，另外还有很少一部分作为生活燃料。

一、农作物秸秆生产情况

高唐县是农业大县，总耕地面积为62398.2hm^2，2008年各种农作物种植面积为116066hm^2，其中小麦为39560hm^2，玉米为29668hm^2，棉花为17180hm^2，花生为3733hm^2，其他农作物为2318hm^2。各种农作物秸秆产量达到682822吨，其中小麦秸秆为295324吨，玉米秸秆为263680吨，棉花秸秆为100517吨，花生秸秆为15089吨，其他作物秸秆为8212吨(见表12-5)。

表12-5　2008年高唐县主要农作物秸秆生产情况

作物种类	播种面积(hm^2)	籽粒产量(吨)	秸秆产量(吨)
小麦	39560	246103	295324
玉米	29668	202831	263680
棉花	17180	20941(皮棉)	100517
花生	3733	15089	15089
其他	2318		8212
合计	92459		682822

注：数据为2008年统计数据，籽粒产量与秸秆产量小麦按比例1∶1.2，玉米按比例1∶1.3，棉花(皮棉)按比例1∶4.8，花生按比例1∶1，其他按比例1∶3.5折算。

二、农作物秸秆的利用价值

秸秆是农作物的重要农副产品,同时也是工农业生产的重要生产资源。作为一种资源,农作物秸秆含有丰富的营养元素(见表 12-6)和可利用的化学成分(见表 12-7),可用作有机肥料、饲料、食用菌栽培料等。

表 12-6　　农作物秸秆养分含量(占干物重的百分数)

作物品种	有机质	氮(N)	磷(P_2O_5)	钾(K_2O)	钙	硫
小麦	81.1	0.48	0.22	0.63	0.16~0.33	0.12
玉米	80.5	0.75	0.4	0.9	0.39~0.8	0.12~0.19
棉花		0.92	0.27	1.74		
花生		1.62	0.25	0.74		
大豆	82.8	1.31	0.31	0.5	0.79~1.5	0.23
油菜		0.56	0.25	1.13		0.35

注:引自陈兴业主编《土壤水分植物生理与肥料学》(海洋出版社 2010 年),四川省农业科学院土壤肥料研究所《新编常用化肥手册》。

表 12-7　　农作物秸秆及副产品的化学成分

种类	水分(%)	粗蛋白(%)	粗脂肪(%)	粗纤维(%)	无氮浸出物(%)	粗灰分(%)
小麦秸秆	10	3.1	1.3	32.6	43.9	9.1
玉米秸秆	11.2	3.5	0.8	33.4	42.7	8.4
棉花秸秆	12.6	4.9	0.7	41.4	36.6	3.8
棉铃壳	13.6	5	1.5	34.5	39.5	5.9
花生藤	11.6	6.6	1.2	33.2	41.3	6.1
花生壳	10.1	7.7	5.9	59.9	10.4	6
玉米芯	8.7	2	0.7	28.2	58.4	20
甘薯藤(鲜)	89.8	1.2	0.1	1.4	7.4	0.2

注:引自刘培军、张曰林主编的《作物秸秆综合利用》(山东科技出版社 2009)。

(一)农作物秸秆的肥料价值

农作物秸秆中含有大量的有机质、氮、磷、钾和中微量元素,是一种重要的有机肥源。农作物秸秆作为肥料施入农田,是补充和平衡土壤养分、改良土壤的有效方法,对于促进农业生产的良性循环、提高耕地地力水平和农业的可持续发展具有重要意义。

不同种类的秸秆含有的养分数量有差异,通常豆科作物的秸秆含氮量较多,禾谷类作物如小麦、玉米秸秆含钾较多,油菜秸秆含硫较多,施用时应注意这些特点。秸秆中的养分绝大部分为有机态，经腐解转化后能被作物吸收利用，其肥效稳而长久。

（二）秸秆的综合利用价值

农作物秸秆中含有碳水化合物、粗蛋白、粗脂肪，可用作牲畜饲料发展畜牧业生产，实现秸秆过腹还田；秸秆的有机成分以粗纤维为主，而食用菌可以分解纤维素生产优质美味的食物蛋白质，利用这一点，可以发展高唐县的食用菌生产；另外，利用麦秸进行造纸、玉米芯生产糠醛、棉秆用作生物发电都是农作物秸秆很好的利用方式。

三、秸秆分解的一般规律

（一）秸秆分解是微生物学过程

首先在白霉菌和无芽孢细菌为主的微生物作用下，分解成水溶性物质和淀粉等。其次逐步过渡到以芽孢细菌和纤维分解菌为主的微生物区系，分解成蛋白质、果胶类物质和纤维素等；最后在以放线菌和某些真菌为主的微生物作用下，主要分解成木质素、单宁和蜡质等难分解的物质。故初期分解迅速，在适宜条件下，分解强度较大的时期可维持12～45天，然后转入缓慢分解时期。例如玉米秸秆，只要环境条件适宜，第一个月分解最快，往后逐步减慢。

（二）影响秸秆分解的因素

1.秸秆的碳氮比，碳氮比窄的分解快。

2.与土壤条件有关：(1)与土壤温度有关，20℃～30℃时分解最快，低于10℃时分解较慢，到5℃时基本上不分解；(2)土壤相对含水量，在60%～80%时有利于秸秆的腐解，土壤含水量过高或过低都不利于秸秆腐解。

3.影响秸秆分解的因素还有秸秆的数量、细碎的程度、耕埋深度等。用量适中、粉碎良好、全部埋入土中并分布均匀、土壤墒情好均有利于分解。

四、秸秆直接还田的作用

秸秆中含有农作物所需要的各种养分，秸秆直接还田能明显提高耕层土壤养分含量，尤其是有机质和速效钾的含量（见表12-8）。

表12-8　玉米秸秆直接还田对耕层土壤养分的影响

年份	有机质(g/kg)		碱解氮(mg/kg)		有效磷(mg/kg)		速效钾(mg/kg)	
	对照	还田	对照	还田	对照	还田	对照	还田
2007	12.5	12.5	78	83	25.2	29.4	95	102
2008	12.6	12.8	85	82	28	25.3	98	103
2009	12.6	13	82	78	22.6	23.4	100	105
2010	12.7	13.5	75	76	32.5	28.2	108	120

注：数据为2007年、2008年、2009年、2010年试验数据，定位地点为姜店镇东白村。

（一）能提高土壤养分含量

实行玉米秸秆还田后，土壤中有机质及氮、磷、钾养分含量均有增加，根据高唐县土肥站定位监测的结果，有机质平均每年增加 0.25g/kg，速效钾平均每年增加 4.5mg/kg，碱解氮和有效磷变化不明显。

(二)改善土壤结构，促进土壤团粒结构形成

秸秆直接还田增加土壤活性有机质的含量，而随着土壤有机质含量的增加，土壤中微团粒结构增加，土壤容重会相应降低，土壤吸水性、透气性提高，土壤的保水、保肥能力就会提高，同时秸秆还田也有良好的改土作用，使土壤变得更加疏松，易耕作。

(三)秸秆还田对盐碱地的改良有很好的作用

秸秆还田后，改变了原有的土壤结构，降低了盐碱地强烈的毛管作用，抑制了土壤返盐，如姜店镇盐场村，有盐碱地 6.7hm^2，过去因盐碱危害，小麦产量为 250kg/667m^2，经过 5 年连续实行小麦、玉米秸秆还田，2010 年小麦平均产量达到 360kg/667m^2，玉米平均产量超过了 500kg/667m^2。

(四)提高作物产量

实行秸秆还田后，农作物产量明显提高，增产幅度一般为 5%～10%。

五、小麦秸秆直接还田

小麦秸秆收获后直接还田的主要方式是：在使用联合收割机收获的同时，使用安装在联合收割机上的一种专门的装置，把麦秸进行粉碎，然后抛撒于麦田地表。高唐县的小麦秸秆直接还田是从 2000 年开始并逐渐普及的，现在除了个别因套种了其他农作物或零星种植的地块不便于小麦联合收割机操作外，多数麦田都实现了机械化收割，同时进行麦秸直接还田。目前，高唐县常年实行麦秸直接还田的面积约有 36667hm^2，占小麦收获面积 95%左右，还田地块还田量为 300～400kg/667m^2，小麦秸秆年还田总量约为 236259 吨。

小麦秸秆还田注意事项：

1. 麦秸还田要控制在 400kg/667m^2 之内。收获时估计麦秸产量，按麦秸产量相当于小麦籽粒产量干重的 1～1.2 倍计算。也就是说，产量为 400kg/667m^2 的小麦麦秸产量(干重)为 400～480kg，产量超过 400kg/667m^2 的地块，要将多余麦秸带出麦田，留作他用，否则影响玉米的播种及出苗。

2. 玉米播种时提倡施用(配方肥)复合肥 10～15kg/667m^2 作为种肥，以防因麦秸腐熟吸收土壤养分而影响玉米小苗的生长。

3. 玉米播种后出苗前及时浇水，一方面为了保证玉米出苗生长，另一方面有利于麦秸的腐解。

六、玉米秸秆直接还田

目前，高唐县主要推广的玉米秸秆还田技术是先由人工将玉米穗摘下，再用与拖拉机配套的专用玉米秸秆还田机，将玉米秸秆就地粉碎，并均匀抛撒在地面上，再用圆盘耙或旋耕机耙切，粉碎根茬，整平后用圆盘式播种机播种小麦或用免耕机直接进行免耕播种。高唐县玉米秸秆还田是从 2000 年开始试点，2005 年逐渐普及的。目前，常年玉米直接还田面积约有 237344hm^2，占玉米收获面积的 80%左右，还田量为 500kg/667m^2，玉米秸秆

年还田总量为210944吨。

七、秸秆还田技术规范和主要配套措施

随着高唐县农作物秸秆直接还田技术的普及，土壤肥力得到明显提升。但不得不承认秸秆直接还田带来好处的同时，也出现了不少问题。由于是小麦—玉米连作，倒茬间隔时间短，再加上秸秆还田量大，土壤水分不足，翻压深度不够，特别是氮肥不足时，出现妨碍耕作、影响出苗，甚至出现缺苗、弱苗现象。另外也出现了小麦冻害加重，抗旱能力减弱，病虫害发生加重的现象。为了克服秸秆还田的盲目性，提高秸秆还田的技术水平，推动秸秆还田在高唐县的进一步普及，经过多方面调查研究，在2008年制定了如下几项适合高唐县实际情况的秸秆还田技术规范和主要配套措施，三年来取得了明显效果。

(一)适时进行还田

小麦秸秆还田应在小麦蜡熟期进行，麦收的同时将麦秸切碎，均匀撒开，玉米播种后，将麦秸覆盖在玉米行间，高留茬地块要结合追施玉米苗肥进行中耕灭茬。

玉米秸秆还田要在玉米成熟后，趁秸秆含水量较高时，及时收割粉碎还田，以利于玉米秸秆的尽快腐烂，否则会因为气温降低影响玉米秸秆的腐烂。

(二)提高还田质量

还田秸秆数量多少算是合适呢？一般应掌握在使还田的秸秆量能够维持并逐步提高土壤有机质含量为宜。从生产实际出发，一般以本田上茬秸秆全部或部分还田即可。麦秸一般应为400～480kg/667m^2(干重)，玉米秸秆一般应为400kg/667m^2。小麦秸秆产量的计算方法是秸秆干物质产量等于籽粒产量的1～1.2倍，玉米是1.1～1.3倍。过多的秸秆会影响下茬作物的播种和出苗，所以麦秸超过480kg/667m^2、玉米秸秆超过500kg/667m^{2}的，多余部分应带出本田，麦秸可进行棉田覆盖，玉米秸可用作饲料。

小麦秸秆应尽量切碎，否则会影响玉米出苗。玉米秸秆粉碎的程度较好，一般都能符合要求，而翻压深度往往不够，从而会影响小麦的播种。玉米秸秆直接还田的要求：秸秆翻压深度最好达到20cm，至少不得低于15cm。另外，粉碎与耕耙要衔接好。粉碎后，一定要用旋耕机或重型圆耕耙耙切两遍，以进一步切碎玉米秸秆，耙后要及时耕翻，并做到不重、不漏，覆盖严密。

(三)合理配施氮肥

作物秸秆的碳氮比值较大，一般为(60～100)∶1，而微生物在分解作物秸秆时，需要吸收一定的氮素营养自身，造成与作物争夺氮素营养，从而影响下茬作物的苗期生长，加之高唐县土壤偏沙，普遍缺氮，所以秸秆还田地块一定要补充速效氮肥。耕地前要及时运撒农家肥，并且增施速效氮肥(10～15kg/667m^2)以促进秸秆的腐解，防止土壤碳氮比过大，造成土壤缺氮，影响麦苗生长。底肥应用小麦专用配方肥的，可增施尿素5kg/667m^2。

(四)提高播种质量

合适的土壤含水量能加速秸秆的腐烂分解，土壤含水量控制在20%(土壤相对湿度80%)左右时，最有利于秸秆的分解，而土壤过干或过湿，都不利于秸秆的分解。所以，凡秸秆还田地块必须足墒播种。播种最好采用机械播种，并一定要提高播种质量，做到播种深度适宜，一般要求播深为3～5cm，不能低于3cm，也不能超过5cm，且播深要一致，播种

要均匀，还要适当增加10%的播种量，以保证一播全苗。

（五）加强播后管理

播后必须镇压，还要视土壤墒情及时浇好越冬水，一方面能满足小麦需要，另一方面也能加速土壤沉实和玉米秸秆的腐解，防止麦苗长在玉米秸上，出现黄苗现象。

（六）重视病虫防治

农作物秸秆直接还田，为多种病虫害提供了栖息和越冬的场所，加重了部分病虫害的危害。从2000年至今，高唐县小麦、玉米秸秆还田面积逐年增加，小麦、玉米的根病（根腐病、纹枯病、全蚀病）、地下害虫（金针虫、蛴螬）、小麦赤霉病、玉米褐斑病、玉米丝黑穗病、瘤黑粉病、玉米蓟马、玉米耕葵粉蚧等呈逐年上升趋势，防治方法也要适当调整。地下害虫发生重的地块用药剂处理土壤；大力推广药剂拌种，预防根部病害；加强病虫害的预测预报，及时适期防治；对玉米丝黑穗病、瘤黑粉病发生重的地块，不要进行秸秆直接还田，经高温腐熟后再进行还田。

第三节　高唐县棉田土壤地力状况与培肥

一、棉花种植基本情况

高唐县地处鲁西北黄河冲积平原，土壤耕性良好，光热等自然条件适宜棉花生长，因此，高唐县棉田种植面积占有一定比例，常年种植面积为13333.3hm^2，占总耕地面积的25%，棉田土壤的改良与培肥对高唐县耕地地力的提升有着重要作用。

二、棉花种植发展

高唐县的棉花发展概括起来可分为几个阶段：新中国成立初到1979年的缓慢发展阶段；1980～1984年的突飞猛进式发展阶段；党的十一届三中全会后，实行了家庭联产承包责任制，国家及各级政府相继出台了一系列奖励棉花生产的优惠政策，棉花生产得到了飞速发展，1984年棉花种植面积达到了35220hm^2，占全县总耕地面积的51.05%，名列全省前茅，受到了山东省委、省政府的表彰；1984年棉花大丰收以后，由于种种原因，发生了卖棉难的现象，棉花生产呈现出徘徊不前的局面；1992年，高唐县棉铃虫大爆发，自此棉花生产滑入低谷，1999年棉花面积减少到约8000hm^2，仅占全县耕地面积的11.6%，成为解放后棉花面积最小的一年。2000年大规模引进了Bt转基因抗虫棉33B，2003年引进了鲁棉研18、鲁棉研22、鲁棉研28和晋棉38等抗虫棉品种，因此，2004年棉花种植面积又出现大幅回升，到2007年达到了17180hm^2。

近几年，随着纺织业的发展，对棉花的需求迅速增加，棉花价格稳定上升，高唐县形成了以棉花收购、棉花加工、棉花纺织为龙头的棉花产业。棉花产业的发展又刺激了棉花种植业的发展，棉花种植面积稳定在16700hm^2左右（见表12-9和表12-10）。

表 12-9　　高唐县不同年份棉花种植情况

年份	种植面积(hm^2)	占全县耕地的比例(%)	皮棉产量(吨)	平均单产(吨/hm^2)
1996	9010	14.4	6136	0.68
1997	9160	14.7	9775	1.07
1998	17180	27.5	20941	1.22
1999	8360	11.6	9152	1.09
2000	13530	21.68	16236	1.2
2001	12627	20.4	14959	1.18
2002	13990	22.4	16265	1.16
2003	14245	22.8	12945	0.91
2004	16749	26.8	22341	1.33
2005	14978	24	19034	1.27
2006	17115	27.4	18096	1.06
2007	17180	27.5	20941	1.22

表 12-10　　2007 年各镇(办事处)棉花生产情况统计表

镇(办事处)	播种面积(hm^2)	总产量(吨)	单产(kg/hm^2)
鱼邱湖街道办事处	860	968	1125
汇鑫街道办事处	1400	2100	1500
人和街道办事处	620	701	1130
梁村镇	2533	2850	1125
尹集镇	1733	2080	1200
清平镇	1867	2520	1350
固河镇	1650	2103	1275
卅里铺镇	1800	2250	1250
琉寺镇	1200	1350	1125
赵寨子镇	1618	1726	1067
姜店镇	780	917	1175
总计	17180	20941	1219

由表 12-10 可以看出，梁村镇、清平镇、卅里铺镇和尹集镇 4 个镇都超过了 1700hm^2，其中以梁村镇种植面积最大，为 2533hm^2。这 4 个镇以盐土、盐化潮土、褐土化潮土和风沙土土类为主，这四种土类都有一个共同特点：种植小麦不能高产、地下水矿化度高、灌溉小麦易造成死苗现象，所以，高唐县棉田土壤需要培肥。

三、棉田地力情况

棉田共取土壤样品 2823 个(2007～2010 年)。所有土壤样品全部进行了土壤有机质、有效磷和速效钾的测定,碱解氮共化验 1815 项次,并且部分土壤样品进行中微量元素的测定。测定结果见表 12-11、表 12-12 和表 12-13。

表 12-11 棉田土壤大量元素养分含量(2007～2010 年)

项 目	有机质(g/kg)	全氮(g/kg)	碱解氮(mg/kg)	有效磷(mg/kg)	速效钾(mg/kg)
平均	12	0.83	74.5	19.2	113
变幅	5～50.7	0.052～2.13	10～314	3～116.7	23～420

表 12-12 土壤养分含量(2007～2010 年)

项 目	有机质(g/kg)	全氮(g/kg)	碱解氮(mg/kg)	有效磷(mg/kg)	速效钾(mg/kg)
平均	13.1	0.9	90.3	29.2	109
变幅	5～50.7	0.052～2.24	10～314	3～166.7	20～420

表 12-13 1983 年土壤养分含量

项 目	有机质(g/kg)	全氮(g/kg)	碱解氮(mg/kg)	有效磷(mg/kg)	速效钾(mg/kg)
平均	5.9	0.49	41.5	7.9	107

由表 12-11 表 12-12 可以看出,棉田有机质、全氮、碱解氮和有效磷都低于全县平均水平,分别低 1.1g/kg、0.07g/kg、15.8mg/kg、10mg/kg,差别明显;速效钾高于全县平均水平,为 4mg/kg,差别不大,变幅相对较大。

由表 12-11 和表 12-13 可以看出,与 1983 年土壤测试结果相比,有机质增加了 7.2 g/kg,虽然有机质有所增加,但仍处于中等缺乏水平,高唐县棉田低于 12g/kg 的占 48.7%,仍是棉花高产稳产的限制因子。全氮增加 0.41g/kg,碱解氮增加 48.8mg/kg,高唐县棉田低于 90mg/kg 的占 64.2%,处于缺乏水平,这说明氮肥在农业中的大量投入,从整体上仍不能抵消棉花从土壤中的吸取和氮肥的流失,所以要合理施用氮肥。有效磷增加 11.3mg/kg,高唐县棉田有效磷高于 20mg/kg 的占 69.88%,处于富磷水平,这与高唐县农民长期大量施用磷酸二铵有关。速效钾含量与 1983 年差别不大,低于 120mg/kg 的占70.04%,处于中等缺乏水平,变幅最小的为 23mg/kg,最大的为 420mg/kg(见表 12-14 和表 12-15)。

表 12-14　　高唐县土壤中量元素含量

项　目	有效硫(mg/kg)	交换性钙(mg/kg)	交换性镁(mg/kg)
棉田土壤平均	70.8	12298	564
全县土壤平均	65.7	12760	320

表 12-15　　高唐县土壤微量元素含量

项目	有效锌(mg/kg)	有效铜(mg/kg)	有效锰(mg/kg)	有效铁(mg/kg)	有效钼(mg/kg)	有效硼(mg/kg)
棉田	1.05	1.11	8.57	8.83	0.15	0.87
全县	1.09	1.16	8.71	9.09	0.16	0.88

从表 12-14 和表 12-15 可以看出，交换性镁高于全县平均水平 244mg/kg，差别较明显；其他棉田中的中微量元素含量和全县水平基本一致，交换性钙、交换性镁、有效硫、有效铜和有效铁处于中等偏高水平，有效硼、有效锌和有效钼含量属于中等缺乏水平。

四、棉田施肥现况分析

(一)有机肥施用情况

据对 1411 个农户施肥明细调查，施用有机肥的有 938 户，占被调查户的66.5%。有机肥平均用量为 1054.8kg/667m^2，有机肥的种类是土杂肥、鸡鸭粪、饼肥、草木灰等，主要是土杂肥和鸡鸭粪这两种，占有机肥总量的 86%。

(二)化肥施用情况

化肥实物用量平均为 56.5kg/667m^2，主要化肥品种为三元素复合肥、磷酸二铵、尿素、钾肥、过磷酸钙、中微量元素肥料。折纯养分为：氮9.2kg，五氧化二磷 7.4kg，氧化钾 3.5kg，氮、磷、钾养分施用比例为 1∶0.8∶0.38 。

(三)施肥方法

1.底肥。有机肥全部作底肥施用，一般是撒施后耕翻入土。大约 40%的化肥作底肥，肥料品种为三元素复合肥、磷酸二铵。

2.种肥。其中只有 198 户施用种肥，约占 14.0%，平均化肥实物用量为 12.5kg/667m^2，种肥用复合肥的有 140 户，磷酸二铵的有 58 户。

3.追肥。其中只进行一次追肥的有 474 户，这些农户一般是在现蕾期至初花期进行追肥。有 741 户农户进行了两次追肥，时间一般是现蕾一次，坐桃后一次。另外还有 196 户农户进行了三次追肥，时间多为现蕾期、盛花期、打顶前各一次。

因此，高唐县棉田施肥中存在的问题：有机肥投入不足，化肥用量不适宜，化肥品种选择不合理，氮、磷、钾比例不协调，一次性集中施肥、中后期无肥的现象还较为普遍。

五、高唐县棉田障碍因素分析

棉花有耐干旱、耐盐碱的特点，所以，高唐县农民群众往往是把粮食作物种在高肥水地块上，把棉花种在有一定障碍因素的地块上。

(一)水利条件

高唐县水资源相对比较缺乏，农田灌溉也有一定困难。一方面引黄区内不能适时用水，特别是水资源紧缺的时候，河流干涸，棉田不能适时灌溉；另一方面，非引黄区引黄无望，只能靠井灌，而井水矿化度又较高，不适合灌溉，农民每年只能用井水灌一次，灌溉次数多了，棉田会出现死苗现象，所以，棉花生长所需水分只能靠降雨解决，一旦遇到伏旱，就会造成棉花减产。

(二)盐害

高唐县有各类盐碱地约为 2669.6hm^2，中度、重度盐化潮土和潮盐土一般用来种植棉花。盐碱地含盐量较高，影响作物的根系发育和对营养物质的吸收。高唐县盐碱地含盐量一般为 2～6g/kg，最高可达 20g/kg，pH 为 7.6～9，地下水矿化度为 2～5g/L。在春季播种季节，气候干旱，土壤盐分随水上行，集中在 0～10cm 土层中，影响种子发芽率，造成作物缺苗断垄，同时使棉花产量下降。

(三)土壤养分含量低

一是从化验结果看，高唐县棉田土壤有效养分低于全县平均水平，同一地块的不同养分含量不在同一水平，例如，磷元素处于较高水平，钾元素处在低水平；另外养分极差较大，例如，速效钾高的达到 420mg/kg，低的只有 23mg/kg。

二是棉田土壤质地偏轻，土壤团粒结构少，保肥、保水能力差，棉花苗期生长还好，可一到花铃期，由于缺乏足够的肥水供应，往往会出现早衰现象，严重影响棉花产量与品质。

三是有机质含量低，是由于有机肥施用量较少，再加上不进行轮作倒茬，长期种植棉花，秸秆还田量很少，没有有机质的补充，棉田有机质无法积累造成的。

(四)灾害性天气时有发生

高唐县气候灾害主要有干旱、涝、冰雹、连阴雨和大风暴雨等 5 种，其中干旱、连阴雨对棉花的影响较大，苗期容易遭受低温冷害，生长季节易发生干旱，花铃期易遭受连阴雨、风灾等，自然灾害几乎可以覆盖棉花生育期，尤其是近几年花铃期遭受的灾害天气对棉花产量影响很大。

(五)白色污染

2002 年开始推广应用地膜覆盖栽培技术。目前，地膜覆盖已成为高唐县棉花种植的一项重要技术措施，对促进棉花早熟丰产发挥了重要作用，成为棉花种植上的白色革命。高唐县使用的地膜主要为聚乙烯塑膜，在自然界中的降解速度慢，棉田残留地膜逐年积累增加，棉田土壤的白色污染日益加重。其中 90%以上被棉农烧掉，造成了严重的空气污染；没有烧掉的地膜堆放在田间地头，对环境也有非常严重的影响。

(六)棉田土壤的改良与培肥建议

1. 结合项目兴修水利工程。能引水灌溉则引水，不能引水的充分利用地下水资源打井灌溉，彻底改变棉田靠天吃饭的被动局面。近几年，高唐县利用项目实施，例如，2008～2009 年农业局实施的 1267hm^2 和 1000hm^2 标准粮田建设项目，国土资源局 2004～2006 年的土地平整项目，黄淮海开发办 2003～2009 年对高唐县中低产田、盐碱地进行的土地改良，建设了大量的农田水利工程及道路工程，配套了科学完善的灌排系统，改善了土壤盐碱化、地势低洼,排水不畅等问题,对路、沟及防护林的建设,抵御了风害对棉花生产的不良影响,对水土保持和改善农田小气候起到积极的作用,通过增施农家肥和秸秆还田等土壤改良措施,改善了土壤性能和增加了土壤肥力。

2.降低盐碱危害。高唐县主要有盐化潮土、潮盐土两种类型。一种是通体轻壤或沙壤,地下水矿化度高,地下盐分由于轻壤或沙壤的强毛管作用而上升蒸发后,在土壤耕层形成积盐层。这类盐碱的改良措施是引河灌溉、大水压盐,同时增施有机肥,或粮棉轮作,秸秆还田,培肥地力,改土治盐。另一种盐碱土体构型是土体的心土层部位有一个不透水的黏土层,且地势低洼,这种盐碱类型的特点是排水不畅,其改良措施是逐年深翻,加厚熟土层,结合施用有机肥,改良土壤理化性状。

3.增施有机肥、实行粮棉轮作和秸秆还田技术。增施有机肥对提高高唐县的土壤肥力有很重要的作用。一是积极引导农户施用农家肥,农家肥可改良土壤的理化性质及耕作性能,丰富植物营养元素,促进土壤微生物活性,有利于保水、保肥,增加通透性;二是实行棉一粮轮作,充分利用粮食作物的秸秆进行秸秆还田。根据近三年的秸秆还田地块化验结果,秸秆还田地块有机质含量增加 1.1g/kg、速效钾增加 12mg/kg,碱解氮降低 4~5mg/kg,这种方式可以改沙治盐,达到培肥地力的目的。

4.深松土壤。从近三年的调查结果看,棉田土壤耕层较深的为 18cm 左右,小型旋耕犁的大量使用,使土壤耕层大多维持在 15cm 以下,全县进行深耕的棉田不足 200hm^2。棉花根系较深,较深的耕层抗旱、保水和防涝能力相对较强。一般建议 2~3 年深耕一次,可以消除土壤板结和障碍层次。

5.大力推广配方施肥技术。一方面要加强测土配方施肥技术的宣传和培训工作力度,引导农户养成合理的耕作施肥习惯,提高农户科学施肥意识;另一方面要进一步为农民提供免费的测土配方施肥技术服务。

附 录

表 1 高唐县耕地耕层土壤化验数量及平均含量

项 目	合计		粮田			棉田			蔬菜		
	数量（个）	平均值	数量（个）	平均值	变化范围	数量（个）	平均值	变化范围	数量（个）	平均值	变化范围
全氮(g/kg)	960	0.9	445	0.9	0.32～2.24	357	0.83	0.052～2.13	158	0.78	0.28～1.25
碱解氮(mg/kg)	3969	90.3	1785	85.5	9～271	1815	74.5	4～314	202	120.2	23～268
有效磷(mg/kg)	6143	29.2	2913	32.3	3～166.7	2823	19.2	3～116.7	244	58	3～251
速效钾(mg/kg)	6143	109	2913	106	20～326	2823	113	23～420	244	173	11～317
缓效钾(mg/kg)	934	718	875	718	528～986	59	618	465～846			
有机质(g/kg)	6143	13.1	2913	13.7	2.7～47.8	2823	11.9	3～50.7	244	13.2	3～30.2
有效铜(mg/kg)	1273	1.16	208	1.13	0.37～3.86	611	1.11	0.39～7.8			
有效锰(mg/kg)	1273	8.71	206	8.41	0.6～23.8	611	8.57	3.6～15.3			
有效铁(mg/kg)	1273	9.09	206	8.52	0.7～39.3	611	8.83	3.5～23			
有效锌(mg/kg)	1273	1.09	399	1.04	0.09～3.19	694	1.05	0.38～3.08			
有效硼(mg/kg)	1273	0.88	581	0.83	0.08～1.83	621	0.87	0.2～1.92			
交换性钙(mg/kg)	707	12760	405	12517	6196～30139	302	12298	6483～27148			
交换性镁(mg/kg)	707	320	433	601	322～1192	302	564	322～1158			
有效钼(mg/kg)	788	0.16	433	0.14	0.062～0.66	355	0.15	0.0026～0.6			
有效硫(mg/kg)	797	65.7	444	55.4	14.8～392.1	355	70.8	1.02～450.3			
总含盐量(g/kg)	104	6.2									

表 2　　高唐县各镇(办事处)粮田耕层土壤有机质及大量元素含量

镇(办事处)	有机质(g/kg)		全氮(g/kg)		碱解氮(mg/kg)		有效磷(mg/kg)		速效钾(mg/kg)		缓效钾(mg/kg)	
	平均	变幅	平均	变幅	平均	变幅	平均	变幅	平均	变幅	平均	变幅
汇鑫街道办事处	9.89	4.1～18	0.89	0.55～1.53	77	27～133	12.1	2.5～80	75	22～189	670	576～783
人和街道办事处	12.9	9.1～27.8	0.95	0.66～1.18	101	9～271	11.3	5.2～55.3	67	23～204	725	641～851
鱼邱湖街道办事处	11.2	7.9～26.6	0.9	0.61～1.32	95	50～151	31.7	5.2～166.7	70	22～222	717	542～859
姜店镇	13.4	4.5～23.3	0.81	0.42～1.62	77.3	50～151	24.1	7～84.2	108	39～227	704	593～986
杨屯镇	14.6	6.6～22.9	0.86	0.58～2.24	92	35～209	33.9	6.7～133.3	114	23～221	680	528～822
固河镇	14.7	4.3～28	0.94	0.57～1.43	75.8	47～181	26.6	4.1～66.7	95	28～219	727	561～924
梁村镇	10.7	6～19.4	0.85	0.45～1.87	76.1	39～124	34.4	5.7～164	94	51～159	713	593～830
尹集镇	13.7	3.6～47.8	0.89	0.66～1.52	76.1	34～138	21	5.1～66.7	99	42～326	758	677～885
赵寨子镇	13	5.9～22.3	0.73	0.51～1.25	69.2	29～187	40.2	11.7～158.3	86	29～221	705	635～795
清平镇	9	2.7～18	0.63	0.32～1.3	53.9	22～132	23.9	3.1～87.3	68	22～275	693	573～799
卅里铺镇	10.5	4.6～25.6	0.78	0.48～1.17	58.2	30～122	29	4.4～112	61	20～170	680	563～801
琉寺镇	16.1	6.1～24.3	0.94	0.61～2.04	86.8	59～139	27	3～133.3	143	31～236	693	602～755
开发区	13.2	6.6～17.7	0.84	0.62～1.15	74.5	11～247	27.5	4～80	113	64～156		

表 3　　高唐县各镇(办事处)粮田耕层土壤微量元素含量

镇(办事处)	有效铁(mg/kg)		有效锰(mg/kg)		有效铜(mg/kg)		有效硼(mg/kg)		有效锌(mg/kg)		有效钼(mg/kg)	
	平均	变幅	平均	变幅	平均	变幅	平均	变幅	平均	变幅	平均	变幅
汇鑫街道办事处	7.21	5.3～11.1	7.5	5.3～10	1.18	0.71～3.86	0.77	0.3～1.38	1.04	0.5～29.2	0.13	0.028～0.27
人和街道办事处	8.65	4.9～10.7	7.94	7.2～8.3	1.31	0.89～1.97	1	0.44～1.8	1.55	0.67～3.19	0.16	0.11～0.26
鱼邱湖街道办事处	8.26	6.5～10.3	8.26	5.2～10.6	1.43	1.01～1.92	0.9	0.66～1.83	1.56	0.63～2.69	0.16	0.017～0.21
姜店镇	11.4	6.9～15.7	10.2	6.7～13.6	1.42	1.01～2.08	0.79	0.48～1.44	0.92	0.57～1.82	0.12	0.0062～0.54
杨屯镇	14.4	8.8～39.3	11.8	7.5～23.8	1.55	1.1～2.36	0.91	0.3～1.78	0.95	0.64～2.79	0.069	0.0012～0.66
固河镇	9.2	5.5～12.6	7.98	5.8～12	1.18	0.9～1.49	1	0.62～1.64	0.83	0.41～1.77	0.12	0.0028～0.36
梁村镇	9.72	6.6～11.9	6.72	5～8.1	1.24	0.9～1.57	0.79	0.36～1.37	0.91	0.09～2.17	0.11	0.0017～0.23
尹集镇	10.1	6～14.5	9.85	8.1～11.2	1.36	0.97～1.94	0.45	0.29～1.54	0.77	0.32～2.34	0.077	0.0012～0.43
赵寨子镇	1.36	0.7～2.3	10.8	7.8～14.2	0.98	0.54～1.19	0.58	0.22～1.2	1.34	0.74～2.3	0.073	0.008～0.52
清平镇	8.8	3.6～14.1	6.46	3.9～10.6	0.74	0.37～1.12	0.69	0.18～1.26	0.9	0.39～2.36	0.17	0.088～0.3
卅里铺镇	8.6	3.2～12.8	7.24	4.2～10.7	0.73	0.38～1.04	0.81	0.18～1.24	0.65	0.24～1.7	0.12	0.013～0.29
琉寺镇	10.7	2.8～14.8	9.34	7.7～11.5	1.32	1.09～1.85	0.55	0.08～1.8	0.95	0.55～2.17	0.064	0.012～0.58
开发区	8.4	6.8～9.1	8.8	7.1～10	1.13	0.68～1.46	0.80	0.62～1.08	1.13	0.92～1.56	0.17	0.11～0.28

表 4　　高唐县各镇(办事处)粮田耕层土壤中量元素、全盐含量

镇(办事处)	交换性钙(mg/kg)		交换性镁(mg/kg)		有效硫(mg/kg)	
	平均	变幅	平均	变幅	平均	变幅
汇鑫街道办事处	10807	6483～12925	543	343～682	77.6	52.5～175.2
人和街道办事处	12299	11627～12955	615	516～758	37.2	19.7～52
鱼邱湖街道办事处	11066	6196～15093	595	328～776	22.1	15.4～42.9
姜店镇	13087	10087～25707	589	399～1022	63.4	51.1～187.5
杨官屯镇	10620	8988～16639	613	480～857	81.1	50.1～392.1
固河镇	10049	8737～30139	481	330～1073	34.5	23～130.6
梁村镇	13020	8973～18087	618	342～898	55.3	45.7～83
尹集镇	9329	8140～16639	504	332～1192	16.1	14.9～303.8
赵寨子镇	9826	9043～15259	415	342～898	30.2	20.3～139.4
清平镇	10088	7570～18804	472	322～849	33.9	14.8～219.5
卅里铺镇	10862	6303～15620	538	342～745	51.6	20.4～92.6
琉寺镇	12770	10087～23302	596	399～942	47.9	43.0～69.3
开发区	13505	10564～16496	535	412～728	101.4	60.8～107

表 5　　高唐县各镇(办事处)棉田耕层土壤有机质及大量元素含量

镇(办事处)	有机质(g/kg)		全氮(g/kg)		碱解氮(mg/kg)		有效磷(mg/kg)		速效钾(mg/kg)		缓效钾(mg/kg)	
	平均	变幅	平均	变幅	平均	变幅	平均	变幅	平均	变幅	平均	变幅
汇鑫街道办事处	10	4.1～15.9	0.97	0.57～1.81	58.8	34～219	18.1	4～92.4	95	36～298	670	592～801
人和街道办事处	10.4	6.2～46.9	0.86	0.61～1.23	71	36～128	11.5	5.9～33.5	162	47～314	792	703～846
鱼邱湖街道办事处	11.3	3～18.4	0.77	0.6～0.94	55	9～122	12	5～76.4	91	51～173		
姜店镇	11.8	3.2～28.8	0.9	0.4～2.13	78.3	10～196	13	3～86	87	23～253		
杨屯镇	12.9	3.4～27.8	0.95	0.5～1.22	73.5	15～189	24.1	4～116.7	97	56～191	649	564～691
固河镇	13.5	1.7～50.5	0.63	0.54～1.22	62.5	11～136	15.2	4.5～80	69	31～311	622	465～803
梁村镇	11.4	4～19.4	0.68	0.052～1.2	82.5	33～314	17.4	4.5～9	115	33～295	665	509～783
尹集镇	11.3	4～23.7	0.9	0.52～1.26	85.0	41～284	13.2	3～92.6	108	28～420		
赵寨子镇	10.2	3.5～17.9	0.76	0.58～1.18	75.4	18～203	17.5	6.5～90	86	45～167		
清平镇	13.3	4.5～22.9	0.93	0.57～1.60	72.3	23～205	15.9	4～81	87	37～240	671	615～743
卅里铺镇	9.9	4.2～30.3	0.75	0.43～1.07	54.6	31～131	16.8	5～72.5	86	29～263	672	613～764
琉寺镇	18.4	7.1～50.8	0.96	0.54～1.31	74.2	47～108	16.6	6～66.5	151	63～225		

表 6　　高唐县各镇(办事处)棉田耕层土壤微量元素含量

镇(办事处)	有效铁(mg/kg)		有效锰(mg/kg)		有效铜(mg/kg)		有效硼(mg/kg)		有效锌(mg/kg)		有效钼(mg/kg)	
	平均	变幅	平均	变幅	平均	变幅	平均	变幅	平均	变幅	平均	变幅
汇鑫街道办事处	7.83	4.8～11.4	7.5	4.3～10.5	0.86	0.46～1.98	0.62	0.2～1.3	0.88	0.45～1.82	0.12	0.009～0.29
人和街道办事处	8.22	4.9～11	8.03	6.5～9.9	1.38	0.77～1.97	0.84	0.63～1.02	1.46	0.72～3.08	0.16	0.05～0.301
鱼邱湖街道办事处	8.49	6.6～10.4	8.46	6.7～10	1.09	0.68～1.58	0.96	0.68～1.83	1.17	0.94～1.76	0.11	0.0026～0.213
姜店镇	9	6.9～15.5	9.1	7.4～15	1.23	0.72～2.43	0.69	0.48～1.04	0.85	0.54～1.82	0.033	0.008～0.529
杨屯镇	7.67	6.1～9.4	7.5	6.3～10.3	0.99	0.86～1.75	0.84	0.58～1.55	1	0.88～1.62	0.21	0.012～0.603
固河镇	8.03	6.1～9.4	7.96	6.3～10.1	0.97	0.76～1.88	0.85	0.62～1.66	0.99	0.48～2.16	0.023	0.013～0.531
梁村镇	8.3	5.4～11	8.39	6.1～11	1.06	0.68～2.1	1.06	0.56～1.92	1.04	0.55～2.17	0.059	0.012～0.288
尹集镇	7.57	5.3～14.6	8.43	6.4～12.1	1.17	0.5～7.8	0.45	0.22～1.52	0.82	0.38～2.22	0.1	0.012～0.503
赵寨子镇	15.8	10～23	11.4	7.2～15	1.03	0.74～1.46	0.65	0.24～1.35	1.37	1.02～2.14	0.14	0.014～0.437
清平镇	8.3	3.8～12.6	6.04	3.6～12.4	0.65	0.39～11.3	0.65	0.3～1.23	0.61	0.39～2.1	0.19	0.106～0.307
卅里铺镇	5.8	3.5～12.1	5.24	4～15.3	0.60	0.39～1.54	0.74	0.25～1.3	0.73	0.45～1.95	0.15	0.015～0.364
琉寺镇	8.5	6.1～9.1	8.33	6.1～9.8	1.20	1～1.88	0.74	0.4～1.06	1.04	0.66～1.7	0.21	0.052～0.566

表 7　　高唐县各镇(办事处)棉田耕层土壤中量元素、全盐含量

镇(办事处)	交换性钙(mg/kg)		交换性镁(mg/kg)		有效硫(mg/kg)		总盐分(g/kg)	
	平均	变幅	平均	变幅	平均	变幅	平均	变幅
汇鑫街道办事处	12587	9244～16965	563	459～699	76.7	52.6～102.4	7.6	2～12.6
人和街道办事处	12162	11084～14316	578	516～671	85.8	11.3～343.5		
鱼邱湖街道办事处	11307	8883～15093	648	542～857	34.5	18.7～71.9		
姜店镇	14754	10820～27148	638	417～1158	67	47.7～137.4	4.7	1.6～8.5
杨屯镇	13158	10761～16039	599	452～857	114.1	45.2～229	10.7	1.3～27.2
固河镇	12268	7570～17377	546	322～761	41.6	24.4～204.9	5.4	1.6～11.1
梁村镇	11308	7896～23648	554	336～928	57.5	45.4～143.5	7.5	3.6～16.3
尹集镇	9055	7812～15620	486	342～891	19.7	14.8～325.6	6.2	2.8～12.7
赵寨子镇	11293	8635～16369	562	336～853	31.8	1.02～278.4	3.7	1.4～9.9
清平镇	11689	6483～15890	517	343～755	109.9	22.8～450.3	7	1.8～11.7
卅里铺镇	10035	7430～12934	527	332～731	55.4	24.3～217.9	4.7	1.8～12.7
琉寺镇	18182	12925～27148	762	585～1158	78.9	48.5～159.6	4.4	2.8～7.1

表 8 主要有机肥的养分含量表

名 称	风干基			鲜基		
	氧化钾(%)	氮(%)	五氧化二磷(%)	氧化钾(%)	氮(%)	五氧化二磷(%)
粪尿类	4.689	0.802	3.011	0.605	0.175	0.411
人粪尿	9.973	1.421	2.794	0.643	0.106	0.187
人粪	6.357	1.239	1.482	1.159	0.261	0.304
人尿	24.591	1.609	5.819	0.526	0.038	0.136
猪粪	2.09	0.817	1.082	0.547	0.245	0.294
猪尿	12.126	1.522	10.679	0.166	0.022	0.157
猪粪尿	3.773	1.095	2.495	0.238	0.074	0.171
马粪	1.347	0.434	1.247	0.437	0.134	0.381
马粪尿	2.552	0.419	2.815	0.378	0.077	0.573
牛粪	1.56	0.382	0.898	0.383	0.095	0.231
牛尿	10.3	0.64	18.871	0.501	0.017	0.906
牛粪尿	2.462	0.563	2.888	0.351	0.082	0.421
羊粪	2.317	0.457	1.284	1.014	0.216	0.532
兔粪	2.115	0.675	1.71	0.874	0.297	0.653
鸡粪	2.137	0.879	1.525	1.032	0.413	0.717
鸭粪	1.642	0.787	1.259	0.714	0.364	0.547
鹅粪	1.599	0.609	1.651	0.536	0.215	0.517
堆沤粪类	0.925	0.316	1.278	0.429	0.137	0.487
堆肥	0.636	0.216	1.048	0.347	0.111	0.399
沤肥	0.635	0.25	1.466	0.296	0.121	0.191
猪圈粪	0.958	0.443	0.95	0.376	0.155	0.298
马厩肥	1.07	0.321	1.163	0.454	0.137	0.505
牛栏粪	1.299	0.325	1.82	0.5	0.131	0.72
羊圈粪	1.262	0.27	1.333	0.782	0.154	0.74
土粪	0.375	0.201	1.339	0.146	0.12	0.083
秸秆类	1.051	0.141	1.482	0.347	0.046	0.539
小麦秸秆	0.617	0.071	1.017	0.314	0.04	0.653
玉米秸秆	0.869	0.133	1.112	0.298	0.043	0.384

续表

名　称	风干基			鲜基		
	氧化钾(%)	氮(%)	五氧化二磷(%)	氧化钾(%)	氮(%)	五氧化二磷(%)
大豆秸秆	1.633	0.17	1.056	0.577	0.063	0.368
油菜秸秆	0.816	0.14	1.857	0.266	0.039	0.607
花生秸秆	1.658	0.149	0.99	0.572	0.056	0.357
马铃薯藤	2.403	0.247	3.581	0.31	0.032	0.461
甘薯藤	2.131	0.256	2.75	0.35	0.045	0.484
绿肥类	2.417	0.274	2.083	0.524	0.057	0.434
杂肥类	0.761	0.54	3.737	0.253	0.433	2.427
泥肥	0.239	0.247	1.62	0.183	0.102	1.53
肥土	0.555	0.142	1.433	0.207	0.099	0.836
饼肥	0.428	0.519	0.828	2.946	0.459	0.677
豆饼	6.684	0.44	1.186	4.838	0.521	1.338
菜籽饼	5.25	0.799	1.042	5.195	0.853	1.116
花生饼	6.915	0.547	0.962	4.123	0.367	0.801
芝麻饼	5.079	0.731	0.564	4.969	1.043	0.778
棉籽饼	4.293	0.541	0.760	5.514	0.967	1.243
农用废渣液	0.882	0.348	1.135	0.317	0.173	0.788
城市垃圾	0.319	0.175	1.344	0.275	0.117	1.072
沼气肥	6.231	1.167	4.455	0.283	0.113	0.136
沼渣	12.924	1.828	9.886	0.109	0.019	0.088
沼液	1.866	0.755	0.835	0.499	0.216	0.203

表 9　　常用化肥养分含量

肥料名称	氮(%)	五氧化二磷(%)	氧化钾(%)	含硫(%)	氧化钙(%)
尿素	46				
碳酸氢铵	14～17.5				
硫酸铵	20～21				
氯化铵	24～25				
过磷酸钙		12～18		11～13	28
重过磷酸钙		42～46			
钙镁磷肥		12～20			25～30
磷酸二铵	12～18	46～48			
磷酸一铵	10～12	41～46			
氯化钾			50～60		
硫酸钾			48～50	18	
草木灰		1.5～3	5～8		
磷酸二氢钾		49～52	31～34		

主要参考文献

[1]鲁剑巍.测土配方与作物配方施肥技术.北京:金盾出版社,2006

[2]农业部小麦专家指导组.现代小麦生产技术.北京:中国农业出版社,2007

[3]聊城市地区土肥站.聊城地区土壤(内部资料),1987

[4]高唐县第二次土壤普查办公室.高唐县土壤志(内部资料),1986

[5]高唐县统计局.高唐县统计年鉴(内部资料),1998～2008

[6]高唐县国土资源局.土地面积年报表(内部资料),2008

[7]高唐县水务局.高唐县水利工程普查资料汇编(内部资料),2008

[8]高唐县气象局.历年气象资料(内部资料),2007

[9]岳玉德,李涛.青州耕地.济南:山东大学出版社,2004

[10]李金铭,赵景辉.莱州耕地.济南:山东大学出版社,2011

[11]吕家强,石金柱.棉花增产栽培技术.济南:山东科学出版社,1990

[12]褚天铎.化肥科学使用指南.北京:金盾出版社,1997

[13]陈兴业,冶林茂,张硌.土壤水分植物生理与肥料学.北京:海洋出版社,2010

[14]刘培军,张曰林.作物秸秆综合利用.济南:山东科学技术出版社,2009

附图 23 高唐县土壤有效磷含量分布图

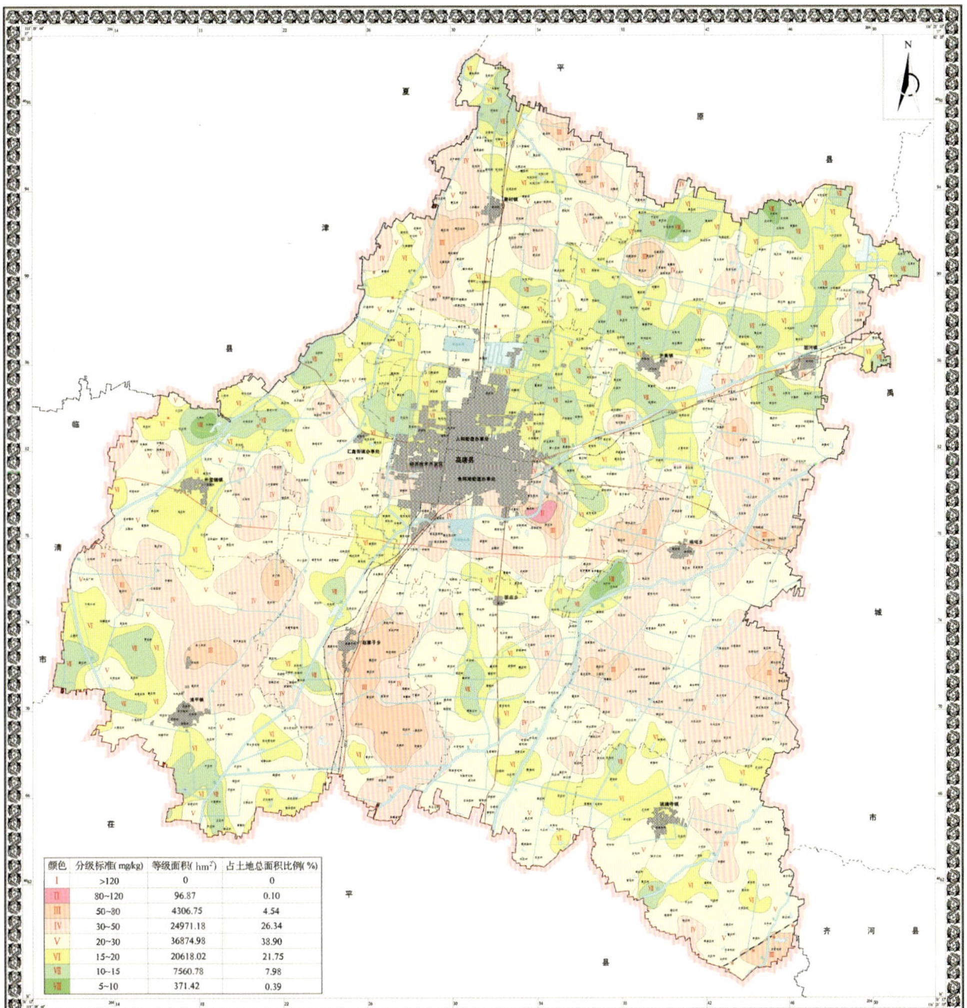

1954 年北京坐标系　1956 年黄海高程系　**比例尺：1：350000**　山东农业大学资源与环境学院　山东天地亚太国土遥感有限公司　二〇一〇年十月

附　图

附图 1　高唐县耕地地力评价等级图

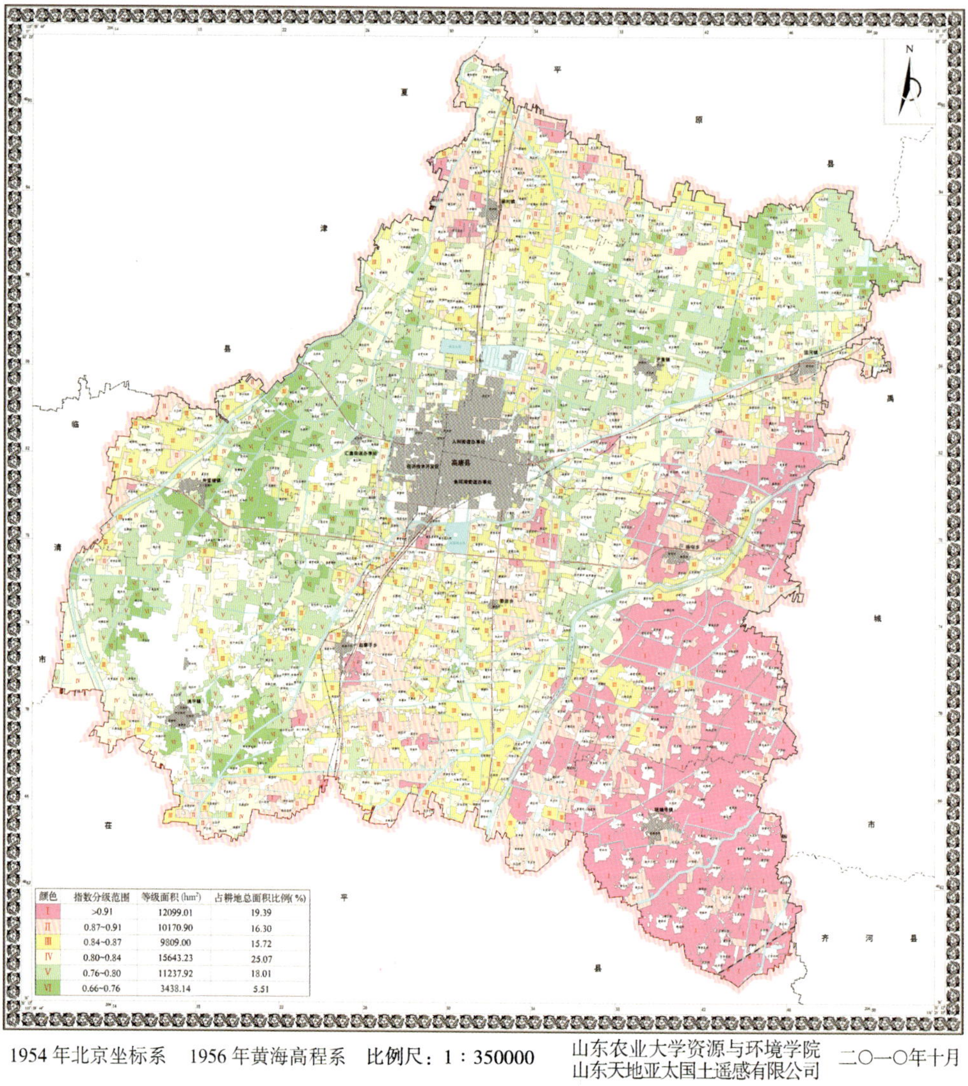

颜色	指数分级范围	等级面积 (hm^2)	占耕地总面积比例(%)
Ⅰ	>0.91	12099.01	19.39
Ⅱ	0.87~0.91	10170.90	16.30
Ⅲ	0.84~0.87	9809.00	15.72
Ⅳ	0.80~0.84	15643.23	25.07
Ⅴ	0.76~0.80	11237.92	18.01
Ⅵ	0.66~0.76	3438.14	5.51

1954 年北京坐标系　1956 年黄海高程系　比例尺：1：350000

山东农业大学资源与环境学院
山东天地亚太国土遥感有限公司　二〇一〇年十月

附图2 高唐县地貌图

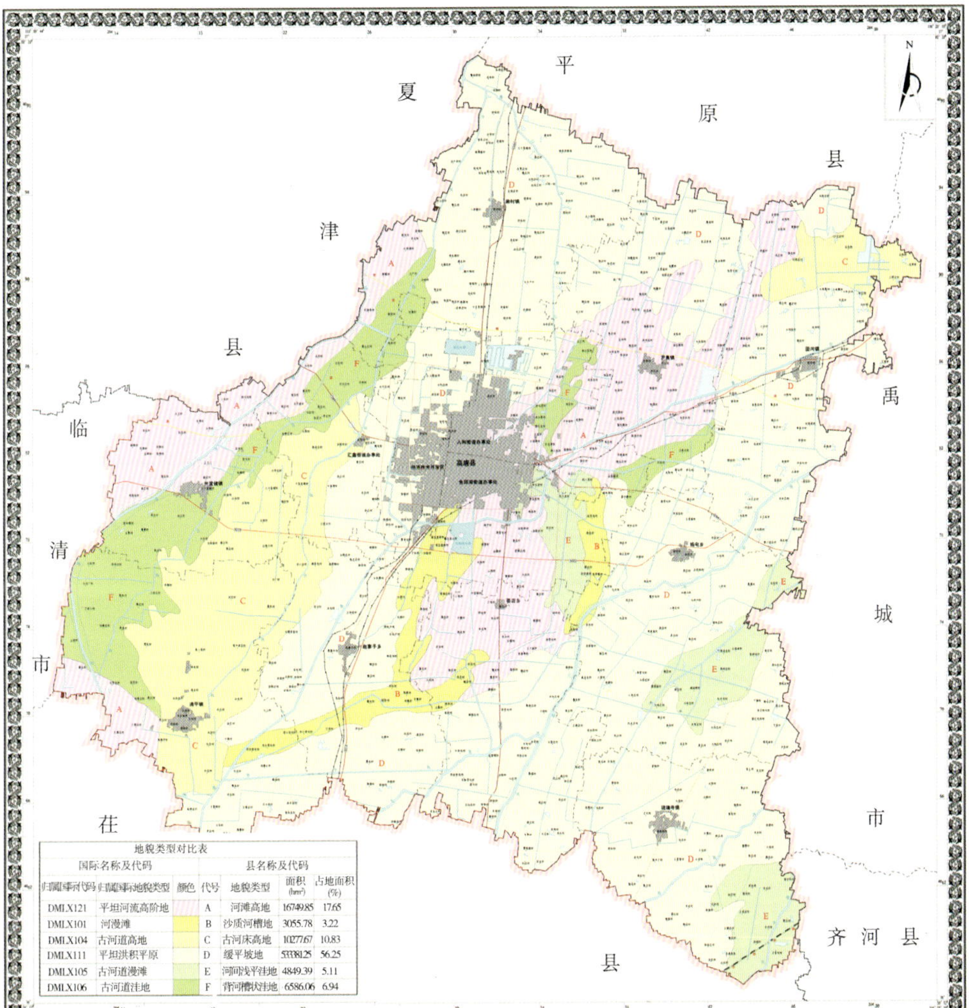

地貌类型对比表						
国际名称及代码			县名称及代码			
归属国际代码	归属国际地貌类型	颜色	代号	地貌类型	面积 (hm²)	占地面积 (%)
DMLX121	平坦河流高阶地		A	河滩高地	16749.85	17.65
DMLX101	河漫滩		B	沙质河槽地	3055.78	3.22
DMLX104	古河道高地		C	古河床高地	10277.67	10.83
DMLX111	平坦洪积平原		D	缓平坡地	53338.25	56.25
DMLX105	古河道漫滩		E	河间浅平洼地	4849.39	5.11
DMLX106	古河道洼地		F	背河槽状洼地	6586.06	6.94

1954 年北京坐标系 1956 年黄海高程系 比例尺：1∶350000 山东农业大学资源与环境学院 山东天地亚太国土遥感有限公司 二〇一〇年十月

附图 3　高唐县土壤 pH 分布图

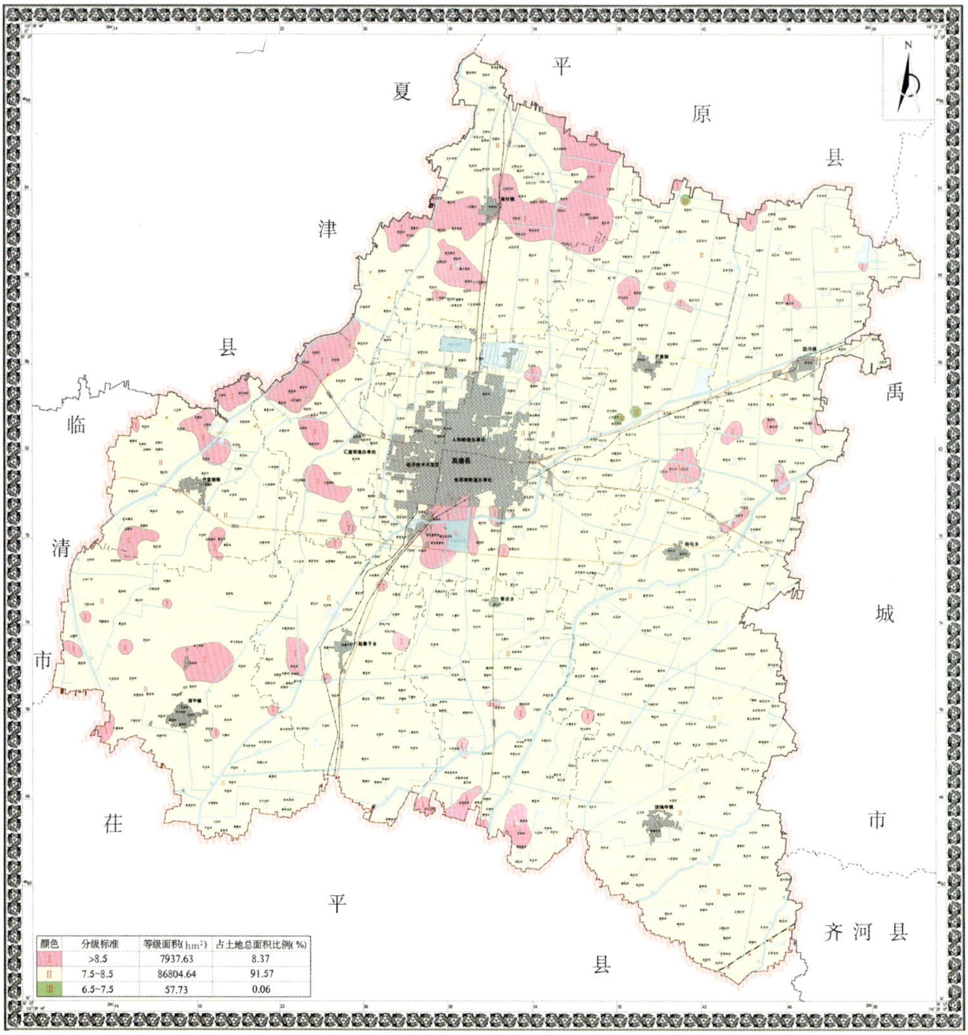

1954 年北京坐标系　1956 年黄海高程系　比例尺：1∶350000　山东农业大学资源与环境学院
山东天地亚太国土遥感有限公司　二〇一〇年十月

附图 4 高唐县土壤有机质含量分布图

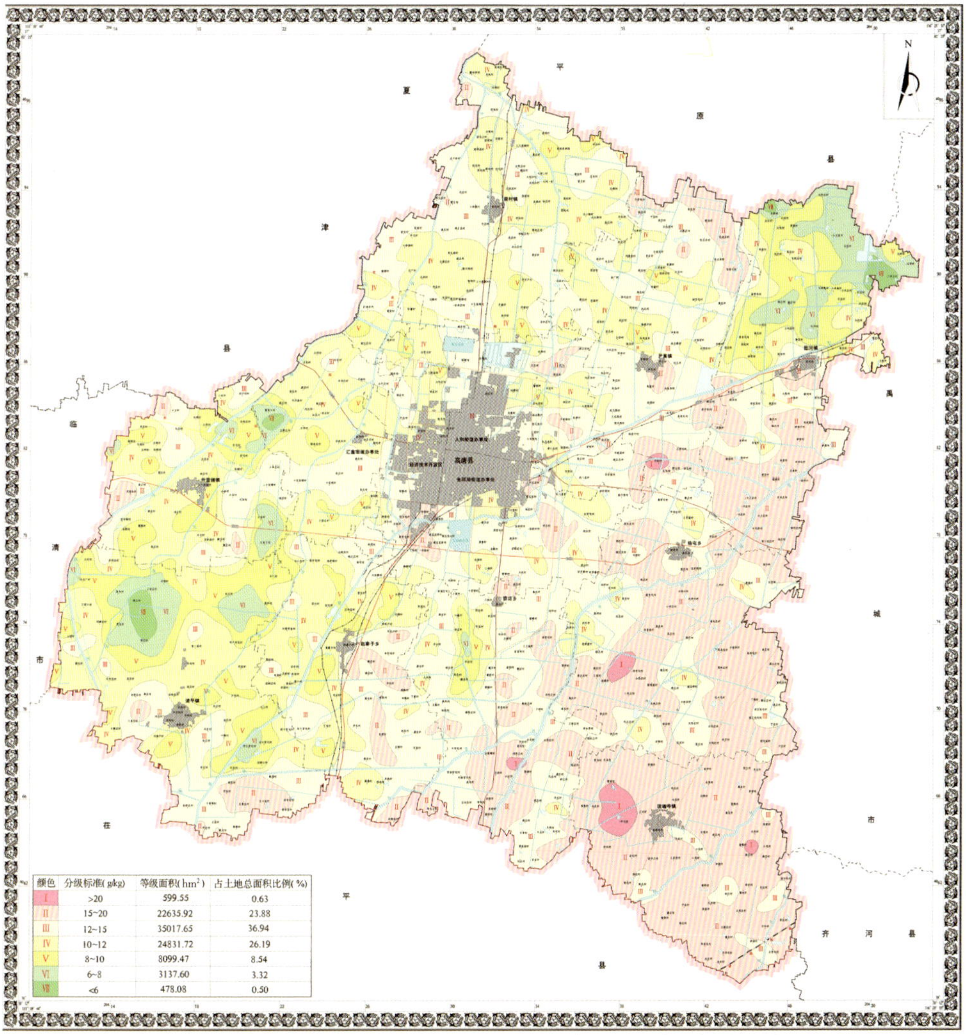

颜色	分级标准(g/kg)	等级面积(hm²)	占土地总面积比例(%)
Ⅰ	>20	599.55	0.63
Ⅱ	15~20	22635.92	23.88
Ⅲ	12~15	35017.65	36.94
Ⅳ	10~12	24831.72	26.19
Ⅴ	8~10	8099.47	8.54
Ⅵ	6~8	3137.60	3.32
Ⅶ	<6	478.08	0.50

1954 年北京坐标系 1956 年黄海高程系 比例尺：1：350000 山东农业大学资源与环境学院 山东天地亚太国土遥感有限公司 二〇一〇年十月

附图 5　高唐县土地利用现状图

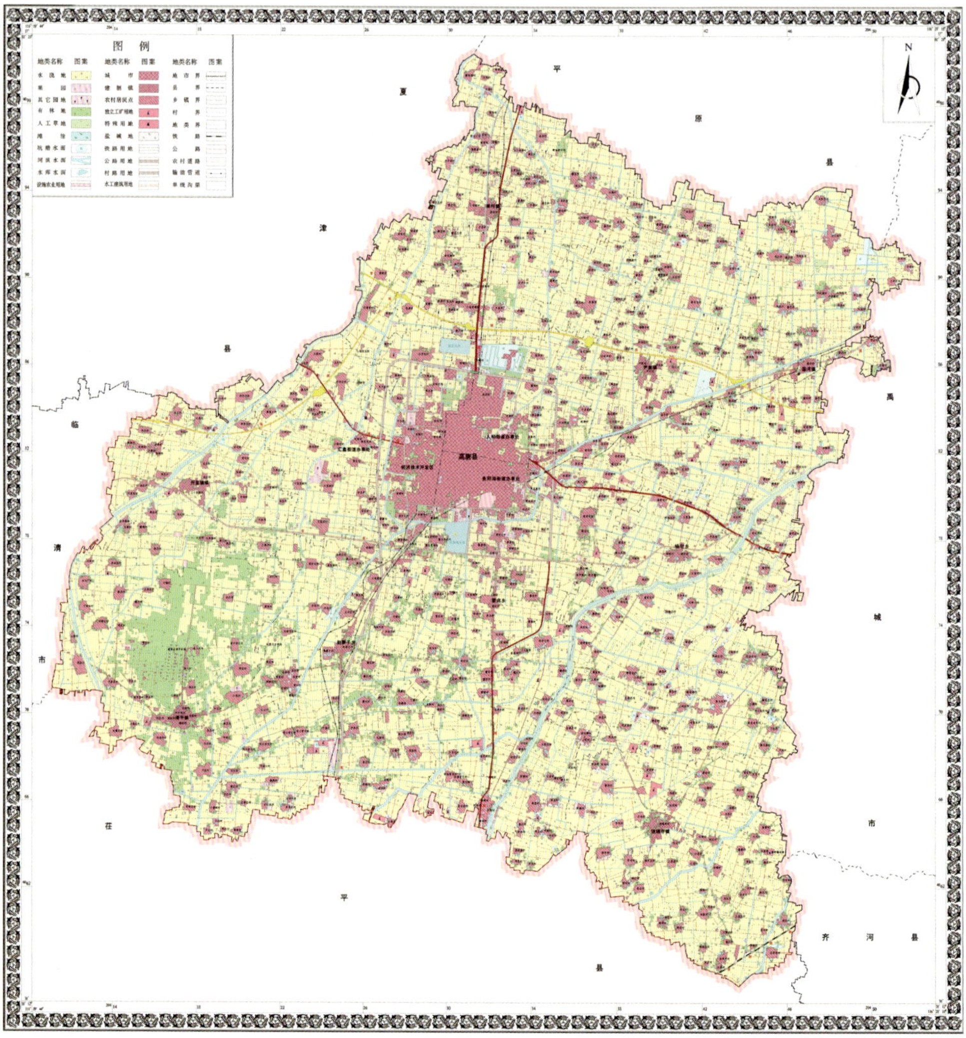

1954 年北京坐标系　1956 年黄海高程系　比例尺：1：350000　山东农业大学资源与环境学院　山东天地亚太国土遥感有限公司　二〇一〇年十月

附图 6 高唐县土壤图

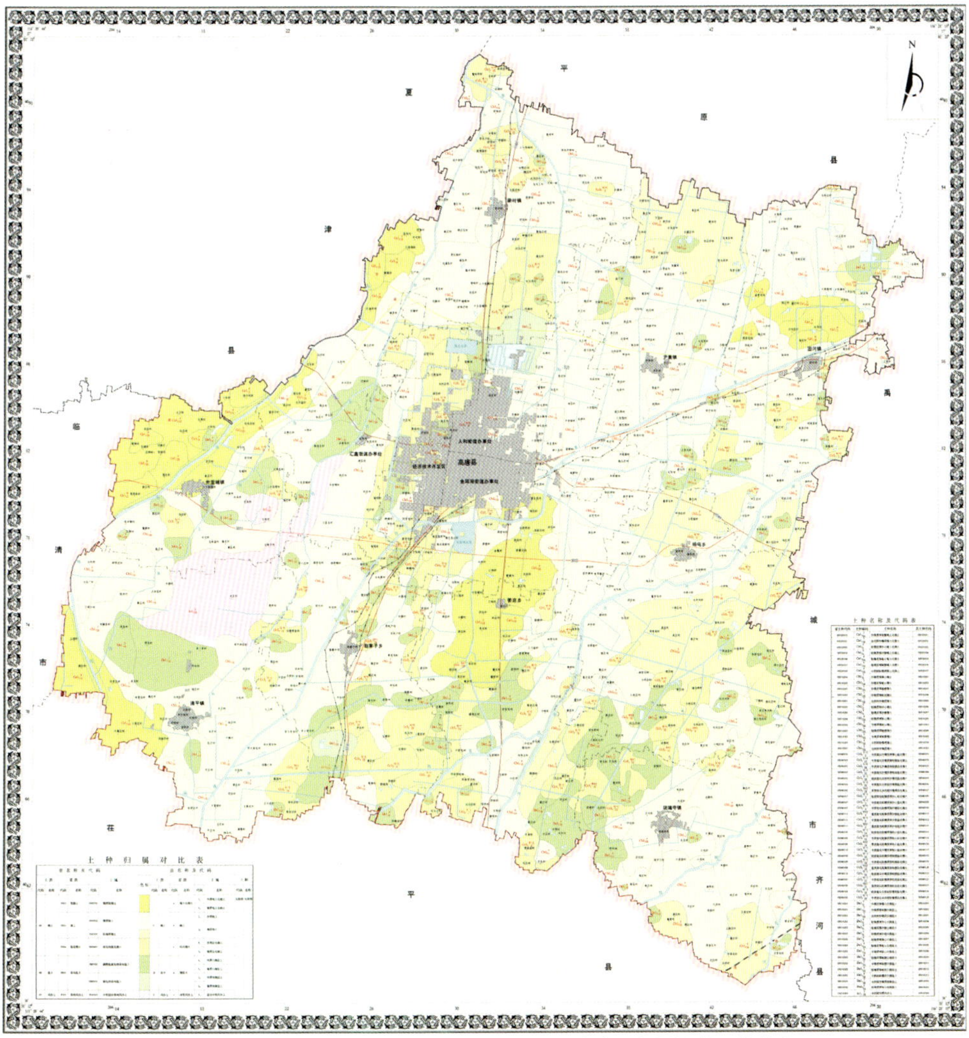

1954 年北京坐标系 1956 年黄海高程系 比例尺：1∶350000 山东农业大学资源与环境学院 山东天地亚太国土遥感有限公司 二〇一〇年十月

附图 7 高唐县土壤速效钾含量分布图

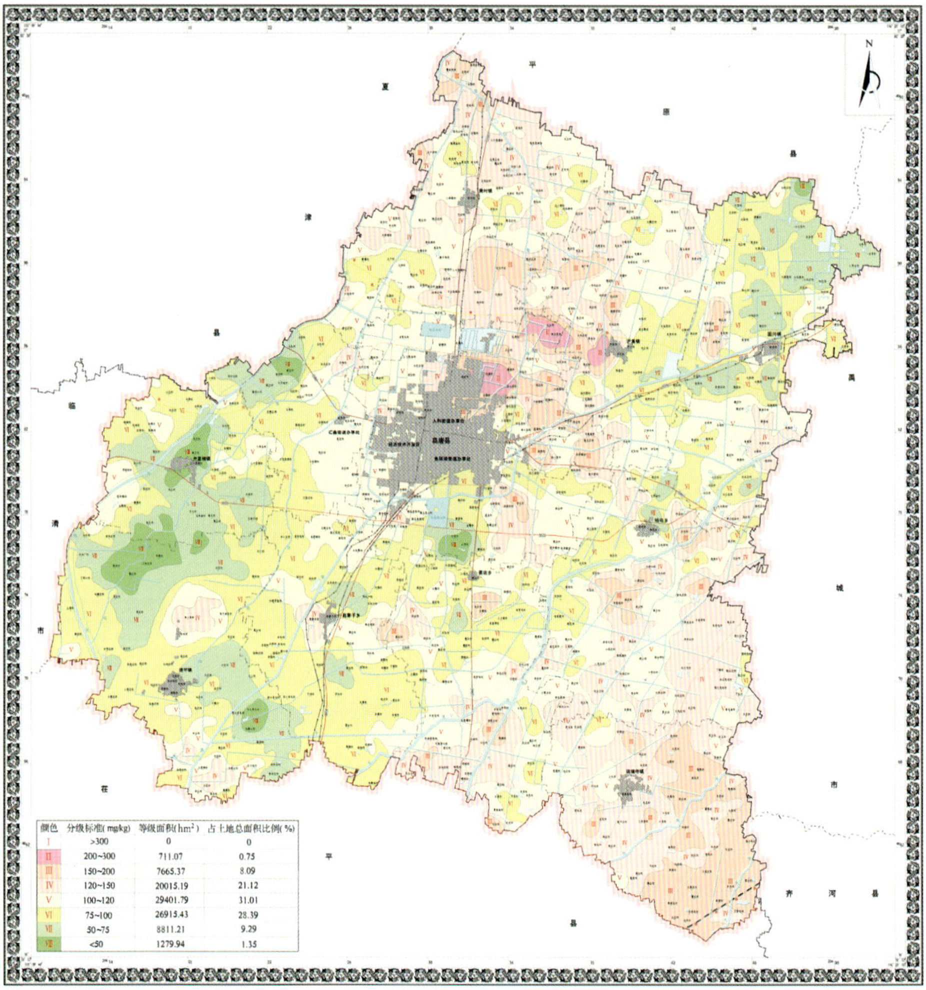

1954 年北京坐标系 1956 年黄海高程系 比例尺：1：350000 山东农业大学资源与环境学院 山东天地亚太国土遥感有限公司 二〇一〇年十月

附图 8　高唐县土壤全氮含量分布图

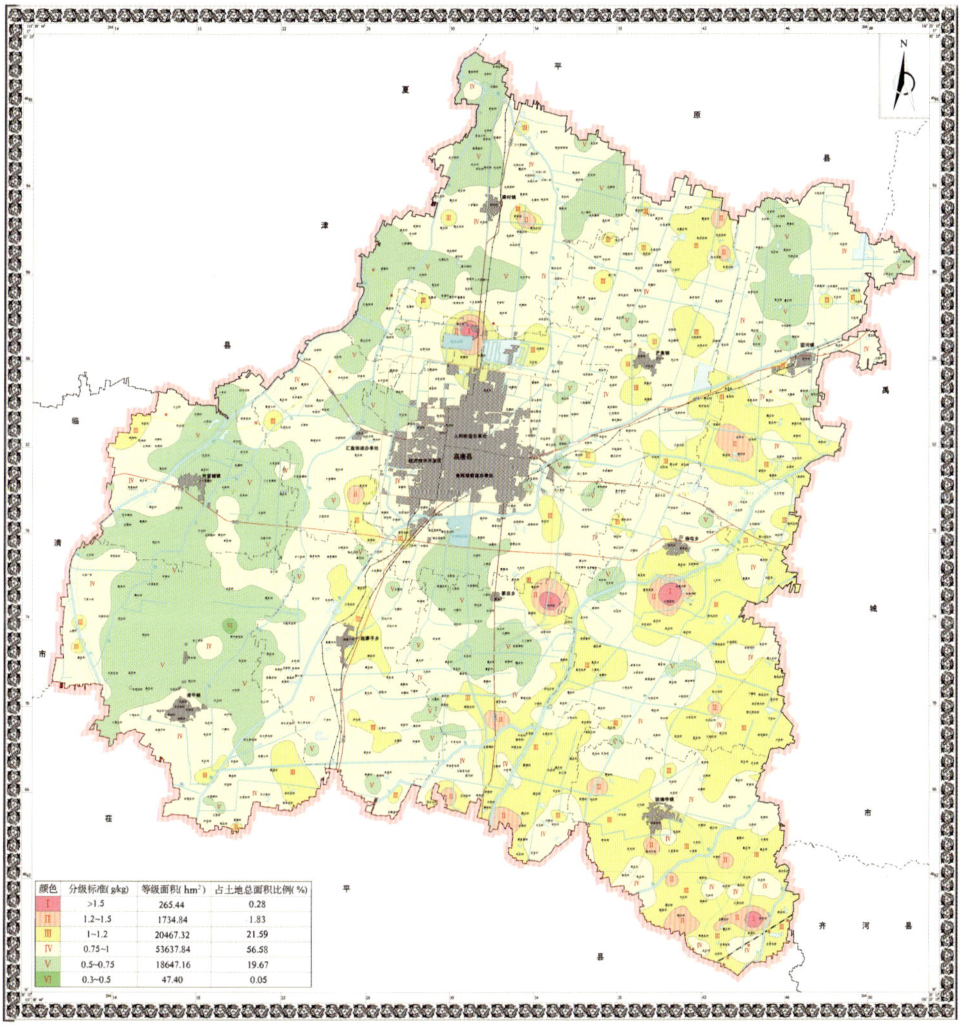

颜色	分级标准(g/kg)	等级面积(hm²)	占土地总面积比例(%)
Ⅰ	>1.5	265.44	0.28
Ⅱ	1.2~1.5	1734.84	1.83
Ⅲ	1~1.2	20467.32	21.59
Ⅳ	0.75~1	53637.84	56.58
Ⅴ	0.5~0.75	18647.16	19.67
Ⅵ	0.3~0.5	47.40	0.05

1954 年北京坐标系　1956 年黄海高程系　比例尺：1：350000　山东农业大学资源与环境学院　山东天地亚太国土遥感有限公司　二〇一〇年十月

附图 9 高唐县矿化度含量分布图

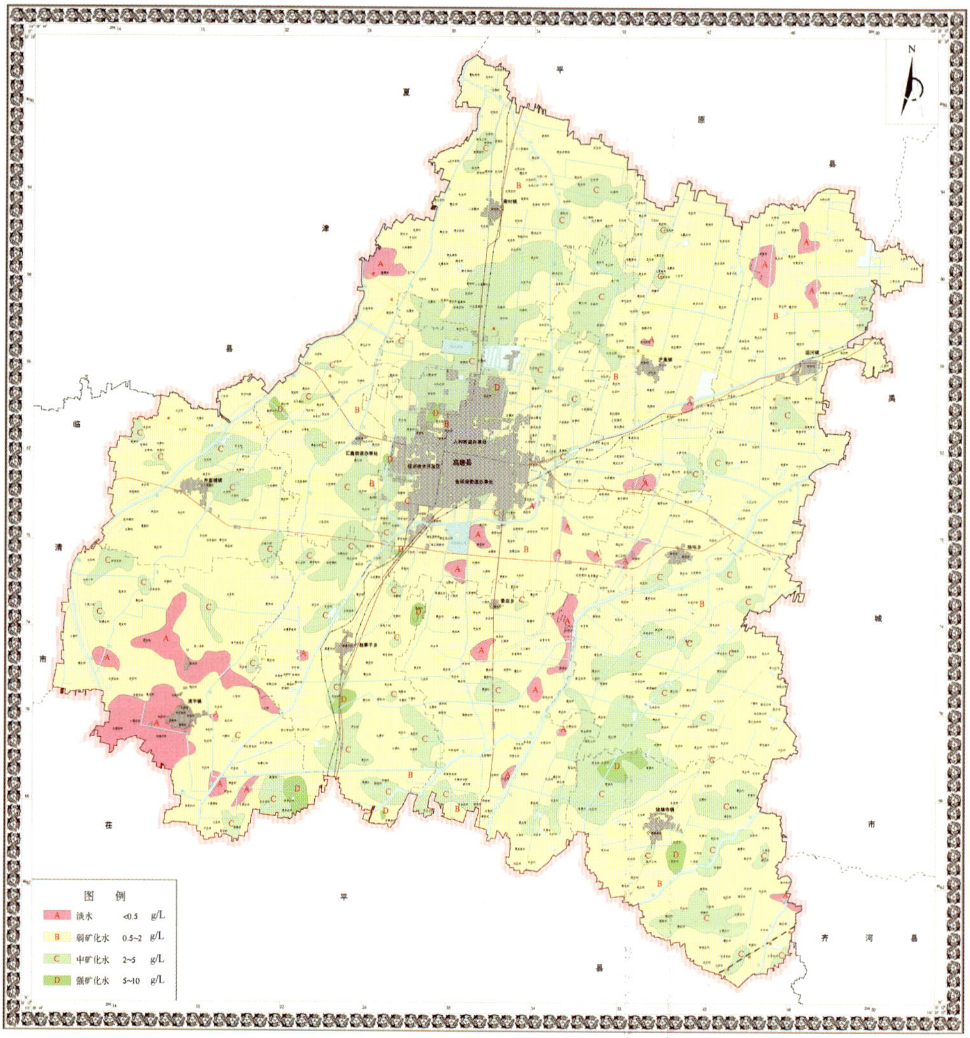

1954 年北京坐标系 1956 年黄海高程系 比例尺：1：350000 山东农业大学资源与环境学院 山东天地亚太国土遥感有限公司 二〇一〇年十月

附图 10 高唐县土壤交换性镁含量分布图

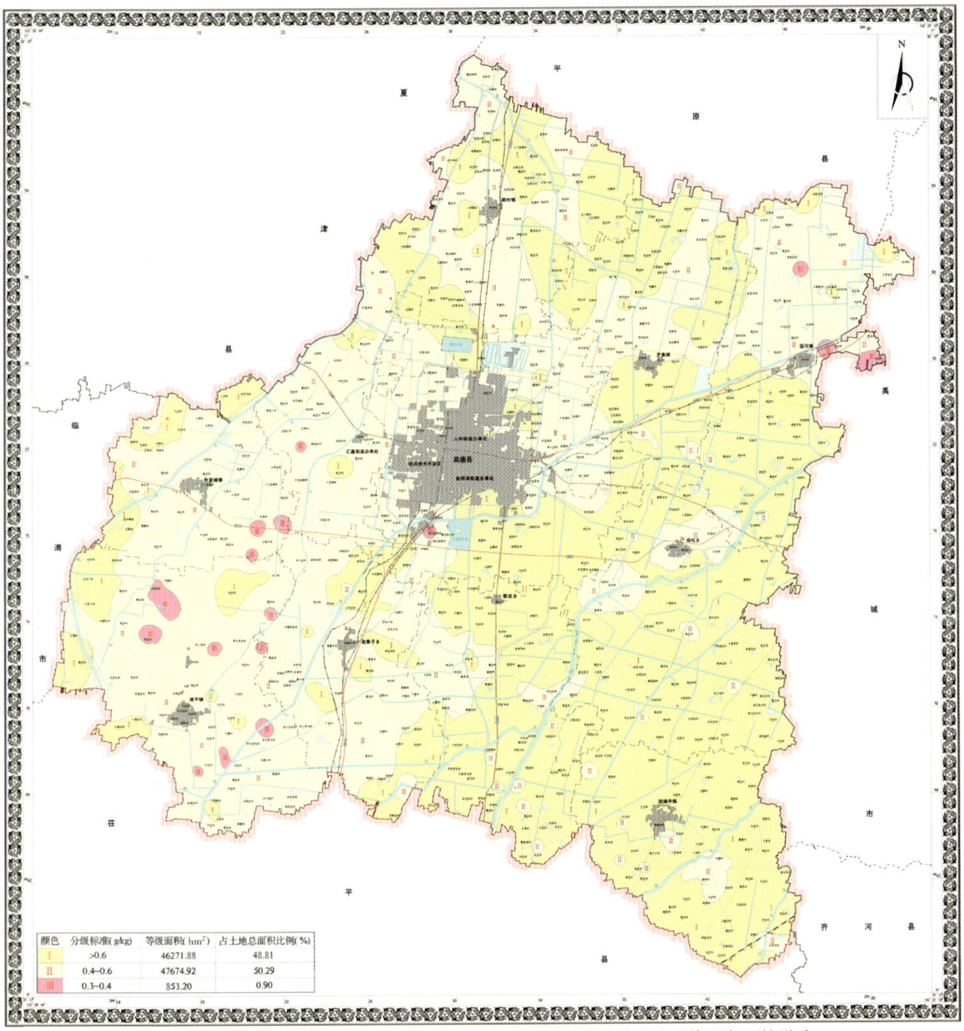

1954 年北京坐标系　1956 年黄海高程系　**比例尺：1：350000**　山东农业大学资源与环境学院　山东天地亚太国土遥感有限公司　二〇一〇年十月

附图 11 高唐县土壤交换性钙含量分布图

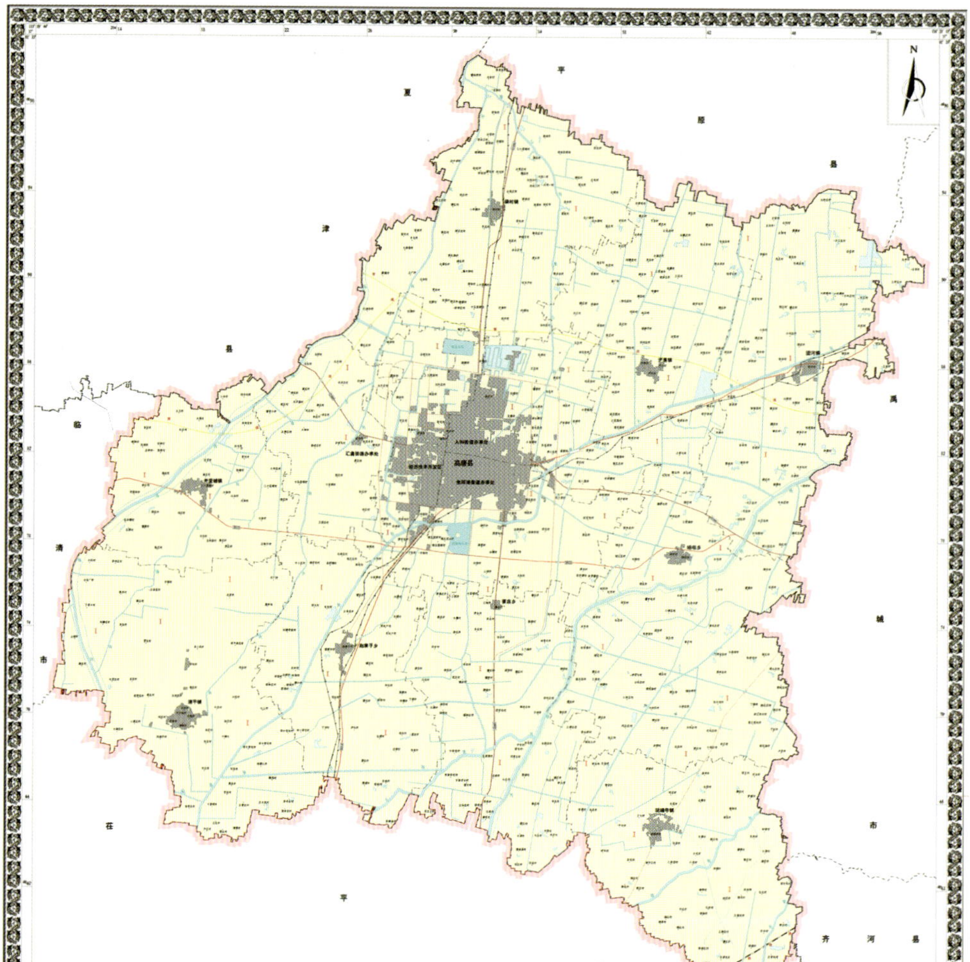

颜色	分级标准(g/kg)	等级面积(hm^2)	占土地总面积比例(%)
I	>6	94800	100

1954 年北京坐标系 1956 年黄海高程系 比例尺：1：350000 山东农业大学资源与环境学院
山东天地亚太国土遥感有限公司 二〇一〇年十月

附图 12　高唐县土壤碱解氮含量分布图

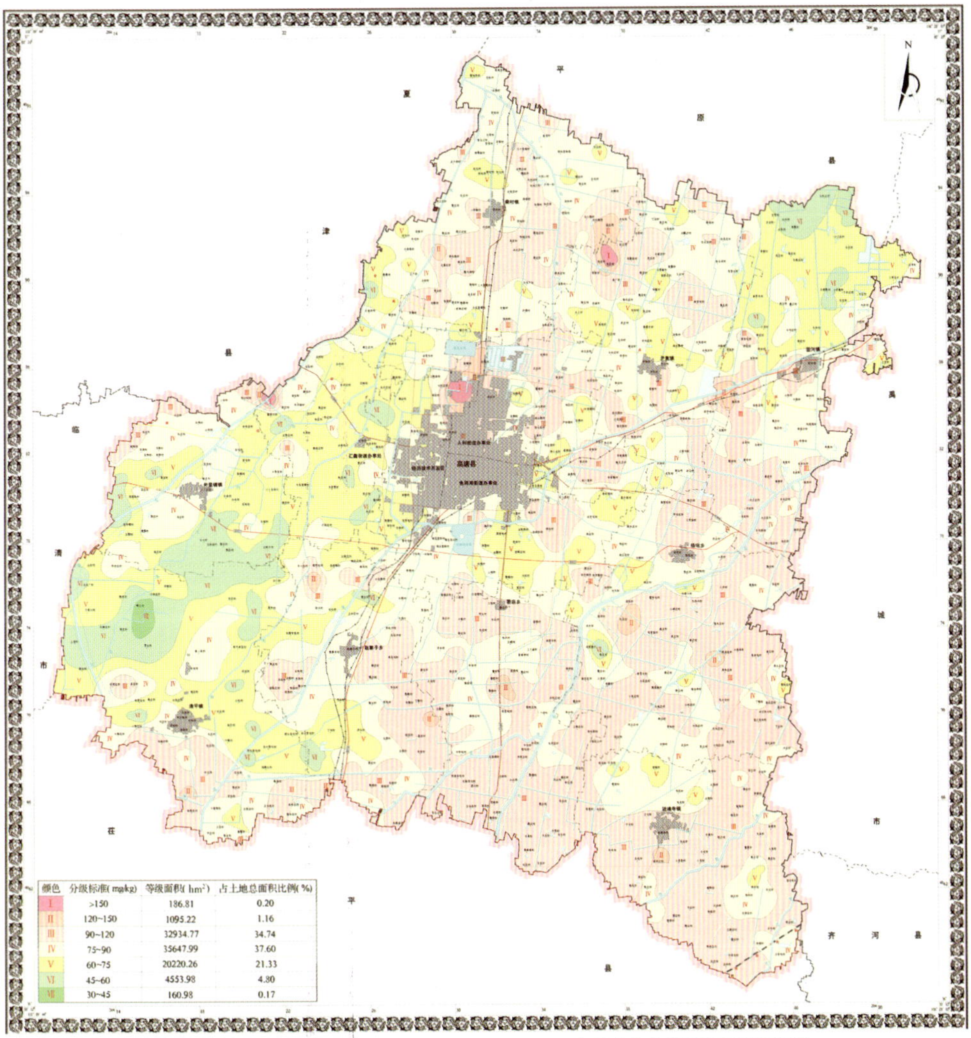

颜色	分级标准(mg/kg)	等级面积(hm^2)	占土地总面积比例(%)
Ⅰ	>150	186.81	0.20
Ⅱ	120~150	1095.22	1.16
Ⅲ	90~120	32934.77	34.74
Ⅳ	75~90	35647.99	37.60
Ⅴ	60~75	20220.26	21.33
Ⅵ	45~60	4553.98	4.80
Ⅶ	30~45	160.98	0.17

1954 年北京坐标系　1956 年黄海高程系　比例尺：1：350000　山东农业大学资源与环境学院　山东天地亚太国土遥感有限公司　二〇一〇年十月

附图 13 高唐县土壤缓效钾含量分布图

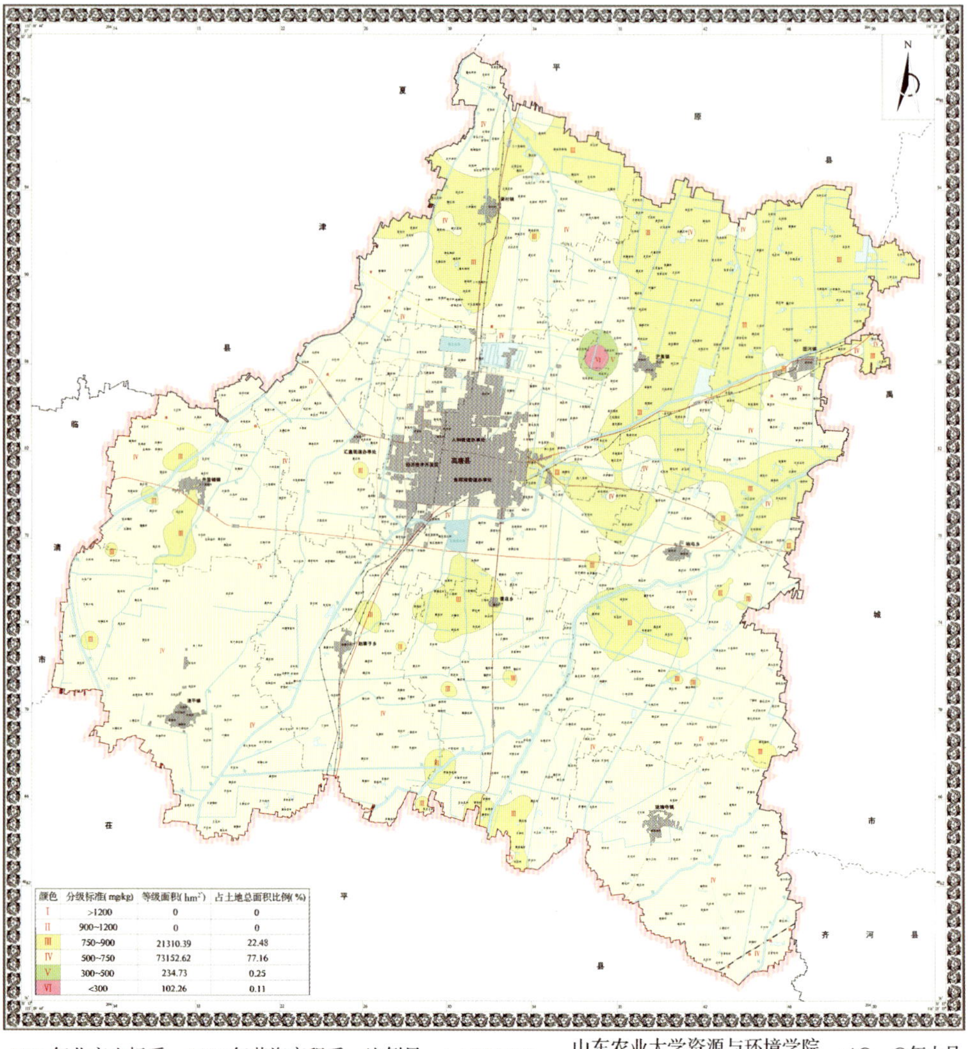

1954 年北京坐标系 1956 年黄海高程系 比例尺：1：350000 山东农业大学资源与环境学院 山东天地亚太国土遥感有限公司 二〇一〇年十月

附图 14　高唐县灌溉分区图

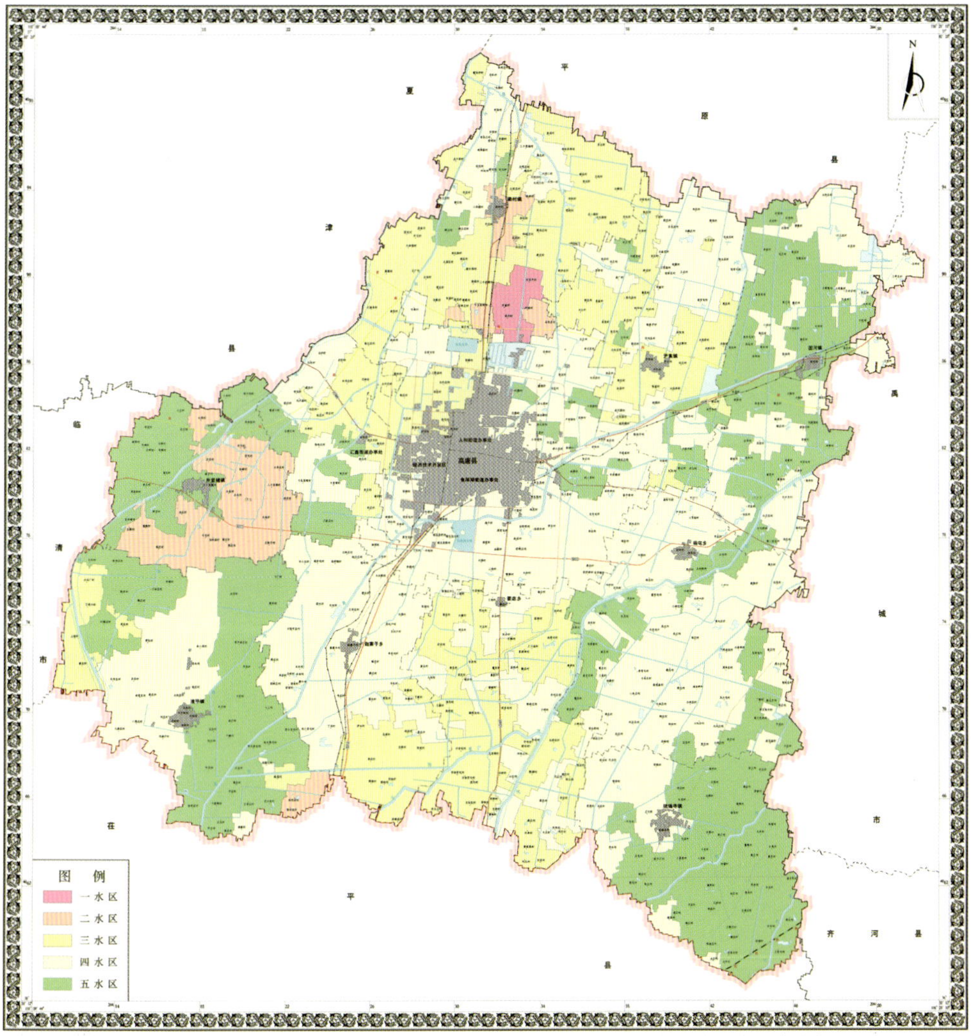

1954 年北京坐标系　1956 年黄海高程系　比例尺：1：350000　山东农业大学资源与环境学院　山东天地亚太国土遥感有限公司　二〇一〇年十月

附图 15　高唐县耕地地力调查点点位图

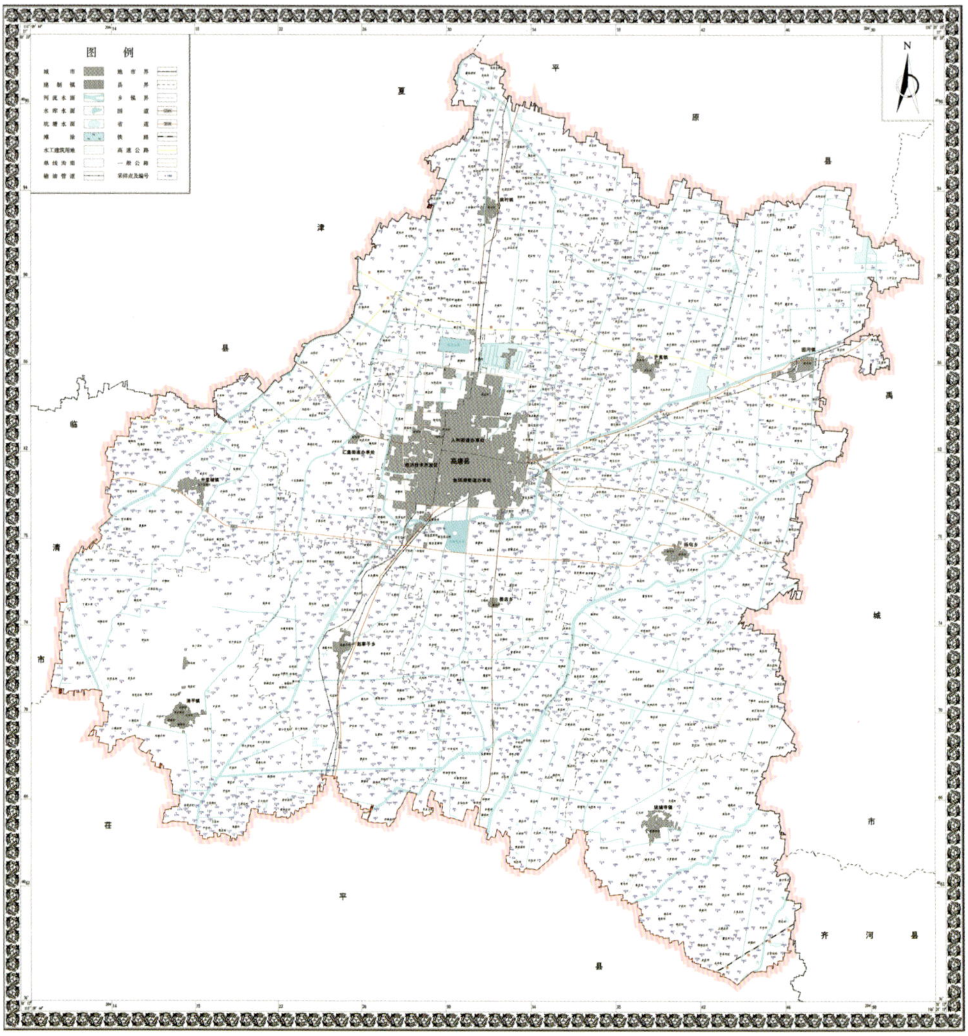

1954 年北京坐标系　1956 年黄海高程系　比例尺：1：350000　山东农业大学资源与环境学院
山东天地亚太国土遥感有限公司　二〇一〇年十月

附图 16　高唐县土壤有效锌含量分布图

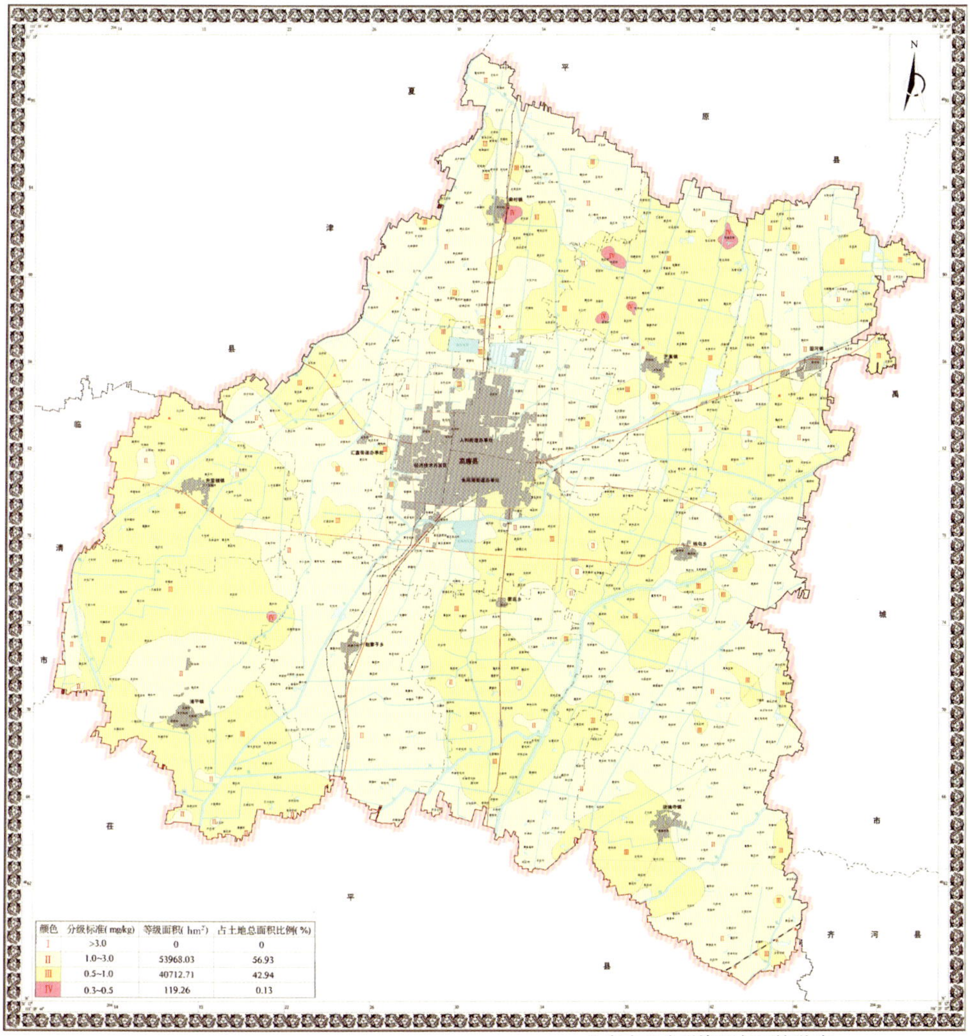

1954 年北京坐标系　1956 年黄海高程系　比例尺：1∶350000　山东农业大学资源与环境学院 山东天地亚太国土遥感有限公司　二〇一〇年十月

附图 17　高唐县土壤有效铜含量分布图

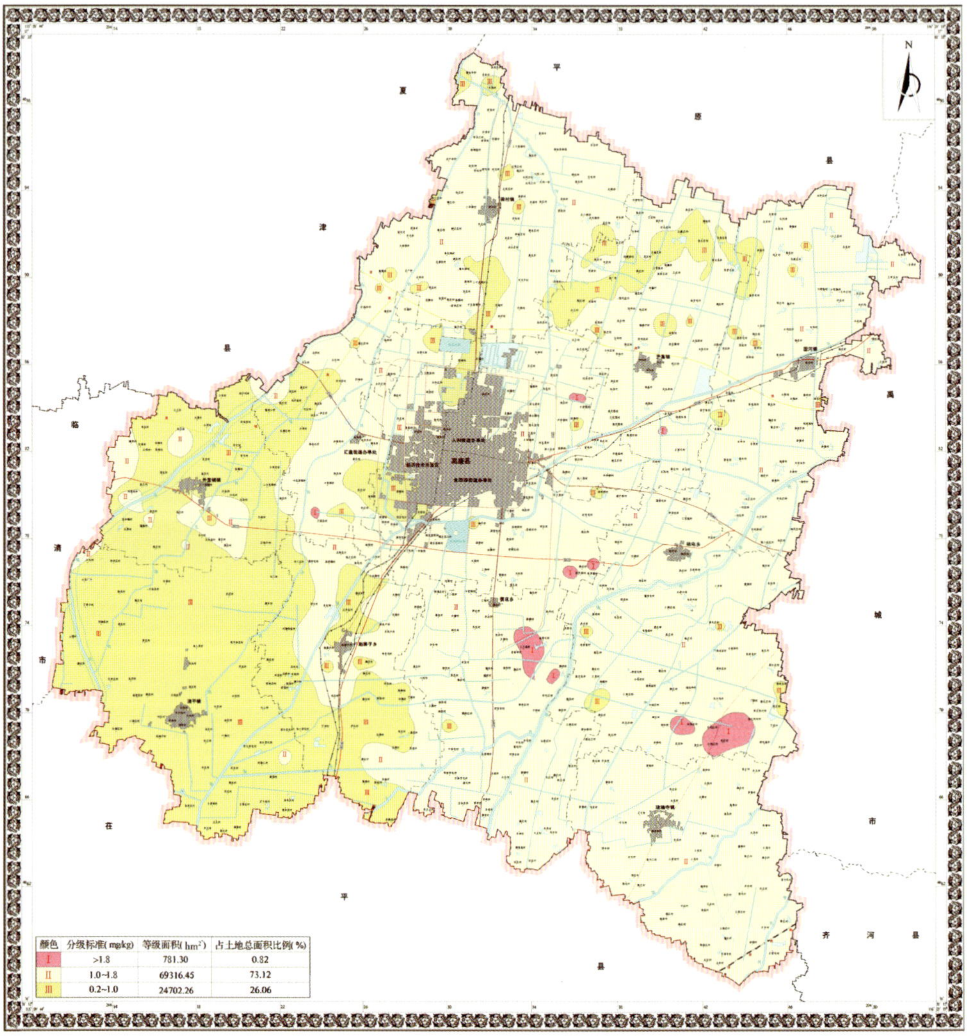

1954 年北京坐标系　1956 年黄海高程系　比例尺：1 : 350000　山东农业大学资源与环境学院　山东天地亚太国土遥感有限公司　二〇一〇年十月

附图 18　高唐县土壤有效铁含量分布图

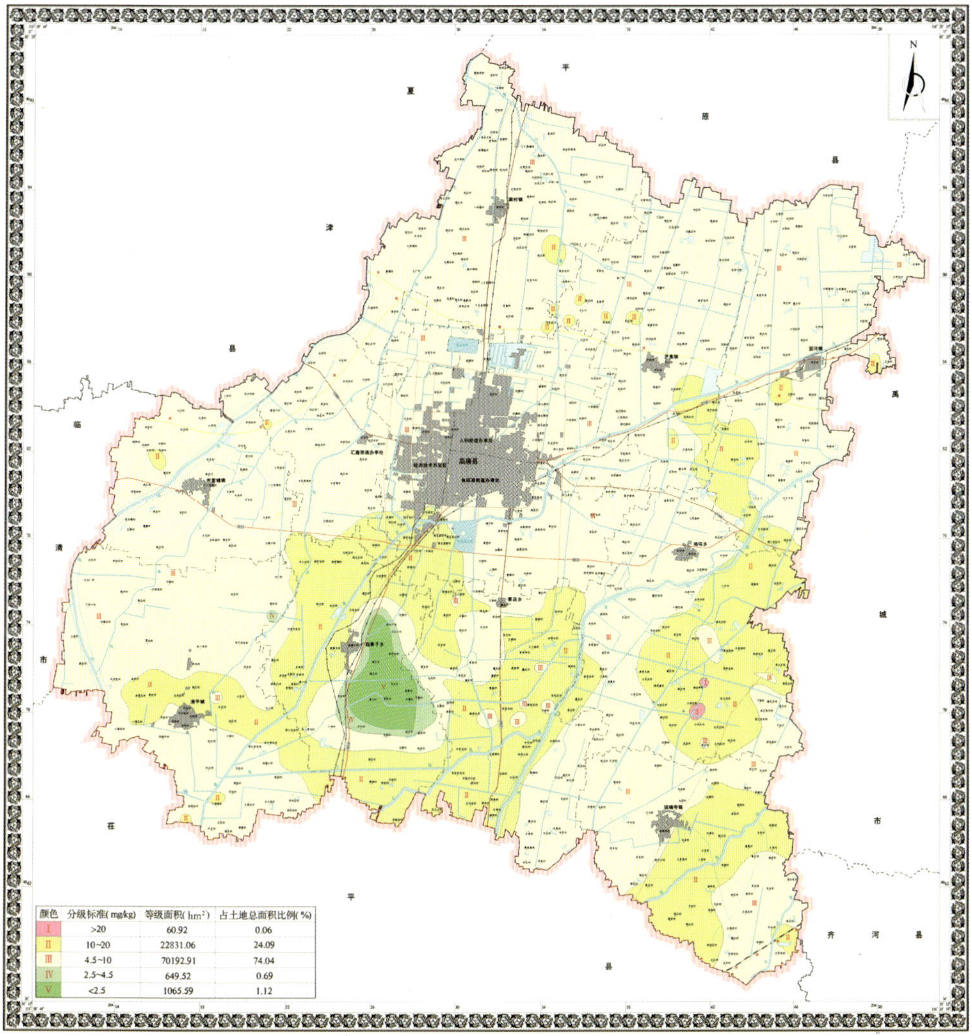

颜色	分级标准(mg/kg)	等级面积(hm²)	占土地总面积比例(%)
Ⅰ	>20	60.92	0.06
Ⅱ	10~20	22831.06	24.09
Ⅲ	4.5~10	70192.91	74.04
Ⅳ	2.5~4.5	649.52	0.69
Ⅴ	<2.5	1065.59	1.12

1954 年北京坐标系　1956 年黄海高程系　比例尺：1：350000　山东农业大学资源与环境学院　山东天地亚太国土遥感有限公司　二〇一〇年十月

附图 19　高唐县土壤有效钼含量分布图

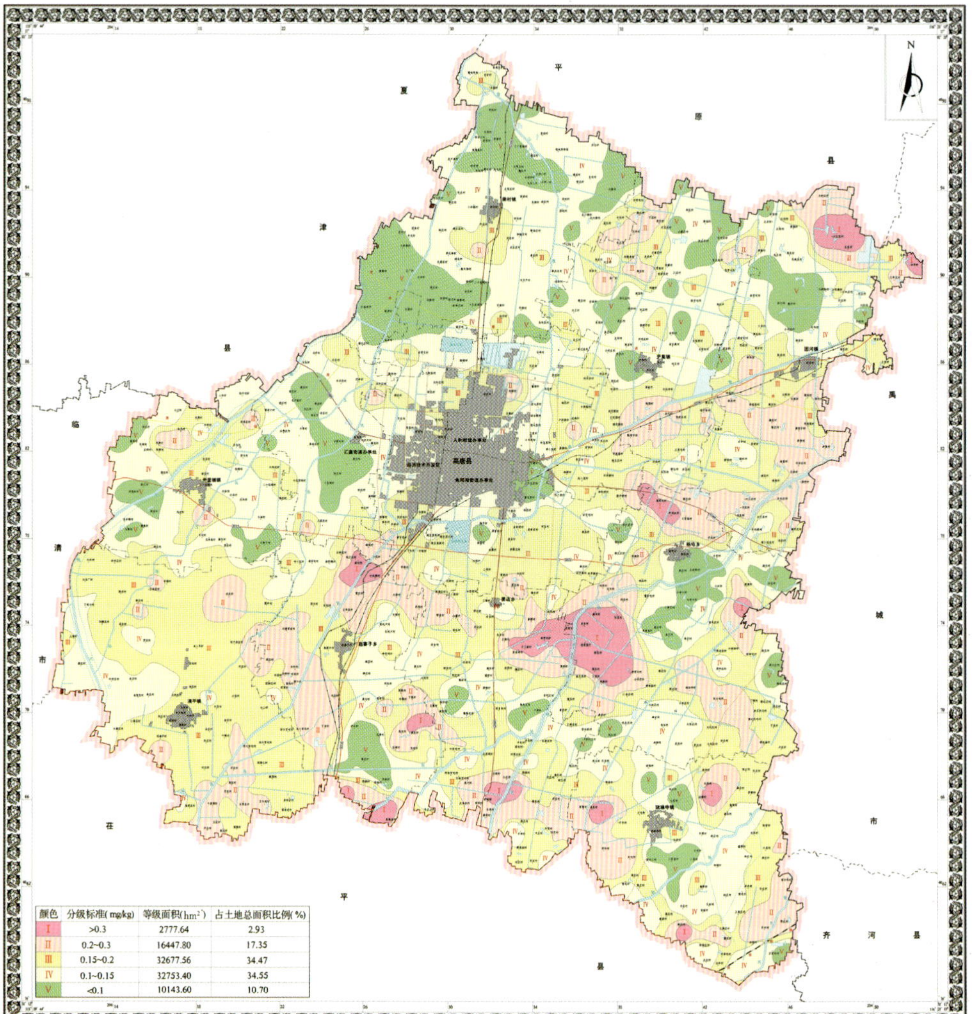

颜色	分级标准(mg/kg)	等级面积(hm²)	占土地总面积比例(%)
Ⅰ	>0.3	2777.64	2.93
Ⅱ	0.2~0.3	16447.80	17.35
Ⅲ	0.15~0.2	32677.56	34.47
Ⅳ	0.1~0.15	32753.40	34.55
Ⅴ	<0.1	10143.60	10.70

1954 年北京坐标系　1956 年黄海高程系　比例尺：1：350000　山东农业大学资源与环境学院　山东天地亚太国土遥感有限公司　二〇一〇年十月

附图 20　高唐县土壤有效硫含量分布图

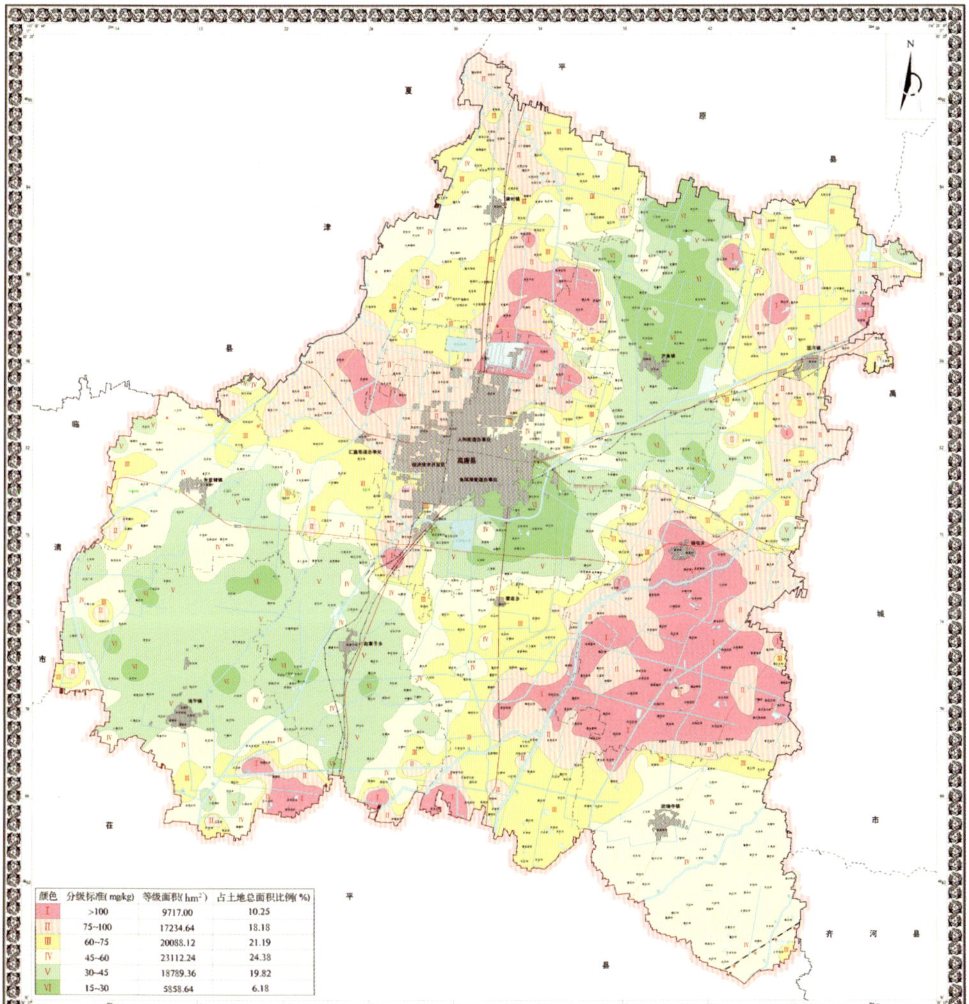

颜色	分级标准(mg/kg)	等级面积(hm²)	占土地总面积比例(%)
Ⅰ	>100	9717.00	10.25
Ⅱ	75~100	17234.64	18.18
Ⅲ	60~75	20088.12	21.19
Ⅳ	45~60	23112.24	24.38
Ⅴ	30~45	18789.36	19.82
Ⅵ	15~30	5858.64	6.18

1954 年北京坐标系　1956 年黄海高程系　比例尺：1：350000　山东农业大学资源与环境学院　山东天地亚太国土遥感有限公司　二〇一〇年十月

附图 21　高唐县土壤有效硼含量分布图

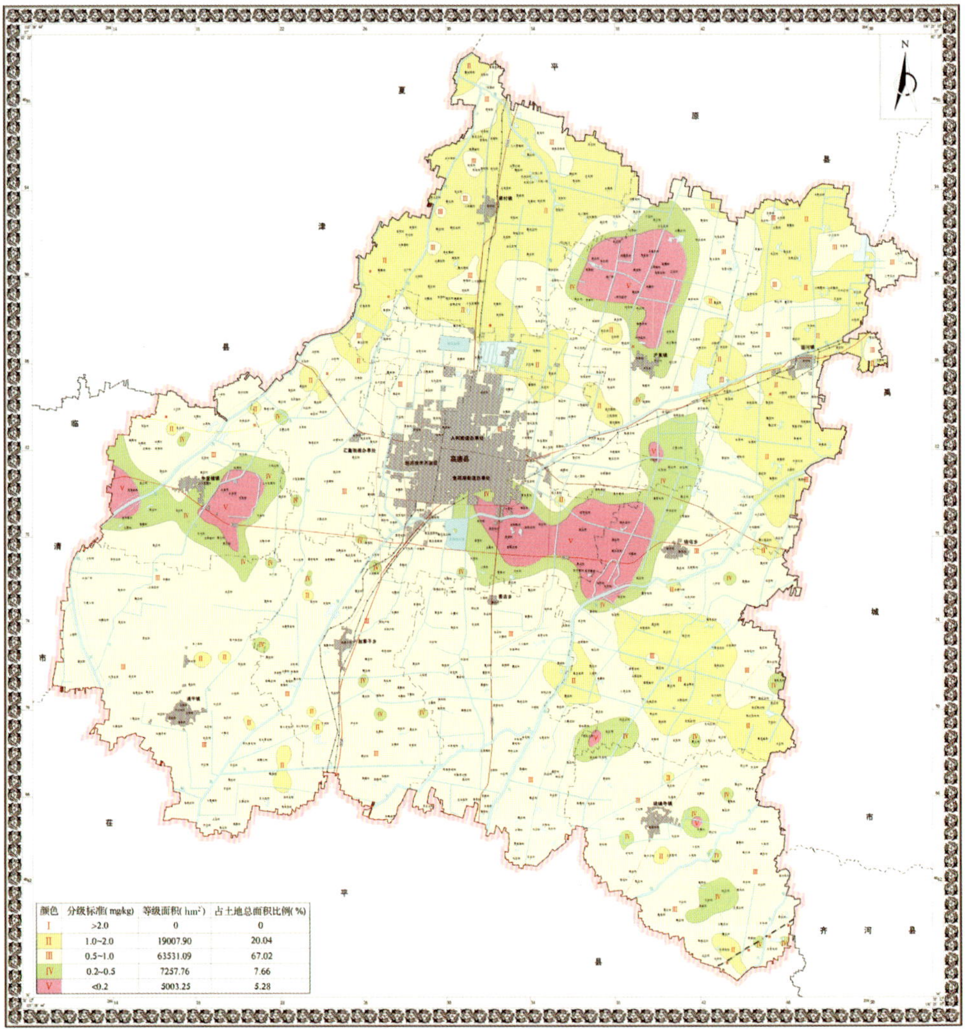

颜色	分级标准(mg/kg)	等级面积(hm²)	占土地总面积比例(%)
Ⅰ	>2.0	0	0
Ⅱ	1.0~2.0	19007.90	20.04
Ⅲ	0.5~1.0	63531.09	67.02
Ⅳ	0.2~0.5	7257.76	7.66
Ⅴ	<0.2	5003.25	5.28

1954 年北京坐标系　1956 年黄海高程系　比例尺：1：350000　山东农业大学资源与环境学院
山东天地亚太国土遥感有限公司　二〇一〇年十月

附图 22　高唐县土壤有效锰含量分布图

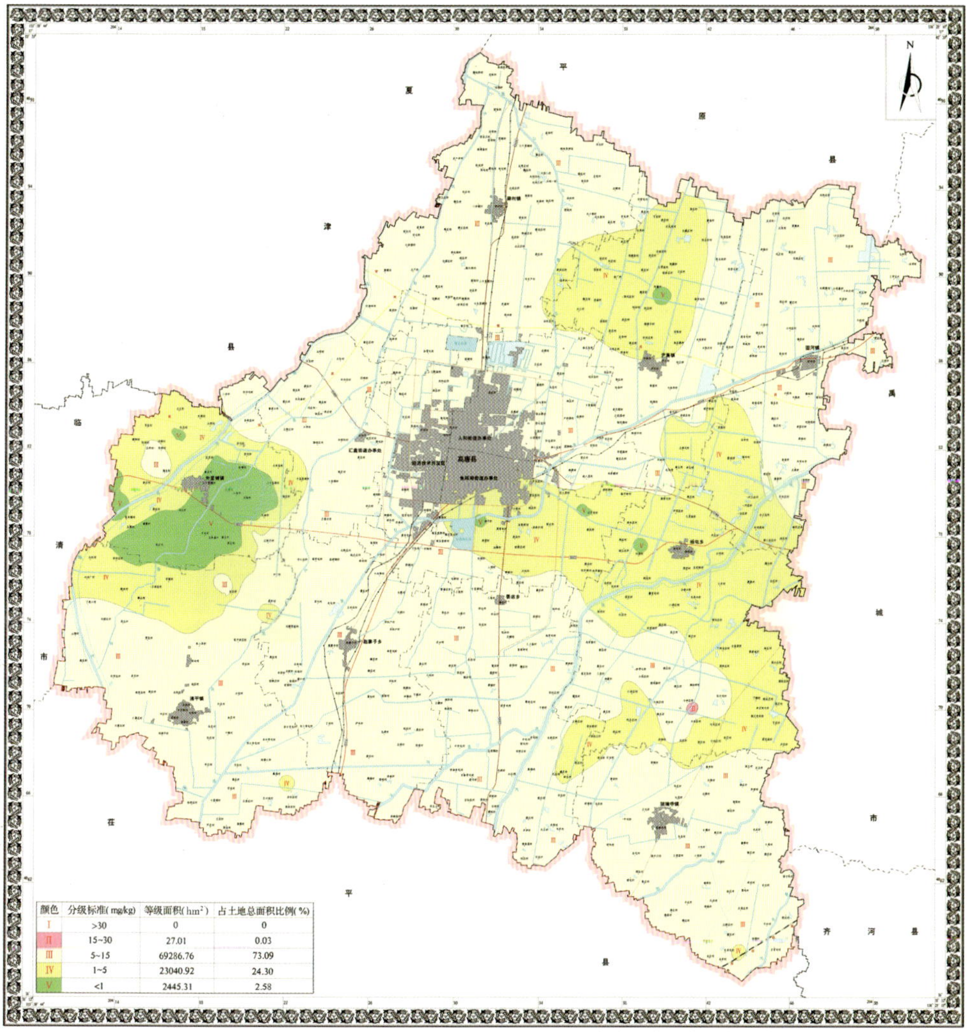

颜色	分级标准(mg/kg)	等级面积(hm²)	占土地总面积比例(%)
Ⅰ	>30	0	0
Ⅱ	15~30	27.01	0.03
Ⅲ	5~15	69286.76	73.09
Ⅳ	1~5	23040.92	24.30
Ⅴ	<1	2445.31	2.58

1954 年北京坐标系　1956 年黄海高程系　**比例尺：1：350000**　山东农业大学资源与环境学院 山东天地亚太国土遥感有限公司　二〇一〇年十月